U0174954

科学出版社"十四五"普通高等教育本科规划教材

短波通信系统技术与应用

谢伟　高泳洪　熊涛　刘伟　等　编著

科学出版社
北　京

内 容 简 介

本书重点论述了短波通信的基本原理、关键技术和典型应用，阐述了短波通信链路开通过程中涉及的主要步骤和基本知识。全书共 8 章，内容包括短波通信概述、短波传播、短波数据传输技术、短波自适应通信技术、短波扩频通信技术、短波通信网、短波通信链路设计以及新技术在短波通信中的应用等。本书内容按照由浅入深、由单一到综合的思路编写，逻辑清楚、简明扼要。

本书可作为通信工程和电子信息类相关专业本科生和研究生的教材，也可作为有相关短波通信知识需求的工程技术人员的参考书。

图书在版编目（CIP）数据

短波通信系统技术与应用 / 谢伟等编著. — 北京：科学出版社，2023.3
科学出版社"十四五"普通高等教育本科规划教材
ISBN 978-7-03-075018-1

Ⅰ. ①短… Ⅱ. ①谢… Ⅲ. ①短波通信－高等学校－教材 Ⅳ. ①TN91

中国国家版本馆 CIP 数据核字(2023)第 037153 号

责任编辑：潘斯斯 张丽花 / 责任校对：郝甜甜
责任印制：赵 博 / 封面设计：迷底书装

科 学 出 版 社 出版
北京东黄城根北街 16 号
邮政编码：100717
http://www.sciencep.com
固安县铭成印刷有限公司印刷
科学出版社发行 各地新华书店经销
*
2023 年 3 月第 一 版 开本：787×1092 1/16
2025 年 1 月第三次印刷 印张：13 3/4
字数：326 000
定价：59.00 元
（如有印装质量问题，我社负责调换）

前　言

短波通信是一种现代无线电通信手段，也是唯一不受网络枢纽和有源中继体制制约的远程通信手段，在军事通信和应急通信中扮演着重要角色。受信道复杂、干扰严重、容量受限等一系列制约因素，短波通信曾经沉寂了一段时间，但是近 40 年来，随着微电子技术、信号处理技术的快速发展，短波通信的一些固有缺点被逐一弥补，特别是在海湾战争中，短波通信取得了突出的实战成果，短波通信又掀起了一股研究热潮，这也加速了短波通信技术的发展，同步带动了短波通信装备的更新换代。

本书的内容源自编者多年的短波通信课程教学内容，强调理论联系实际，既系统介绍短波通信的基础理论、关键技术、实际应用，也分析短波通信未来的发展，便于读者系统地学习，符合读者的认知规律，适合掌握了通信原理、无线通信基础、天线与电波传播等基础知识的学生和有相关知识需求的工程技术人员阅读，同时本书配备了大量例题和课后习题，便于读者学习后进行巩固提高。

全书共 8 章。第 1 章短波通信概述，主要介绍短波通信的发展历程、主要特点，以及在民用和军事领域的应用，并对短波通信的发展趋势进行分析；第 2 章短波传播，主要从地波和天波两个角度介绍短波的传播特性，并结合天波传播损耗的分析，对短波传播特点进行介绍；第 3 章短波数据传输技术，从有效性和可靠性两个角度分析短波通信中的数据传输，主要内容包括语音编码、时频调制、分集接收、差错控制以及短波高速数据传输等技术；第 4 章短波自适应通信技术，首先介绍短波自适应通信技术的由来和发展历程，然后依次分析第二代和第三代短波自适应通信技术；第 5 章短波扩频通信技术，首先分析扩频通信的理论基础，然后依次介绍直接序列扩频和跳频通信技术，并结合短波通信特点分析这两种技术在短波通信中的应用；第 6 章短波通信网，主要介绍短波电台传统组网形式，并分析定频组网、跳频组网、自适应组网三种具体组网形式，最后结合网络化的发展方向，介绍典型网络化的短波通信网；第 7 章短波通信链路设计，依托短波通信链路的实际开通，按流程、分步骤地介绍如何进行短波通信链路的设计，并通过典型案例夯实理论知识的实际运用；第 8 章新技术在短波通信中的应用，介绍认知无线电技术、频谱预测技术、广域分集接入网在短波通信中的应用。

本书由谢伟负责全书内容的规划与统稿。具体编写分工如下：高泳洪编写第 1 章，谢伟编写第 2、3 章，卢迅编写第 4 章，刘伟编写第 5 章，崔明玉编写第 6 章，熊涛编写第 7 章，汪西明编写第 8 章。

由于编者水平有限，书中难免存在疏漏与不妥之处，恳请读者提出宝贵意见，以便进一步充实完善。

编　者

2022 年 10 月

目　　录

第 1 章　短波通信概述

短波通信是指利用短波进行的无线电通信，又称高频(High Frequency，HF)通信。

按照国际无线电咨询委员会(International Radio Consultative Committee，CCIR)的划分方法，短波指波长为 100～10m，频率为 3～30MHz 的电磁波。在实际中，短波通信的工作频率范围通常为 1.5～30MHz。

短波通信机动能力较强、网络组织灵活、设备成本低，使其在交通、气象、商业、外交、航空和应急等民用通信领域广泛应用，同时也在战略、战役和战术等军事通信领域承担重要角色，是现代通信的重要手段之一。短波通信可以用于传输电报、电话、传真、静态图像等信息。

随着信息化时代的到来，面对人们日益增长的信息需求，现代通信技术都朝着大容量、高速率、综合服务的方向发展，短波通信因其带宽有限，受到了巨大的冲击和影响。面对时代的挑战，短波通信因其自身的特点，在现代通信中占据了不可替代的位置，同时，各种先进技术也推动了短波通信的不断发展和变革。

1.1　短波通信的发展历程

短波频段是人类最早开发和利用的无线电通信频段。

自从 1864 年麦克斯韦从理论上预言了电磁波的存在，1887 年赫兹用实验方法实现了电磁波的产生和接收，1895 年马可尼和波波夫分别成功地进行了无线电通信试验后，无线电通信开始迅速发展。

在无线电通信发展的初始阶段，人们认为无线电波只能沿直线传播，考虑到地球曲率的影响，即使不存在其他损耗，电磁波最终也会飞出地球，造成相距较远的通信双方无法收到信号。随着研究的深入，科学家发现长波和中波可以沿地表传播很远，并且电磁波波长越长，对障碍物的绕射能力越强，能够更好地沿地表传播，这就是电磁波的地波传播方式。因此，这个阶段人们认为长波和中波更适合远距离通信，而短波被排除在外。在第一次世界大战期间，各国为了进行远距离通信，当时都使用了长波和中波波段，普遍认为波长短于 200m 的电磁波不适用于远距离通信。

直到 1921 年在意大利罗马城郊的一次意外火灾事故，短波的远距离通信能力才被世人发现。当时一台功率很小的业余短波电台在火灾中向外界发出求救信号，发信人原本希望火灾现场附近的消防人员能够过来及时营救，可意外的是，这个求救信号竟然传送到了丹麦的哥本哈根，由此拉开了短波远距离通信的序幕。此后，各种类似的实验使人们逐渐认识到短波能够在没有中继站的情况下，利用较低的功率即可实现电磁波的远距离传播，可以将西半球的电磁波传递到东半球，甚至环绕地球进行传播。而不同于地波传播方式，短波不是利用电离层反射达到远距离通信的目的，这就是电磁波的天波传播方式。从此之后，人们逐渐认识到短波比长波更适合远距离通信，短波通信迅速发展起来。

从 20 世纪初到 60 年代中期，是短波通信发展的黄金时期，短波通信成为远距离通信特别是洲际通信的主要手段，人们利用短波通信手段实现了几千千米甚至上万千米的通信。1924 年，第一条商用短波通信线路在德国的瑙恩和阿根廷的布宜诺斯艾利斯之间建立。

20 世纪 60 年代以后，随着技术的不断发展，由于卫星通信等新兴通信手段的应用，短波通信的劣势逐渐暴露：短波带宽窄，频谱资源紧张，存在信道间干扰，容易被截获、窃听等，而卫星通信具有稳定的信道，可靠性高、通信容量大、覆盖范围广、通信质量好等优点，使得在一段时间内，人们普遍认为卫星通信可以替代短波通信。20 世纪 60 年代至 70 年代，短波通信陷入低谷，一些重要业务逐步被卫星通信所替代。例如，1976 年，美军制定综合战术通信计划中，将短波通信列为补充和备用手段。

但是，随着各种通信技术的发展，人们发现，一旦发生战争或灾难，各种通信系统都可能被破坏，特别是卫星通信，严重依赖通信卫星，一旦通信卫星被摧毁，整个通信系统都会瘫痪。而此时，短波通信利用短波通过电离层反射的天波传播特性，不需要人为中继，成本低廉，容易实现，更重要的是这个天然的"中继站"电离层不易被"摧毁"，即使采用高空原子弹爆炸，也仅能在短时间内使有限的电离层区域产生通信中断，这使得短波通信手段成为战时最可靠的通信手段之一。1980 年，美国国防部核武器局曾经指出：一个国家，在遭受原子袭击后，恢复通信联络最有希望的解决办法是采用价格不高，能够自动寻找信道的高频通信系统。此后，短波通信因其自身的特点成为不可被替代的通信手段之一，重新受到了重视。短波因为其自身的特点，成为唯一一种不受中继限制的远程通信手段，使得短波通信的抗毁能力远超其他通信手段，并且短波通信具备设备价格低廉、组网灵活等优点，使得短波通信又重新成为现代通信的重要手段之一，并且成为不可或缺的通信手段。20 世纪 70 年代末到 80 年代初，各国均加速研究与开发短波通信的相关技术，陆续推出了各种性能优良的短波通信装备和系统。1979 年，美军在修订综合战术通信计划时突出了短波通信的地位，将其列为第一线指挥控制通信手段之一；随后，20 世纪 80 年代初，美军实施了一系列短波通信改进计划，开发研究了各种短波通信技术，包括短波高速跳频、短波自适应控制等。之后，在海湾战争中，美军和法军等军队大量运用短波通信手段，取得了突出的效果。

短波通信不仅在军事通信中不可或缺，在民用通信的外交、气象、应急救援等领域也有重要的应用。特别是近十几年来，由于短波信道、通信终端、数字化与网络等方面的多种新技术的应用，包括信道自适应、扩频、跳频、格状编码调制(Trellis Coded Modulation，TCM)、多载波正交频分复用(Orthogonal Frequency Division Multiplexing，OFDM)等，以及各种标准的制定，极大地促进了短波通信技术及设备的发展，一定程度上改善了短波通信固有的缺点，提高了短波通信链路的质量，使得短波通信重新焕发了青春。例如，20 世纪 90 年代初，马可尼公司在综合通信系统基础上发展起来的第二代产品中引入了新技术，在短波通信中使用数字信号处理技术，采用高性能的数字接收机与激励器以及全固态功率合成技术等，提高了系统性能。2004 年，我国引进美国柯林斯公司 400W 短波自适应电台、Q9600HF MODEM 和用于控制系统的信使软件 Messenger，采用自适应技术以及开放标准STANAG 5066，使之成为实现短波通信网络与全球有线网络无缝连接的代表产品。

1.2　短波通信的主要特点

短波通信与卫星通信、地面微波通信以及同轴电缆、光缆等有线通信手段相比，不需要建立中继站即可实现远距离通信，因而建设和维护费用低，建设周期短。短波通信设备简单、体积小，可以根据使用要求固定设置，进行固定通信，也便于背负或装入车辆、舰船、飞行器中进行移动通信。短波通信的电路调度容易，组网方便、迅速，机动灵活，在面对自然灾害或战争环境时具有较强的抗毁能力。并且因其设备简单、体积小，在使用过程中容易隐蔽，便于改变工作频率以躲避敌人干扰和窃听，破坏后也容易恢复。正因为短波通信有着许多特点，它才能成为现代通信手段中不可或缺的一分子。

1.2.1　短波通信的优点

1. 远程通信能力强

短波的远程通信能力主要是依赖电磁波的天波传播模式。

天波传播是无线电波利用距地球表面 60～1000km 的电离层进行反射传播的一种工作模式，采用这种模式可以将电磁波传到几千千米之外的地面，实现远距离通信。天波传播环境较地波更适宜于电磁波远距离传播，其传播损耗较小，因此仅需较小的功率，通过天线调整电磁波传播角度，经电离层一次反射时，最远通信距离就可达几千千米，也称为一跳通信距离或单跳通信距离，如果经地面与电离层之间多次反射，也就是多跳通信，则可以实现全球通信，如图 1-1 所示。

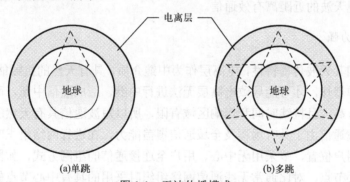

图 1-1　天波传播模式

不是所有的电磁波都可以进行天波传播。研究发现，当电磁波频率高于 30MHz 时，电磁波在电离层的反射能力减弱，会穿透电离层，无法返回地面；当电磁波频率低于 3MHz 时，电磁波在电离层中吸收损耗过大，无法完成反射过程，也不适合天波传播。因此电磁波频段为 3～30MHz，也就是短波频段最适宜天波传播。

2. 覆盖区域广

短波通信不仅可以采用天波传播模式，实现远距离通信，还可以采用地波传播模式，进行近距离通信。

电磁波地波传播中，主要考虑电磁波的传播损耗，这种损耗随电磁波频率的升高而增加，在同样的地面条件下，频率越高，传播损耗越大。因此，相对于长波和中波，短波频段利用地波传播时，其传播距离较近。根据地面环境不同，短波地波传播通常仅能覆盖几千米或十几千米，并且工作频率一般设在 5MHz 以下。但地波传播过程中，地形基本不变，因此信道参数基本不随时间变化，较为稳定。

综合考虑短波的天波传播和地波传播，调整短波天波传播路径，就可以使得短波成为不需要依赖中继站而能够实现全域覆盖的通信手段，如图 1-2 所示。

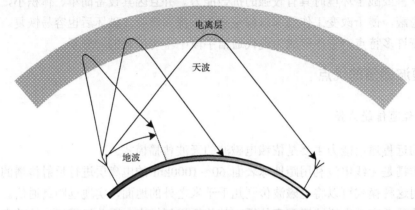

图 1-2　短波通信全域覆盖示意图

此外，值得一提的是，短波天波传播不仅可以用于远距离通信，还可以用于近距离通信。在地形环境复杂时，短波地波传播无法有效到达的区域，可以利用近垂直反射的天波传播方式，实现天波的近距离有效通信。

3. 抗毁能力强

短波通信因其天波传播特性，电离层作为中继介质，具有天然的抗毁能力，一般来说，除非高空原子弹爆炸，才可能导致电离层无法进行中继，造成通信中断，而这种人为摧毁方式一方面代价高，且持续时间和影响区域有限，所以短波通信具有天然的抗毁能力。

同时，短波通信由于具有远程及全域通信覆盖能力，在进行网络组织时，不需要考虑线路费用以及用户位置，多采用无中心、用户全连接通信的组网方式，如图 1-3 所示，这种方式没有中心节点，对比通常无线通信网络组织时采用的具有中心节点的组网方式，其不存在影响网络连通性能的关键节点，即使因战争或自然灾害造成区域内多个节点受损或被摧毁，不会影响网络的正常运行，因此短波通信网具有良好的抗干扰能力。

此外，短波通信工作模式灵活多样，既可实现远程用户间的无线直接通信，也可通过接入其他无线或有线通信手段实现通信。因此，与其他通信系统和通信网络相比，短波通信具有较强的抗毁性。

4. 灵活机动

短波通信因短波传播特性，具有能够快速开设、快速沟通、快速组网、运用方式多样等灵活机动的特点。

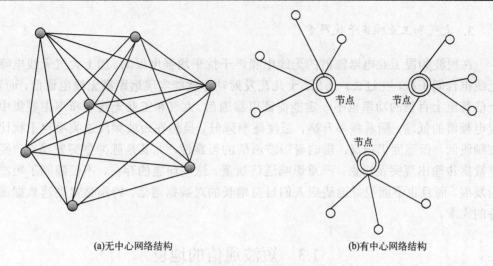

(a)无中心网络结构　　　　　　　　　　　　　　(b)有中心网络结构

图 1-3　短波通信网络结构示意图

与卫星通信、地面微波、光缆等通信手段相比，短波通信不需要依托其他地面设施即可实现远程通信和组网通信，通信建设和维护费用低，建设周期短，且短波通信设备较为简单，通信天线以线天线为主，体积小、重量轻、形式多样，所以更适合于背负、车载、机载和舰载。同时短波通信的建立无须精确地定位定向，而卫星通信或微波通信中精确定位定向是实现通信可靠连通的基础。因此，短波通信更适合实现机动通信或动中通信。战时或平时因可利用的地面通信资源和手段被毁或处于瘫痪状态时，短波通信是快速实现通信组织的重要手段之一，是实现应急通信的重要选择。因此，短波通信是作战指挥通信以及非战争军事行动通信中重要的保障手段之一，在战略通信、战役通信、战术通信中具有重要地位和作用。

1.2.2　短波通信的缺点

1. 电离层传输特性不稳定

短波天波通信主要是依靠电离层反射进行远距离信号传输的，电离层作为反射介质，其主要参量如路径损耗、时延散布、噪声和干扰等，会受到电离层电子密度的变化影响，因此会随着昼夜、地点、天象等因素的变化而不断变化。一方面，电离层的变化使信号产生衰落，衰落的幅度和频次不断变化。另一方面，天波信道存在着严重的多径效应，容易产生频率选择性衰落和多径时延。因此短波天波通信的通信效果会因为电离层的不稳定性而随时间变化，造成严重的衰落现象，使得通信效果的稳定性不能保证。

2. 短波频段较窄，通信容量小

短波通信中通常采用 1.5～30MHz 的电磁波，频段覆盖范围较窄，从而可利用的频谱资源有限。而随着时代进步，通信容量的需求日益增大，这也使得短波通信逐渐淡出日常通信的主要手段，成为应急通信的重要手段之一。

3. 大气和工业噪声干扰严重

在短波频段工业电器辐射的无线电噪声干扰平均强度很高,加上大气无线电噪声和无线电台间干扰,在过去,几瓦、十几瓦发射功率就能实现远距离无线电通信,而现在,十倍甚至上百倍的功率也不一定能保证可靠通信。大气和工业无线电噪声主要集中在无线电频谱的低端,随着频率升高,强度逐渐降低。虽然在短波频段这类噪声干扰比中长波频段低,但强度仍很高,影响着短波通信的可靠性,尤其是脉冲型突发噪声,经常会使数据传输出现突发错误,严重影响通信质量。这些问题的存在,不仅限制了短波通信的发展,而且也不能很好地适应人们日益增长的对数据通信,特别是对高速数据通信业务的需求。

1.3 短波通信的地位

在无线电频段,短波最早被开发利用,由此诞生的短波通信成为最早使用的现代通信手段之一。随着电子化、信息化时代的发展,人们对通信的需求不仅仅满足于传统的话音通信,为了满足日益增长的通信容量和业务类型的需求,通信不断朝着更高频段的开发利用发展,超短波、微波,甚至更高的无线电频段能够提供更丰富的频率资源,这使得低频段的通信手段失去了初期的光彩,特别是传统的长波、中波通信都只能应用在一些特殊的场合,短波通信也因此遇到了发展的瓶颈,但是短波通信因为具有较强的远程通信、机动通信、应急通信能力等优点,而且通信设备简单、开设方便、成本低,从而在通信领域,特别是军事通信领域占有不可或缺的地位。

1.3.1 民用领域的应用

短波通信早期广泛应用在商业、气象广播以及电报传送等领域中,随着信息时代的发展,人们的需求逐渐增加,短波频段满足不了需求,逐渐有淡出民用领域的趋势。但是短波通信依靠着自身的诸多优势,仍然是民用各领域(包括航空通信、应急救援、国际通信等)中的重要通信手段。

在航空通信中,短波通信是一种重要的通信方式。航空通信以机载平台和地面对空电台之间的通信为主,飞机之间也需要利用电台进行通信,还包括救生电台、紧急位置指示无线电台等。机载短波通信可以实现飞机与地面控制中心之间的远距离通信,是一种有效的通信手段。但是机载短波通信中飞机快速运动,使得电台的多普勒频率扩展严重,通常在 100Hz 左右,变化率在 ±10Hz/s 左右。同时因为飞机快速运动,在进行探测控制通信过程中,信道条件产生变化,所以适用于固定通信的自适应 ALE 技术对于机载通信效果不够好且实时性较差。特别是民航通信中,利用短波通信可以实现飞机在飞行的各个阶段与地面航空管理人员、签派和维修等相关人员保持实时双向语音通信,是实现民航内部通信的重要手段。当发生某些自然灾害时,如地震、海啸等,短波通信因为其通信特点能够快速实现可靠的远距离通信,因此在应急救援领域,短波通信具有重要的地位。

1.3.2　军事领域的应用

短波通信虽然在民用领域失去原有的主体通信地位，但在军事通信中，其自身的特点使得短波通信成为军事通信领域不可缺少的通信手段之一，特别在复杂电磁环境中，短波通信是重要的保底通信手段。

1. 远程通信能力

远程通信能力是实现远程作战的必备能力，与远程兵力、火力以及通信的机动及支持能力构成远程作战的基础，是军队为维护国家发展利益所必须提供的战略支撑能力。当开展多军种联合作战时，各军种的远程作战指挥通信，特别是海军、空军，无法依靠地面有线通信设施，在某些战争形态中，甚至无法依赖国土范围内的既设通信网系平台，这使得无线通信手段成为唯一有效的通信保障手段。在无线通信频段，超短波、微波通信采用视距传播，直接通信距离受限，如果采用空中中继平台，虽然可以实现较大范围的超视距通信，但是需要依托的资源众多且开设流程复杂，并且空中中继平台战场存活能力差，容易被摧毁。卫星通信虽然可以依托通信卫星实现远距离大范围通信，但是目前卫星通信频率资源有限，且卫星通信严重依赖通信卫星，一旦通信卫星损坏或者被摧毁，无法在短时间内恢复。与上述通信手段相比，短波通信利用天然存在的电离层反射实现远距离通信，既不需要建立空中转信平台，也不受卫星通信的资源制约和限制，依托本土就能建立远程作战通信指挥，通信组织运用灵活，系统顽存性好，特别适用于战场环境。虽然目前短波通信的频段范围有限，不能提供高速、宽带通信服务和业务能力，通信的稳定性也不如卫星通信，但其特点决定了短波通信必然是军队不可或缺的远程通信手段。

2. 机动通信能力

机动通信能力是部队遂行军事行动的基本能力。在信息化条件下，机动通信能力与兵力火力机动、通信的远程及支持能力共同支撑军队遂行机动作战、应急军事行动等多样化作战任务，可以说机动通信能力代表着部队军事通信的核心战斗力。机动通信要求通信装备或系统具备高度机动能力，能够伴随部队开展军事行动，这就要求通信装备或系统在功能上不仅需要保障通信不间断，还需要提供"动中通"能力，并且能够迅速部署、展开、连通和转移。由于作战地域不固定，无法依托既设通信设施开展，军事机动通信也不可能如民用移动通信一般，通过大量固定基站和其他通信设施实现区域全覆盖。同时，军事机动通信还要求能够在战争或自然灾害造成道路、电力和其他基础设施瘫痪，为维护国家安全和发展利益，遂行跨陆域、空域、海域军事任务时，提供无依托快速机动展开和远程通信能力。这些要求使得无线通信手段成为最适用于军事机动通信的重要手段。目前，我军机动通信呈现出多手段建设、多模式综合保障的特点，特别是卫星通信的大力发展，使得部队军事机动通信能力加强。但是短波通信组织运用灵活、运用模式多样，无须建立基站或中继节点，具有良好的远程通信能力，且能够实现广域覆盖，因此短波通信必将一直是军事机动通信的基本手段，特别是"动中通"通信的主要手段之一。

3. 应急通信能力

应急通信能力是部队应对突发事件快速组织展开通信保障遂行任务的能力。现代军事行动中武器系统高速攻击、兵力快速机动等作战能力快速提升，战争节奏加快，战场态势瞬息万变；在非军事行动中，经常应对突发事件，如自然灾害，通信设施破坏严重，不确定因素多，时效性要求高，因此，军事通信系统需要具备快速响应、实时调整、动态补充通信资源的能力，以确保指挥控制通信的顺畅。这种应急通信能力也体现了部队遂行多样化任务时的最低限度通信保障能力。最低限度通信保障能力通常指常规通信设施被"硬摧毁"或受到强电磁干扰不能正常工作时，采用各种应急通信手段保障各级基本作战指挥信息传递的能力。在各种无线通信手段中，短波通信因机动灵活、无中心组网、抗毁性强、设备体积小、便于携带和隐蔽，特别适用于车载、舰载、机载等优势，成为应急通信的基本手段。在开发利用短波最低限度通信技术后，在复杂强电磁干扰环境中，短波通信仍然能够保障通信不间断，这使得短波通信系统成为最可靠的保底通信手段，在军事通信中占有重要的地位。

1.4 短波通信的发展趋势

短波通信自从诞生以来，一直是无线通信的主要手段之一。随着信息化技术的不断进步，以及通信系统的数字化、网络化以及通信业务的综合化，短波通信不断融入各种新技术、新器件、新工艺，提高了通信的可靠性和有效性的同时，也提高了系统的自动化、智能化水平，短波通信成为现代通信的重要组成部分。

1.4.1 技术发展

20 世纪 80 年代以来，计算机、移动通信和微电子技术的迅猛发展，极大地促进了短波通信技术和装备的更新换代。特别是微处理器技术、数字信号处理(Digital Signal Processing，DSP)技术、自适应技术、扩频通信技术等现代信息技术的应用，大大提高了短波通信的质量和数据传输速率，增强了自动化、新业务能力，提高了自适应与抗干扰能力，形成了现代短波通信新技术、新体制。

从技术层面来看，短波通信可以参考网络结构的七层 OSI 模型，分为物理层、媒体接入控制(Media Access Control，MAC)层、网络层、传输层和应用层研究，如图 1-4 所示。其中，物理层研究主要涉及短波波形设计、信号处理算法、信号检测、调制解调、滤波以及射频器件(主要含天线与阻抗匹配器)等；媒体接入控制层研究主要涉及频率选择、自动链路建立与维护、用户多址接入等；网络层与传输层主要研究如何构建承载网络在不同台站或节点间转发信息并实现转发的控制；应用层主要适应短波通信协议。

需要说明的是，在体系结构中的用户层，包含技术分层中物理层与应用层的相关技术研究内容；媒体接入控制层包含媒体接入控制相关技术研究内容；交换控制层主要对应网络与传输层的技术研究内容，还包括部分应用层的控制协议；应用层主要对适应短波特点的应用协议方面开展研究；网络管理层涉及网络管理技术、频率管理系统、密码与安全管理等研究内容。所以短波通信系统涉及很多方面的技术。

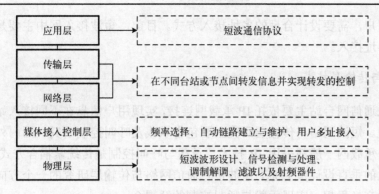

图 1-4　短波通信接入网技术分层图

1. 物理层技术

物理层技术方面，主要有波形设计、信号检测与处理和用户终端形态等方面的研究。美军标准 MIL-STD-188-110C 和北约标准 STANAG 4539 规定了基于 3kHz 信道的单音串行波形标准，包括信令和数据波形，以及适应不同速率传输的数传波形。目前，波形方面的主要研究集中在宽带波形设计与标准化、高效自适应编码调制方面以及相关的信号检测与处理技术。

同时，短波通信由于存在干扰严重和可用频率难以选择的问题，目前物理层研究的一个热点是利用频谱感知技术实现通信环境检测和频率选择。

在用户终端方面，传统的短波通信系统一般只支持基于 3kHz 短波信道的传输，存在体积和重量大、功能单一、支持业务类型少等方面的问题。同时，由于存在不同制式的通信技术和多种类型网络，传统单一技术体制的短波通信系统难以在具有多种频段覆盖范围的应用场合优先接入信道。当前，用户终端的研究主要集中在终端小型化、功能多样化、业务种类多样和多模终端(包含在不同短波技术间的多模，以及短波与其他频段的多模)等方面。

2. MAC 层技术

MAC 层涉及的技术主要集中在自动链路建立(Automatic Link Establishment，ALE)和用户多址接入两个方面。目前，国内外广泛使用基于同步和异步的 ALE 技术。异步 ALE 技术的主要代表为美军的第二代自动链路建立(2G-ALE)技术，同步 ALE 技术的主要代表为美军的第三代自动链路建立(3G-ALE)技术。2G-ALE 中，用户在给定的频率集上扫描，用户发起呼叫时不知道对端正在扫描的频率，因此其呼叫时间需要持续一个完整扫描周期以确保对端能够识别是否被呼叫。3G-ALE 中，用户在给定的频率集上同步扫描(基于定时信息)，用户发起呼叫时知道对端当前的扫描频率。因此，3G-ALE 的建链时间比 2G-ALE 短。此外，通过频率集正交设计，3G-ALE 比 2G-ALE 容纳更多的用户。2G-ALE 与 3G-ALE 技术已经在大量部署的电台中广泛应用。目前，国内外 ALE 研究的主要趋势是在 ALE 过程中利用频谱感知来实时选择当前较好的信道，并且利用宽带信道实现传输。

在短波通信接入网中，通过对标准化的 ALE 技术进行适当改造，能实现用户接入。为了容纳更多用户，需要设计合理的多址接入方式。目前，短波接入网中主要是采用频分复用方式实现多址接入。

3. 网络与传输层技术

短波接入通信网台站主要依托 IP 承载网连接，实现用户信息在不同接入站点和与其他网系互连互通。短波网络与传输层研究主要包含承载及呼叫控制研究。国内外已经部署的短波接入通信承载网一般都采用 IP 技术。承载与呼叫控制是传统紧耦合方式(即承载与呼叫控制一体化的垂直设计)。目前，短波接入通信网络与传输层研究的一个方向是借鉴移动通信领域软件交换思想，实现承载与呼叫控制的解耦合。

4. 应用层技术

传统互联网应用层协议大多基于 TCP/IP 协议设计，其连接建立需要多次交互过程，不适应具有带宽窄、传输速率低、时延大等特点的短波信道。国内外相关机构已经针对短波信道特点，设计了专门的邮件传输、文件传输等协议并在持续研究与优化相应的协议。短波通信应用层的一个研究热点是开发适应短波窄带信道特征的业务和相关协议体系。

5. 频率管理技术

选择可用频率是实现短波通信的关键技术之一。在短波通信接入网中，如何构建频率管理系统，保证各个台站和用户的实时用频需求并容纳更多用户一直是研究的重点。瑞典 HF2000 短波通信网、美国空军全球短波通信系统和澳大利亚 LONGFISH 网络都设计了相应的频率管理系统，根据不同地域范围内用户的业务需求，台站和用户从频率管理系统获得使用频率，以缩短频率探测和网络访问时间。

国内短波频率管理技术发展可以从电离层探测技术、短波频谱监测技术、短波频率规划与指配技术三方面来看，具体如下：一是电离层探测技术发展。包括 Chirp 探测、脉冲探测、单站返回探测等多种探测体制相互补充，提供了可满足多种应用需求的斜向探测方式。二是短波频谱监测技术。目前军队和地方上均建设了相当数量和规模的短波监测站，各监测站通过光纤互联，将这些监测站联合并进行融合，以提供全国的短波监测数据服务。三是短波频率规划与指配技术。点对点链路的频率指配技术已相当成熟，目前研究热点集中在短波网络的频率规划与指配技术上，其应用方向主要为一些军用短波接入型通信网络的频率管理系统。近年来，频谱感知技术在短波通信中的发展与应用，短波频谱监测技术在融合利用通信用户对短波频段上本地频谱感知结果的基础上，形成了整体的短波频段噪声监测数据。

随着科技的飞速发展，短波通信技术在各方面都取得了一定的突破，其传输速率和通信质量也在不断提高，形成了现代短波通信技术体制，使得短波通信朝着更加高速化、宽带化、智能化的方向发展。

1.4.2　网络发展

短波通信和其他无线通信方式一样，从最初的点到点通信逐步发展为网络通信。

随着无线电网络技术的广泛应用，短波自组织网络已成为未来短波通信网络的重要发展方向之一。自组织网不需要严格地限定其覆盖范围，也不必要具体地规定其拓扑结构，当通信网络的规模、用途和运行环境不同时，自组织网所采用的自组织算法以及由此而形成的结构形式也会不同。自组织网络的唯一约束条件是所有节点之间都可以直接或经过转接而沟通链路。自组织网络技术研究和开发始于 20 世纪 70 年代末期，直到现今自组织网的应用目标、网络结构、自组织算法与功能扩展等方面仍在不断发展。例如，1981 年，美国为海军特遣部队提出一种高频自组织网，称为短波内部特遣部队系统(High Frequency-Internal Task Force System，HF-ITF)，这种网络采用码分多址和自适应技术，具有很高的抗毁性和灵活性。1991 年，美军提出一种"改进的高频数据网"(Improved High Frequency Data Network，IHFDN)，采用分布式网络控制，利用天波、接近垂直入射天波和多跳地波进行传输，能适应近距离和远距离的通信，覆盖范围包括北美大陆及其周边的海空域。

现代短波通信网络技术主要包括短波跳频电台组网技术和短波数据通信网络技术等。

短波跳频电台组网有其特殊性，跳频网络是一个复杂的随机时序系统，实现跳频互通，技术体制和系统所有参数要完全相同，还要进行管理和授权。短波跳频电台有同步组网和异步组网两种方式。一般短波跳频跳速慢，同步保持时间长，大多采用同步保持法组网，由一部电台发出同步信号完成初始同步，在通信过程中随机地补发一些同步校正信号，以消除各台之间的时钟误差。理论上组网数等于跳频频率数，经优化设计实际可达到频率数的 80%～85%，同步频率数越多，组网效率越高，但同步时间和组网时间加长。同步网一定是正交的，适用于电台密集的场合。异步组网容易，使用方便，各网建立时间不分先后，但组网效率低，频率碰撞概率与组网数按指数规律增加。组网效率为 30%时，频率碰撞概率亦为 30%左右，一般实际组网效率小于 30%。

全自动短波数据通信网实质上是一种无线分组交换网，采用 OSI 的 7 层结构模型。网络的主要设备是高频网络控制器(High Frequency Network Controller，HFNC)，其主要功能有自动路由选择与自动链路选择、自动信息交换与信息存储转发、接续跟踪、接续交换、间接呼叫、路由查询和中继管理等。网内所有设备都接受网络管理设备(嵌入式计算机)的管理和控制，这些设备包括电台、自动链路建立(ALE)控制器与 ALE 调制解调器、数据控制器与数据 Modem、HFNC 等。可实现快速链路建立，能处理上百个电台和更大的信息量，支持 IP 及其应用等。目前较为典型的应用方式就是短波接入通信网。

短波接入通信网通过在广域地理范围内部署多个台站，并利用承载网连接各个台站，实现用户的随遇接入、路由迂回、远程覆盖和与其他网系的互联互通，提供话音、数据等业务服务。目前国内外建设了各种短波接入通信网络，它们分别服务于军事、外交、应急救灾等领域。国外比较典型的短波接入通信网有瑞典 HF2000 短波通信网、美国空军全球短波通信系统、澳大利亚 LONGFISH 网络和加拿大综合短波无线电系统。国内主要有军用短波综合业务网与民用的战备应急网，以及各行业部门专有的网络。

从体系结构来看，可以将短波接入通信网分为接入用户层、接入层、交换控制层、网络管理层与应用层，如图 1-5 所示。接入用户层主要包括各种类型的短波电台和通信终端，用于短波通信信号的产生、发送和接收；接入层主要包括各种短波台站或节点，通过采用不同空口技术实现用户接入；交换控制层主要包括各种交换与控制设备，实现信息转发和路由以及呼叫建立与控制等；网络管理层主要包括网络管理、频率管理、密码管理、安全管理、运维管理等；应用层主要指基于短波的业务服务应用，如语音通信、数据服务、邮件传输、广播服务等。

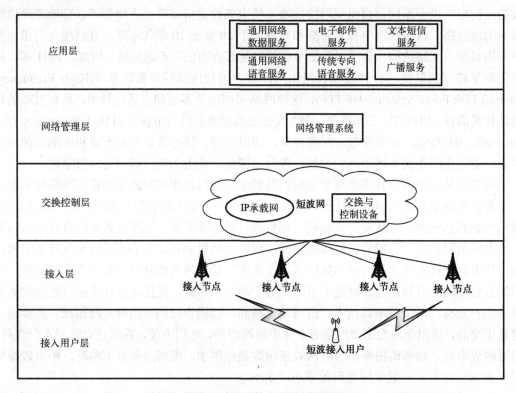

图 1-5　短波通信接入网体系结构图

上述短波通信新技术、新体制，都是针对解决短波通信存在的问题而产生和发展起来的。其中有的已经在短波通信中发挥积极作用，有的即将进入实用阶段。它们会进一步发掘短波通信潜力，使短波通信在信息社会和信息战中发挥出更大的作用。

1.4.3　装备发展

短波通信因其自身的特点，其通信装备体积小、代价低、易于实现，成为一种被广泛使用的通信手段。短波通信装备因此既可以采用固定方式，也可以采用机动方式。对于军事通信中，短波电台是一种重要的通信手段。

传统的短波电台往往是根据某种特定的用途而设计的，功能单一、信号特征差异很大、工作模式不同，如频段不同、调制方式不同、波形结构不同、通信协议不同、数字信息的编码和加密方式不同等，这些差异限制了不同电台之间的互联互通，因而无法满足各军兵种间的通信需求。为满足现代军事通信对短波通信系统的可靠性、兼容性、互通性、灵活性以及抗干扰、抗毁性、保密性等要求，软件无线电技术逐渐应用于短波电台中。软件无线电最早是美军为了解决海湾战争中多国部队各军种进行联合作战时所遇到的互通互联互操作问题而提出的，利用可编程处理技术，使不同种类的无线电台之间可以进行通信。

　　我国在软件无线电的研发工作上起步较晚，但通过应用软件无线电技术及其设计思想，我军短波通信装备的软件化、数字化已经取得了一定的成果。短波通信装备数字化主要包括数字化业务和数字化平台两个方面。前者是指通信业务的数字化，包含指挥文电、电报、电话、数据和图像等数字业务的应用。后者是指通信平台的数字化，包含模/数(数/模)转换器(Analog-to-Digital Converter/Digital-to-Analog Converter，ADC/DAC)、数字信号处理(DSP)、中央处理器(Central Processing Unit，CPU)、现场可编程门阵列(Field Programmable Gate Array，FPGA)等数字技术的平台化应用。在短波通信平台中大量采用数字化的电子技术，有效地融合现代计算机和数字信号处理等平台技术，可以大大改善短波通信信道性能，提高短波通信设备的信息处理能力和自动化、智能化水平。我军短波通信装备在数字化进程中，大量吸收和融合了现代电子信息技术，发展形成了以支持高质量数据传输和数字化语音通信为主的装备系列，短波电台完成了从模拟向数字化的进步，短波终端实现了由传统模拟终端向综合业务终端的发展，使短波通信系统初步具备了数据传输能力，可以支持声码话、高速数据、最低限度报文、文电、电报、传真、图像等数据业务。

　　随着软件无线电技术的发展和应用，短波通信装备将朝着整机数字化的方向发展。综合微电子技术、信号处理技术、数字通信技术等先进的信息技术，短波通信在平台技术层面，形成通用的软、硬件平台，使其硬件上具有集成性、通用性和可扩展性，软件上具有可编程、自动更新和兼容性，在数字业务层面，将促使短波通信业务向数据业务、多媒体业务发展。短波通信装备必然朝着集成化、小型化、通用化的方向发展，支持网络组织综合化、用户操作自动化、终端功能多用化。

习　题

1.1　短波通信具有哪些特点？试分析其形成的原因。

1.2　为什么短波通信可以作为一种保底军事通信手段？

1.3　短波接入通信网从体系结构上可以分为哪些层？主要功能作用是什么？

1.4　短波通信中可用频率的选择至关重要，目前短波频率管理技术主要包括哪些方面？

1.5　短波通信中可以采用哪些抗干扰技术？

第2章 短波传播

短波通信具有通信距离远、建立迅速、便于机动、抗毁性强等特点，也是唯一不受网络枢纽和有源中继体制制约的远程通信方式，在现代通信中具有不可替代的作用，属于最为保底的通信手段。本章从电磁波传播的角度来分析短波的传播机理，为后续短波数据传输技术、短波通信链路设计等内容的学习奠定基础。

2.1 引　言

短波通信是最早使用的一种无线电通信方式，它是通过短波传播的方式来实现的，所以短波传播的特性、规律是学习短波通信的基础。短波传播属于电磁波传播的特例，它的传播特性同时取决于传播介质的结构特性和电磁波特征参量，对于一定频率和极化的电磁波，当与特定传播介质条件相匹配时，短波传播将是一种具有优势的传播方式。

2.1.1　电磁波传播方式

根据通信距离、频率和位置的不同，电磁波的传播方式主要分为地波传播、天波传播、散射传播和视距传播四种。

1. 地波传播

如图 2-1 所示，频率较低(通常 2MHz 以下)的电磁波趋于沿弯曲的地球表面传播，具有一定的绕射能力，这种传播方式称为地波传播。

图 2-1　地波传播

以地波传播方式工作的无线通信系统通常采用低架于地面上方的直立天线，天线上的电流垂直于地面，如果不考虑地面的影响，这种天线辐射的电磁波是垂直极化波，当其最大辐射方向指向地面时，主要以地波方式传播，实质上，电磁波是绕着地面-空气的分界面传播的，这种传播方式适用于中、长波和超长波传播。

以地波传播方式传播的电磁波会受到地面乃至地层内部介质的影响。实际的地面由于地形地貌的起伏变化或介质的变化(尤其是陆地和海洋的变化)并不是均匀光滑的，但是对于中、长波和超长波而言，电磁波波长比地面粗糙度大得多，地面可以认为是近似光滑的。对于极长波和长波，电磁波的波长通常比地面上的障碍物(如建筑、山丘等)的尺寸大，所以可以绕射。当地面电参数变化不大时，也可以认为地面是均匀的。如果收发天线相距不远，例如，小于几十千米，地面可以认为是平面。当收发距离较远时，必须考虑地球曲率的影响。当电磁波频率较低时，透入地面的深度较大，如果地层深处的电参数和表面电参数有显著差异，也必须考虑其影响。因此一般情况下可以假设地面是光滑、均匀的平面。

这种传播方式的优点是基本上不受气候条件的影响；无多径传输现象，信号稳定；传输损耗小，作用距离远。主要缺点是大气噪声电平高，工作频带窄。

地波传播主要应用于远距离无线电导航、标准频率和时间信号的广播、对潜通信、地波超视距雷达等。

2. 天波传播

如图 2-2 所示，频率较高(2～30MHz)的电磁波在电离层内经过连续折射而返回地面到达接收点的传播方式称为天波传播。

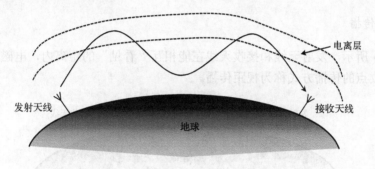

图 2-2 天波传播

尽管长波、中波和短波都可以采用这种传播方式，但是以短波为主。这种传播方式的优点是能以较小的功率进行数千千米的远距离传播。由于天波传播与电离层密切相关，而电离层具有随机变化的特点，因此短波天波信号通常很不稳定，有严重的衰落现象，甚至会由于电离层的异常变化导致短波通信中断。

3. 散射传播

如图 2-3 所示，散射传播是利用低空对流层、高空电离层下缘的不均匀"介质团"或流星通过大气时的电离余迹对电磁波的散射特性以达到传播目的一种电磁波传播方式。

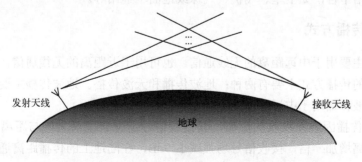

图 2-3 散射传播

对流层在上下气流和风的作用下，空气会形成涡旋状运动的气团，这些涡旋气团密度不均匀，每一个涡旋气团的介电系数都和周围空间的介电系数有小的差别。当电磁波投射到这些不均匀体时，涡旋气团就会将入射的电磁能量向四面八方散射出去，于是电磁波就能达到涡旋气团(不均匀介质团)所能"看见"但电磁波发射点不能"看见"的超视距范围，因此散射传播的距离可以大大超过地-地视距传播的距离。对流层散射主要用于 100MHz～10GHz 频段，传播距离小于 800km；电离层散射主要用于 30～100MHz 频段，传播距离大于 1000km。

散射通信的主要优点是距离远、抗毁性好、保密性强。但是由于散射体积不同点到达的散射波所走过的路径长短不一样，因而产生了多径延时，影响了散射信道的频带宽度。很明显，它一方面与散射体积的大小有关，即与天线的波束宽带有关，波束越窄，方向性越尖锐，散射体积越小，多径延时越小；另一方面，传播距离越远，则多径延时也越大，可用带宽就越窄。提供频带宽度的有效办法是采用强方向性的天线。

4. 视距传播

如图 2-4 所示，发射天线和接收天线在能相互"看见"的距离内，电磁波直接从发射点传播到接收点的传播方式称为视距传播。

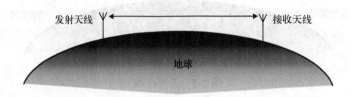

图 2-4　视距传播

任何频段的电磁波都可以实现视距传播，但是通常频率越高，视距传播越占主导，所以通常视距传播的工作频段为超短波及微波频段。此种传播方式要求天线具有强方向性并且有足够高的架设高度。信号在传播中所受到的主要影响是视距传播中的直射波和地面反射波之间的干涉。

视距传播的优点是传输容量大、传播稳定，但是由于受地球曲率和地表环境的影响，其传输距离较短，一般为 20～50km。如果想通过视距传播方式实现远距离通信，必须人为设置中继通信平台，如卫星、飞机、气球或地面中继站等。

2.1.2　短波传播方式

短波传播主要用于中远距离的无线通信，也可用于近距离的无线通信，考虑其实际工作频段，短波的传播方式主要有两种：地波传播和天波传播。地波传播主要用于近距离的无线通信，天波传播用于中远距离的无线通信。

短波地波传播因地面吸收的影响，其接收信号场强典型值大约与距离的三次方成反比，即通信距离增加一倍，接收信号场强减小 9dB，在陆地上的传播距离通常仅为几十千米，但是在海面上传播距离较远。

短波天波传播主要依靠电离层反射，与地波传播相比，其传播损耗相对较小，可以实现数百、数千甚至上万千米的远距离无源中继通信。

2.2　地 波 传 播

短波频段的电磁波波长较长，因此通常情况下短波天线低架于地面上(天线的架设高度比电磁波波长小得多)时，天线的最大辐射方向沿地球表面，这时电磁波的传播方式主要是地波传播，例如，使用长度较短直立鞭状天线就是这种情况。这种传播方式，信号稳定，基本上不受气象条件、昼夜及季节变化的影响。但随着电磁波频率的增高，传播损耗迅速增大，因此在短波频段，地波传播距离通常在几十千米以内，在军事上，常用于近距离通信、侦察和干扰。

因为地波传播是沿着地球表面传播的，所以地表的地质、地貌和地物等都会影响电磁波传播，因此，要想掌握短波的地波传播，首先必须了解地球表面的电特性。

2.2.1　地球表面电特性

关于地球表面的电特性，我们主要考虑它的电磁特性，描述地面电磁特性的主要参数有介电系数 ε(或相对介电常数 ε_r)、电导率 σ 和磁导率 μ，根据实际测量，绝大多数地质(磁性体除外)的磁导率都近似等于真空中的磁导率 μ_0，表 2-1 给出了几种不同地面的电参数。

表 2-1　地面的电参数

地面类型	ε_r		$\sigma/(\text{S/m})$	
	平均值	变化范围	平均值	变化范围
海水	80	78.36~81.5	4	1~4.3
淡水	80	78.36~81.5	10^{-3}	10^{-3}~2.4×10^{-2}
湿土	10	10~30	10^{-2}	3×10^{-3}~3×10^{-2}
干土	4	2~6	10^{-3}	1.1×10^{-5}~2×10^{-3}

为了既反映介质的介电性 ε_r，又反映介质的导电性 σ，可采用相对复介电常数：

$$\tilde{\varepsilon}_r = \varepsilon_r - j\frac{\sigma}{\omega\varepsilon_0} = \varepsilon_r - j60\lambda\sigma \tag{2-1}$$

式中，$\varepsilon_0 = 1/36\pi\times10^{-9}\,\text{F/m}$；$\lambda$ 是电磁波波长。

那么，怎样判断某种地质是呈现导电性还是介电性呢？通常把传导电流密度 J_C 与位移电流密度 J_D 之比作为衡量标准。

$$\frac{J_C}{J_D} = \frac{\sigma}{\omega\varepsilon_0\varepsilon_r} = 60\lambda\sigma/\varepsilon_r \tag{2-2}$$

当传导电流密度比位移电流密度大得多，即 $60\lambda\sigma/\varepsilon_r \gg 1$ 时，地面具有良导体性质；反之，当位移电流密度比传导电流密度大得多，即 $60\lambda\sigma/\varepsilon_r \ll 1$ 时，可视地面为电介质；而当二者相差不大时，称地面为半电介质。表 2-2 给出了各种地面中 $60\lambda\sigma/\varepsilon_r$ 随频率的变化情况。

表 2-2 各种地面的 $60\lambda\sigma/\varepsilon_r$ 值

地面	频率					
	300MHz	30MHz	3MHz	300kHz	30kHz	3kHz
海水（$\varepsilon_r=80,\sigma=4$）	3	3×10	3×10^2	3×10^3	3×10^4	3×10^5
湿土（$\varepsilon_r=20,\sigma=10^{-2}$）	3×10^{-2}	3×10^{-1}	3	3×10	3×10^2	3×10^3
干土（$\varepsilon_r=4,\sigma=10^{-3}$）	1.5×10^{-2}	1.5×10^{-1}	1.5	1.5×10	1.5×10^2	1.5×10^3
岩石（$\varepsilon_r=6,\sigma=10^{-7}$）	10^{-6}	10^{-5}	10^{-4}	10^{-3}	10^{-2}	10^{-1}

由表 2-2 可见，对海水来说，在中、长波，它是良导体，只有到微波频段才呈现出介质特性；湿土和干土在长波频段呈现良导体特性，在短波以上就呈现介质特性；而岩石则几乎在整个无线电磁波的频段都呈现介质特性。

2.2.2 地波的传播特性

当天线设置在紧靠地面上时，天线辐射的电磁波是沿着半导电性质和起伏不平的地表面传播的。由于地面的半导电性质，一方面使电磁波的场结构不同于自由空间传播的情况而发生变化并引起电磁波吸收；另一方面电磁波不像在均匀介质中那样以一定的速度沿着直线路径传播，而是由于地球表面呈现球形使电磁波传播的路径按绕射的方式传播。但是，由于只有当电磁波波长与障碍物高度相当时，才具有绕射作用，所以在实际情况中，只有长波、中波以及短波低端(频率较低的部分)能够绕射到地面较远的地方。对于短波高端以及超短波以上频段，由于障碍物高度大于波长，因而绕射能力很弱。

但是，对地波传播进行理论分析是相当复杂的，这里只给出一些基本的结论，并加以定性的说明和分析，地波传播具有如下传播特性。

1. 传播稳定

地波是沿地球表面传播的，由于地球表面的电性能及地貌、地物等并不随时间很快的变化，所以在传播路径上地波传播基本上可认为不随时间变化，接收点的场强较稳定。

2. 受到地面的吸收

虽然地波传播性能稳定，但是当电磁波沿地球表面传播时，它在地面上要产生感应电流，由于地面不是理想导体，所以感应电流在地面流动要消耗能量，这个能量是由电磁波供给的。这样一来，电磁波在传播过程中，就有一部分能量被大地所吸收，而地面对电磁波能量吸收的多少与下列因素有关。

(1) 地面的导电性能越好，吸收越少，即电磁波传播损耗越小。

因为电导率越大，地电阻越小，故电磁波沿地面传播的热损耗越小。结合表 2-1 中所列的不同地面的电导率参数，可知电磁波在海洋上传播损耗最小，在湿土和江河湖泊上的损耗次之，在干土和岩石上的损耗最大。

(2) 电磁波频率越低，损耗越小。

地电阻与电磁波频率有关，频率越高，由于趋肤效应，感应电流更趋于地球表面流动，使流过电流的有效面积减小，地电阻增大，故损耗增大。通常情况下，在短波通信中利用地波传播方式进行通信的频率范围是 1.5～5MHz。

例如，若一直立天线的辐射功率为 1000W，传播途径的地面为干土，并假定保持接收点场强不低于 $50\,\mu V/m$，则不同频率的通信距离如表 2-3 所示。

表 2-3　不同频率电磁波的地波传播通信距离

频率/MHz	通信距离/km	频率/MHz	通信距离/km
0.15	670	2	52
0.3	350	5	22
1	95		

从表 2-3 中结果可以看出，地波传播主要适用于超长波、长波和中波，军用短波和超短波小电台在采用这种传播方式时，只能进行近距离通信。

(3) 垂直极化波较水平极化波衰减小。

地波传播还与电磁波的极化方式有关，理论计算和实际使用均证明地波不宜采用水平极化波传播。图 2-5 给出了一组计算曲线，图中横坐标为传播距离 r，纵坐标为电磁波的衰减因子 A，其中 A_h 为水平极化的衰减因子，A_v 为垂直极化波的衰减因子。

由图 2-5 可知，在相同情况下，水平极化波的衰减因子 A_h 远大于垂直极化波的衰减因子 A_v。这是因为，当电磁波为水平极化波时，电场方向平行于地面，传播时在地面上引起较大的感应电流，致使电磁波产生很大的衰减。而对于垂直极化波(通常由直立天线辐射)，其电磁波能量同样要被吸收，但由于电场方向与地面垂直，它在地面上产生的感应电流远比水平极化波产生的要小，因此地面的吸收小。所以在地波传播中通常多采用垂直极化波，这也是短波近距离通信时常采用鞭状天线的原因。

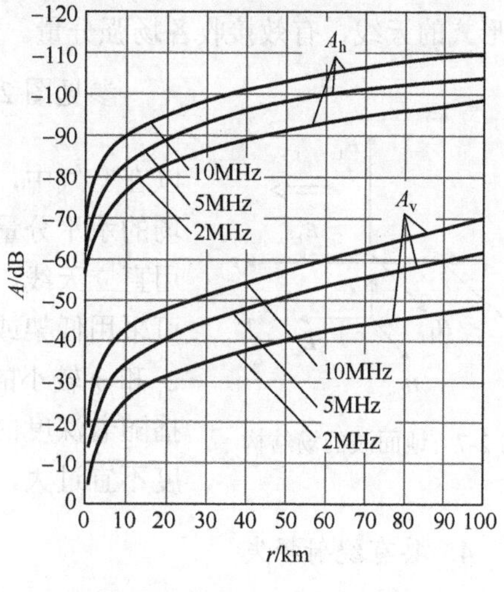

图 2-5　中度土壤($\varepsilon_r = 15, \sigma = 10^{-3}\,S/m$)水平极化和垂直极化波的地面波衰减

3. 产生波前倾斜

地面波传播的一个重要特点就是存在波前倾斜现象。波前倾斜现象是指由地面损耗造成电场向传播方向倾斜的一种现象，如图 2-6 所示。

波前倾斜现象可作如下解释。

设有一直立天线沿垂直地面的 x 轴放置，辐射垂直极化波，电磁波能量沿 z 轴方向，即沿地面方向传播，其辐射电磁场为 E_{1x} 和 H_{1y}，如图 2-6(a)所示。当某一瞬间 E_{1x} 位于 A 点时，在地面上必然会感应出电荷，当电磁波向前传播时，便产生了沿 z 轴方向的感应电流，由于地面是半导电介质，有一定的地电阻，故在 z 轴方向上将产生电压降，即在 z 轴方向上将产生新的水平分量 E_{2z}。根据边界电场切向分量连续，即存在 E_{1z}，这样靠近地面的合成场 E_1 就向传播方向倾斜。

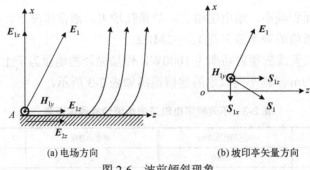

(a) 电场方向　　　　　　　　　　(b) 坡印亭矢量方向

图 2-6　波前倾斜现象

从能量的角度看，由于地面是半导电介质，电磁波沿地面传播时将产生衰减，这就意味着有一部分电磁能量由空气层进入大地内。坡印亭矢量 $S_1 = \frac{1}{2}\mathrm{Re}(E_1 \times H_1^*)$ 的方向不再平行于地面而发生倾斜，如图 2-6(b)所示，出现了垂直于地面向地下传播的功率流密度 S_{1x}，这一部分电磁能量被大地所吸收。由电磁波理论可知，坡印亭矢量是与等相位面，即波前垂直的，故当存在地面吸收时，在地面附近的波前将向传播方向倾斜。显然，地面吸收越大，S_{1x} 越大，倾斜将越严重，而只有沿地面传播的 S_{1z} 分量才是有用的。

虽然波前倾斜现象较为复杂，但是对其研究具有较大的实用意义，例如，可以采用相应形式的天线，有效接收各场强分量。

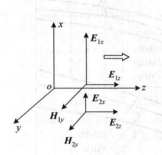

图 2-7　地面波的场结构

参见图 2-7，若 $|\tilde{\varepsilon}_r| \gg 1$，则 $E_{1z} = E_{2z} = \dfrac{E_{1x}}{\sqrt{\tilde{\varepsilon}_r}}$，$E_{2x} = \dfrac{E_{2z}}{\sqrt{\tilde{\varepsilon}_r}}$，所以在空气中，电场的垂直分量远大于水平分量，在地面下，则电场的水平分量远大于其垂直分量。因此，在地面上接收时，宜采用直立天线，接收天线附近地质宜选用湿地。若受条件限制，也可采用低架或水平铺地天线接收，并且接收天线附近地质宜选用 ε_r 和 σ 较小的干地。还可采用水平埋地天线接收，由于地下波传播随着深度的增加，场强按指数规律衰减，因此，天线的埋地深度不宜过大，浅埋为好，并且附近地质宜选用干地。

4. 具有绕射损失

电磁波的绕射能力与其波长和地形的起伏有关。波长越长，绕射能力越强；障碍物越高，绕射能力越弱。在地波通信中，长波的绕射能力最强，中波次之，短波较小，超短波绕射能力最弱。当通信距离较远时，必须考虑地球曲率的影响，此时到达接收点的地波是沿着地球弧形表面绕射传播的。此外，地面的障碍物对电磁波有一定的阻碍作用，因此有绕射损失，这些都影响着接收端地波场强的计算。

2.2.3　地波场强的计算

地波传播过程中存在地面吸收损耗，当传播距离较远，超出 $80 / \sqrt[3]{f(\mathrm{MHz})}$ km 时，还必须考虑地球曲面造成的绕射损耗。一般计算 E_{1x} 有效值的表达式为

$$E_{1x} = \frac{173\sqrt{P_r(\text{kW})D}}{r(\text{km})} \cdot A \quad (\text{mV/m}) \tag{2-3}$$

式中，P_r 为辐射功率；D 为方向系数；r 为传播距离；A 为地面的衰减因子。地面衰减因子 A 的严格计算是非常复杂的。

从工程应用的观点，本节介绍国际电信联盟推荐的地波传播曲线：ITU-RP.368-9。现摘录其中部分内容，如图 2-8～图 2-10 所示，称为布雷默(Bremmer)计算曲线，用以计算 E_{1x}。

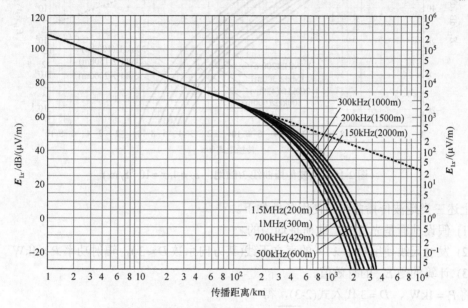

图 2-8　地波传播曲线 1(海水：$\varepsilon_r = 80, \sigma = 4\text{S/m}$)

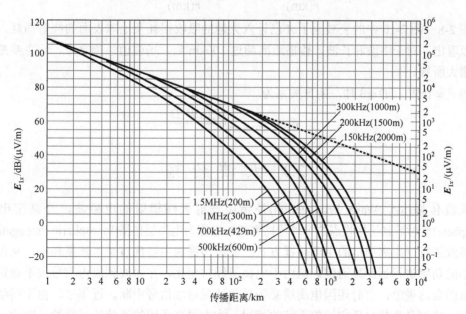

图 2-9　地波传播曲线 2(陆地：$\varepsilon_r = 4, \sigma = 10^{-2}\text{S/m}$)

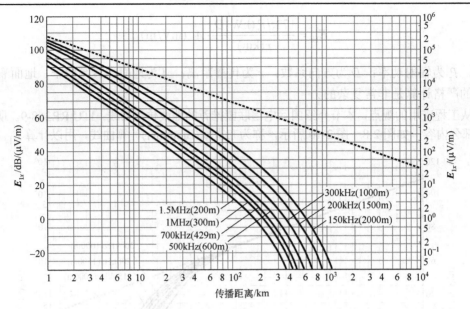

图 2-10　地波传播曲线 3(陆地：$\varepsilon_r = 4, \sigma = 10^{-4}\,\text{S/m}$)

上述三类地波传播曲线的使用条件如下。

(1) 假设地面是光滑的，地质是均匀的。

(2) 发射天线使用短于 $\lambda / 4$ 的直立天线(其方向系数 $D \approx 3$)，辐射功率 $P_r = 1\text{kW}$。

(3) 计算的是 E_{1x} 的有效值。

将 $P_r = 1\text{kW}$、$D = 3$ 代入式(2-3)，得

$$E_{1x} = \frac{173\sqrt{1 \times 3}}{r(\text{km})} A(\text{mV} / \text{m}) = \frac{3 \times 10^5}{r(\text{km})} A(\mu\text{V} / \text{m}) \tag{2-4}$$

图 2-8～图 2-10 中的衰减因子 A 已计入大地的吸收损耗及地球表面的绕射损耗。从图中可以看出，对于中波和长波，传播距离超过 100km 后，场强值急剧衰减，这主要是绕射损耗增大所致。

当 $P_r \neq 1\text{kW}$、$D \neq 3$ 时，换算关系为

$$E_{1x} = E_{1x查表}\sqrt{\frac{P_r(\text{kW})D}{3}} \tag{2-5}$$

2.3　天　波　传　播

天波传播(Sky Wave Propagation)是指由发射天线辐射的电磁波，经高空电离层(Ionosphere)反射后到达接收点的一种传播方式，也称为电离层传播(Ionospheric Propagation)，它是短波进行远距离通信的主要传播方式。天波传播的主要优点是传播损耗小，从而可以用较小的功率进行远距离通信。但由于电离层经常变化，在短波频段内信号很不稳定，有较严重的衰落现象，有时还因电离层暴等异常情况造成信号中断。近年来，由于科学技术的发展，特别是高频自适应通信系统的使用，大大提高了短波通信的可靠性，因此，天波传播仍广泛地应用于短波远距离通信中。

2.3.1 电离层概况

　　包围地球的是厚达两万多千米的大气层，大气层里发生的运动变化对无线电波的传播影响很大，对人类生存环境也有很大影响，地面上空大气层概况如图 2-11 所示。

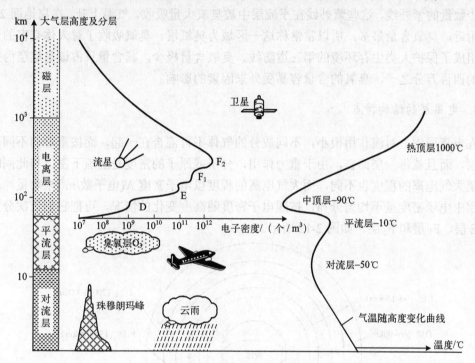

图 2-11　地面上空大气层概况

　　如图 2-11 所示，在离地面 10～12km(两极地区为 8～10km，赤道地区达 15～18km)以内的空间里，大气是相互对流的，称为对流层。由于地面吸收太阳辐射(红外、可见光及部分紫外频段)能量，转化为热能而向上传输，引起强烈的对流，对流层空气的温度是下面高上面低，顶部气温在–50℃左右。对流层集中了约 3/4 的全部大气质量和 90％以上的水汽，几乎所有的气象如下雨、下雪、打雷闪电、云雾等都发生在对流层内。

　　离地面 10～60km 的空间，气体温度随高度的增加而略有上升，但气体的对流现象减弱，主要是沿水平方向流动，故称平流层。平流层中水汽与沙尘含量均很少，大气透明度高，很少出现对流层中的气象。对流层中复杂的气象变化对电磁波传播影响特别大，而平流层对电磁波传播影响很小。

　　从平流层以上直到 1000km 的区域称为电离层，是由自由电子、正离子、负离子、中性分子和原子等组成的等离子体。使高空大气电离的主要电离源有太阳辐射的紫外线、X 射线、高能带电微粒流、为数众多的微流星、其他星球辐射的电磁波以及宇宙射线等，其中最主要的电离源是太阳光中的紫外线。该层虽然只占全部大气质量的 2％左右，但因存在大量带电粒子，所以对电磁波传播有极大影响。

　　从电离层至几万千米的高空存在着由带电粒子组成的辐射带，称为磁层。磁层顶是地球磁场作用所及的最高处，出了磁层顶就是太阳风横行的空间。在磁层顶以下，地磁场起了主宰的作用，地球的磁场就像一堵墙把太阳风挡住了，磁层是保护人类生存环境的第一道防线。而电离层吸收了太阳辐射的大部分 X 射线及紫外线，从而成为保护人类生存环境的第二道防线。平流层内含有极少量的臭氧(O_3)，太阳辐射的电磁波进入平流层时，尚存在不少数量的紫外线，这些紫外线在平流层中被臭氧大量吸收，气温上升。在离地面 25km 高度附近，臭氧含量最多，所以常常称这一区域为臭氧层。臭氧吸收了对人体有害的紫外线，组成了保护人类生存环境的第三道防线。臭氧含量极少，其含量只占该臭氧层内空气总量的四百万分之一，臭氧的含量容易受外来因素的影响。

1. 电离层的结构特点

在电离层中，对流作用很小，不同成分的气体不再混合在一起，而按重量的不同分成若干层，而且就每一层而言，由于重力作用，分子或原子的密度是上疏下密，与此同时，不同层大气电离的程度也不同，而大气电离的程度以电子密度 N(电子数/m³)来衡量，所以电离层中电子密度呈不均匀分布，按照电子密度随高度变化的情况，可把它们依次分为 D 层、E 层、F_1 层和 F_2 层，如图 2-12 所示。

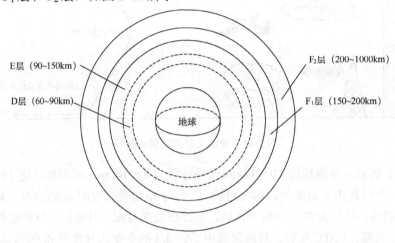

图 2-12 电离层示意图

D 层是最低层，出现在地球上空 60～90km 的高度处。最大电子密度发生在 70km 处。D 层出现在太阳升起时，而消失在太阳降落后，所以在夜间，不再对短波通信产生影响。由于该层中的气体分子密度大，被电磁波加速的自由电子和大气分子之间的碰撞使电磁波在这个区域损耗较多的能量。但是 D 层的电子密度不足以反射短波，所以短波以天波传播时，将穿过 D 层。不过，在穿过 D 层时，电磁波将遭受严重的衰减，频率越低，衰减越大。而且在 D 层中的衰减量将远远大于 E 层、F 层，所以通常称 D 层为吸收层。在白天，D 层决定了短波传播的距离，以及为了获得良好传播所必需的发射机功率和天线增益。不过研究表明，在白天 D 层可以将 2～5MHz 的电磁波反射回地面。

E 层出现在地球上空 90～150km 的高度处，最大电子密度发生在 110km 处，且在白天这个高度是基本不变的，因此在通信线路设计和计算时，通常都以 110km 作为 E 层高度。和 D

层一样, E 层出现在太阳升起时, 而且在中午电离程度达到最大值, 尔后逐渐减小, 在太阳降落后, E 层实际上对短波传播已不起作用, 但是仍可将频率为 1.5MHz 的电磁波反射回地面。

F 层对短波通信来讲是最重要的, 在一般情况下, 远距离短波通信都选用 F 层作反射层。这是由于和其他层相比, 它具有最高的高度, 可以允许传播最远的距离, 所以习惯上称 F 层为反射层。

在白天 F 层有两层, 即 F_1 层和 F_2 层。F_1 层位于地球上空 150～200km 的区域, F_2 层位于地球上空 200～1000km 的区域。它们的高度在不同季节和一天内不同时刻是不一样的。对 F_2 层来讲, 其高度在冬季的白天最低, 而在夏季的白天最高, F_2 层和其他层不同, 在日落以后并没有完全消失, 仍保持有剩余的电离。其原因可能是在夜间由于 F_2 层的低电子密度, 复合的速度减慢, 以及粒子辐射仍然存在。虽然夜间 F_2 层的电子密度较白天降低了一个数量级, 但仍足以反射短波某一频段的电磁波。当然夜间能反射的频率远低于白天。由此可以粗略看出, 若要保持昼夜短波通信, 则其工作频率必须昼夜更换, 而且一般情况下夜间工作频率远低于白天工作频率。这是因为高的频率能穿过低电子密度的电离层, 只在高电子密度的电离层反射。所以若昼夜不改变工作频率(如夜间仍使用白天的频率), 其结果有可能是电磁波穿出电离层, 造成通信中断。

电离层的分层及有关参数如表 2-4 所示。

表 2-4 电离层各层的主要参数

主要参数	D 层	E 层	F_1 层	F_2 层
夏季白天高度/km	60～90	90～150	170～200	200～450
夏季夜间高度/km	消失	90～140	消失	150 以上
冬季白天高度/km	60～90	90～150	160～180 (经常消失)	170 以上
冬季夜间高度/km	消失	90～140	消失	150 以上
白天最大电子密度/(个/m³)	2.5×10^9	2×10^{11}	$2 \times 10^{11} \sim 4 \times 10^{11}$	$8 \times 10^{11} \sim 2 \times 10^{12}$
夜间最大电子密度/(个/m³)	消失	5×10^9	消失	$10^{11} \sim 3 \times 10^{11}$
电子密度最大值的高度/km	80	115	180	200～350
碰撞频率/(次/s)	$10^6 \sim 10^8$	$10^5 \sim 10^6$	10^4	$10 \sim 10^3$
白天临界频率/MHz	<0.4	<3.6	<5.6	<12.7
夜间临界频率/MHz	—	<0.6	—	<5.5
中性原子及分子密度/(个/m³)	2×10^{21}	6×10^{18}	10^{16}	10^{14}

表 2-4 中的临界频率是指垂直向上发射的电磁波能被电离层反射下来的最高频率, 这是短波通信中一个非常重要的参数, 在后面介绍天波传播特性时会详细论述。

由上述描述可知, 电离层中存在一个电子密度最大的区域, 该区域在电离层的 F 层中, 通常将该区域的高度称为电离层的高度, 即在电离层高度以下, 电离层中的电子密度总体上随着高度的升高呈递增趋势; 而当高于这个高度时, 电离层中的电子密度呈递降趋势。

2. 电离层的变化规律

天波传播和电离层的关系特别密切, 只有掌握了电离层的运动变化规律, 才能更好地了解天波传播。

由于大气结构和电离源的随机变化，电离层是一种随机、色散、各向异性的半导电介质，它的参数如电子密度、分布高度、电离层厚度等都是随机量，电离层的变化可以区分为规则变化和不规则变化两种情况，这些变化都与太阳有关。

1) 电离层的规则变化

太阳是电离层的主要能源，电离层的状态与阳光照射情况密切相关，因此电离层的规则变化如下。

(1) 日夜变化。日出之后，电子密度不断增加，到正午稍后时分达到最大值，以后又逐渐减小。夜间由于没有阳光照射，有些电子和正离子就会重新复合成为中性气体分子，D 层由于这种复合而消失；E 层仍然存在，但其高度比白天低，电子密度比白天小；F_1 层和 F_2 层合并为 F 层，且电子密度下降。到拂晓时，各层的电子密度达到最小。一日之内，在黎明和黄昏时分，电子密度变化最快。

(2) 季节变化。由于不同季节，太阳的照射不同，故一般夏季的电子密度大于冬季。但 F_2 层例外，F_2 层冬季的电子密度反而比夏季的大，并且在一年的春分和秋分时节两次达到最大值，其层高夏季高冬季低。这可能是 F_2 层的大气在夏季变热向高空膨胀，致使电子密度减小了。F_1 层多出现在夏季白天。

(3) 随太阳黑子 11 年周期的变化。太阳黑子是指太阳光球表面有较暗的斑点，其直径一般有十万千米或更大。由于太阳温度极高，它的运动变化极其猛烈，可以极粗浅地把太阳黑子类比于地球上的火山爆发，当然，黑子运动的猛烈程度是火山爆发的亿万倍，从地球上看，当中是巨大的旋涡，黑子上巨大的旋风将大量带电粒子向上喷射，体积迅速膨胀，因而使温度下降，比太阳表面一般的温度低一千多摄氏度。因此看上去中间部分形成凹坑，颜色较暗，故称黑子。太阳黑子数与太阳活动性之间有着较好的统计关系，人们常常以黑子数的多少作为"太阳活动"强弱的主要标志。黑子数目增加时，太阳辐射的能量增强，因而各层电子密度增大，特别是 F_2 层受太阳活动影响最大。黑子的数目每年都在变化，但根据天文观测，它的变化也有一定的规律性，太阳黑子的变化周期大约是 11 年，如图 2-13 所示。因此电离层的电子密度也与这 11 年变化周期有关。

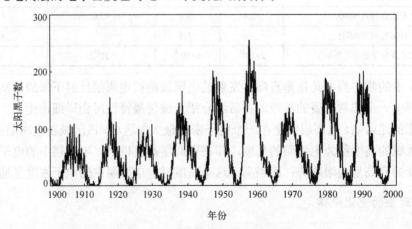

图 2-13　太阳黑子数随年份的变化

(4) 随地理位置变化。由于地理位置不同,太阳光照强度也不相同。在低纬度的赤道附近,太阳光照最强,电子密度最大。越靠近南北极,太阳的光照越弱,电子密度也越小。我国处于北半球,南方的电子密度就比北方的大。

2) 电离层的不规则变化

电离层的不规则变化是其状态的随机、非周期、突发的急剧变化,主要有以下几种。

(1) 突发 E 层(或称 Es 层)。有时在 E 层中约 120km 高度会出现一大片不正常的电离层,其电子密度大大超过 E 层,有时比正常 E 层高出几个数量级,可反射 50~80MHz 的电磁波。因此当突发 Es 层时,将使电磁波难以穿过 Es 层而被它反射下来,产生"遮蔽"现象,对原来由 F 层反射的正常工作造成影响,使定点通信中断。一般 Es 层仅存在几小时,在我国夏季出现较频繁,在赤道和中纬度地区,白天出现的概率多于晚上,而高纬度地区则相反。另外,在黑子少的年份里,突发 Es 层多。

(2) 电离层突然骚扰。太阳黑子区域常常发生耀斑爆发,即太阳上"燃烧"的氢气发生巨大爆炸,辐射出极强的 X 射线和紫外线,还喷射出大量的带电微粒子流。当耀斑发生 8min18s 左右,太阳辐射出的极强 X 射线到达地球,穿透高空大气一直达到 D 层,使得各层电子密度均突然增加,尤其 D 层可能达到正常值的 10 倍以上,如图 2-14 所示。突然增大的 D 层电子密度将使原来正常工作的电磁波遭到强烈吸收,造成信号中断。由于这种现象是突然发生的,有时又称它为 D 层突然吸收现象。一般电离层骚扰发生在白天,由于耀斑爆发时间很短,因此电离层骚扰持续时间不超过几分钟,但个别情况可持续几十分钟甚至几小时。

(3) 电离层暴。太阳耀斑爆发时除辐射大量紫外线和 X 射线,还以很高的速度喷射出大量带电的微粒流即太阳风,速度为每秒几百或上千千米,到达地球需要 30h 左右。当带电粒子接近地球时,大部分被挡在地球磁层之外绕道而过,只有一小部分穿过磁层顶到达磁层。带电粒子的运动和地球磁场相互作用使地球磁场产生变动,比较显著的变动称作磁暴。带电粒子穿过磁层到达电离层,使电离层正常的电子分布发生剧烈变动,称为电离层暴,其中 F₂ 层受影响最大,它的厚度增加,有时电子密度下降,有时却使电子密度增加,最大电子密度所处高

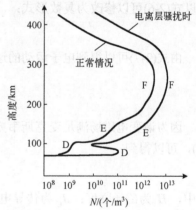

图 2-14 电离层骚扰时电子密度增大

度上升。当出现电子密度下降的情况时,将使原来由 F₂ 层反射的电磁波可能穿过 F₂ 层而不被反射,造成信号中断。电离层暴的持续时间可从几小时到几天。由于太阳耀斑爆发喷射出的带电粒子流的空间分布范围较窄,所以在电离层骚扰之后不一定会随之发生电离层暴。

电离层的异常变化中对电波传播影响最大的是电离层骚扰和电离层暴。例如,2001 年4 月多次出现太阳耀斑爆发,发生近年来最强烈的 X 射线爆发,出现极其严重的电离层骚扰和电离层暴,造成我国满洲里、重庆等电波观测站发射出去的探测信号全频段消失,即较高频率部分的信号因电子密度的下降而穿透电离层飞向宇宙空间,较低频率部分的电波因遭受电离层的强烈吸收而衰减掉。其他电波观测站的最低起测频率比正常值上升 3~5

倍，临界频率下降了50%。电离层暴致使短波通信、卫星通信、短波广播、航天航空、长波导航、雷达测速定位等信号质量大大下降，甚至中断。

3. 电离层的等效电参数

天波传播是利用电离层对电磁波的反射作用来实现信息传递的，而电离层是一层弱电离的等离子体，由电子、正离子和中性粒子等组成。在电磁波未入射到电离层之前，它们一起进行无规则的热运动。一旦电磁波进入电离层，受电场的作用，在不规则的运动上会叠加由电磁波电场所给予的强迫振荡运动(注：由于正离子的质量远大于电子的质量，可以忽略离子的运动)。这样当电磁波通过电离层时，除了会引起位移电流外，还有由电子运动所引起的传导电流。同时，运动中的电子还会与气体中的中性粒子碰撞消耗部分能量(注：由于弱电离，可以忽略电子与离子的碰撞)，使电波能量受到吸收损耗。因此电离层的等效电参数与半导电介质的电参数相似，具有复数的形式。

为了便于分析，假设电子运动速度为v，电子电量为e，电子质量为m，电子与粒子碰撞率为γ，并且碰撞时电子动量全部转移给中性粒子，因此每秒钟因碰撞产生的电子动量改变为$mv\gamma$，电磁波电场强度为E，则电子运动方程为

$$-eE = m\frac{\mathrm{d}v}{\mathrm{d}t} + mv\gamma \tag{2-6}$$

因为自由电子在入射电磁波电场作用下做简谐运动，可以认为电磁场为谐变电磁场，所以式(2-6)可以修改为复数形式：

$$-eE = \mathrm{j}\omega mv + mv\gamma \tag{2-7}$$

由式(2-7)可以得到电子运动的速度为

$$v = \frac{-eE}{\mathrm{j}\omega m + m\gamma} \tag{2-8}$$

因为谐变电磁场满足麦克斯韦方程组，那么根据麦克斯韦第一方程(全电流安培环路定律)，可以得到

$$\nabla \times \boldsymbol{H} = J_{\mathrm{C}} + J_{\mathrm{D}} \tag{2-9}$$

式中，$\boldsymbol{H}$为磁场强度；J_{C}为传导电流密度；J_{D}为位移电流密度。因为传导电流是由于电子运动产生的，所以根据电子运动速度v的表达式和电子密度N，可以得到传导电流密度表达式为

$$J_{\mathrm{C}} = -Nev = \frac{Ne^2 E}{\mathrm{j}\omega m + m\gamma} \tag{2-10}$$

位移电流的表达式为

$$J_{\mathrm{D}} = \mathrm{j}\omega\varepsilon_0 E \tag{2-11}$$

所以电离层中的麦克斯韦第一方程可以修改为

$$\nabla \times \boldsymbol{H} = \mathrm{j}\omega\varepsilon_0 E + \frac{Ne^2 E}{\mathrm{j}\omega m + m\gamma} = \mathrm{j}\omega\varepsilon_0\tilde{\varepsilon}_{\mathrm{r}}E \tag{2-12}$$

式中，$\tilde{\varepsilon}_r$ 为电离层的等效相对复介电常数，它与等效相对介电常数的关系满足式(2-1)，即等效相对复介电常数的实部为等效相对介电常数，虚部与等效电导率有关。那么根据式(2-1)、式(2-10)、式(2-11)，式(2-12)可以变换为

$$\nabla \times \boldsymbol{H} = j\omega\varepsilon_0\left(\varepsilon_r - j\frac{\sigma}{\omega\varepsilon_0}\right)E = j\omega\varepsilon_0 E + \frac{Ne^2 E}{j\omega m + m\gamma} \tag{2-13}$$

那么，为了求电离层的等效相对介电常数 ε_r 和等效电导率 σ，就得对式(2-13)进行构造运算，得出 $\tilde{\varepsilon}_r$ 的实部和虚部。对式(2-13)进行下面的处理：

$$\nabla \times \boldsymbol{H} = j\omega\varepsilon_0 E + \frac{Ne^2 E}{j\omega m + m\gamma} \times \frac{m\gamma - j\omega m}{m\gamma - j\omega m} \tag{2-14}$$

可以得到

$$\nabla \times \boldsymbol{H} = j\omega\varepsilon_0\left\{\left[1 - \frac{Ne^2}{\varepsilon_0 m(\gamma^2 + \omega^2)}\right] - j\frac{Ne^2\gamma}{\omega\varepsilon_0 m(\gamma^2 + \omega^2)}\right\}E \tag{2-15}$$

所以电离层的等效相对介电常数为

$$\varepsilon_r = 1 - \frac{Ne^2}{\varepsilon_0 m(\gamma^2 + \omega^2)} \tag{2-16}$$

电离层的等效电导率为

$$\sigma = \frac{Ne^2\gamma}{m(\gamma^2 + \omega^2)} \tag{2-17}$$

在短波(HF)以上频段，在 F 层发生反射时，$\omega^2 = (2\pi f)^2 \gg \gamma^2$，所以式(2-16)可近似为

$$\varepsilon_r = 1 - \frac{Ne^2}{\varepsilon_0 m\omega^2} \tag{2-18}$$

代入电子质量 $m = 9.106 \times 10^{-31}\text{kg}$、电子电量 $e = 1.602 \times 10^{-19}\text{C}$ 和真空中的介电常数 $\varepsilon_0 = 8.84 \times 10^{-12}\text{F/m}$，可以得到电离层的等效相对介电常数和等效电导率分别为

$$\varepsilon_r \approx 1 - 80.8N/f^2 \tag{2-19}$$

$$\sigma \approx 2.82 \times 10^{-8}\frac{N\gamma}{\gamma^2 + \omega^2} \tag{2-20}$$

根据式(2-19)和式(2-20)可知，电离层的等效相对介电常数 $\varepsilon_r < 1$，并且是频率和电子密度的函数，而电子密度又是高度的函数，因此可以预计，频率一定的电磁波在电离层不同高度传播时将具有不同的相速，射线将发生弯曲，这就是天波传播的物理基础；等效电导率的存在表明电磁波在电离层中传播时将被吸收，吸收的多少不仅和路径长度有关，还和电子密度、碰撞频率及电磁波频率有关。

如果考虑地磁场的影响(这是客观存在的)，情况将复杂一些，对于不同传播方向的电磁波，电离层将具有不同的等效电参数，即电离层呈现各向异性。此时向任意方向传播的一个电磁波可以看成是两个电磁波的叠加：一个的电场与地磁场平行，另一个的电场与地

磁场垂直，因为地磁场对它们的影响不同，使它们的传播速度也变得不同，因而这两个波在电离层中有不同的折射率和不同的传播轨迹，这种现象称为双折射现象。

2.3.2 电磁波在电离层中的传播

电磁波在电离层中的传播是一个相当复杂的问题，它的特性受电离层结构特性影响，还受到地球地磁场的影响，为了便于分析电磁波在电离层中的传播，作如下假设：①不考虑地磁场的影响，即电离层是各向同性介质；②电子密度 N 随电离层高度 h 的变化较之沿水平方向的变化大得多，即可认为 N 只是高度 h 的函数；③在电离层各层电子密度最大值附近，$N(h)$ 分布近似为抛物线状。

1. 反射条件

因为天波传播是利用电离层对电磁波的反射作用来进行通信的，而电离层又是一层具有相当厚度的介质，所以电磁波应是在电离层中发生连续折射，然后被反射回地面，即电磁波能否被反射回地面很大程度上由电离层的折射率决定，假设在电离层以下的空气中电子密度为 $N_0 = 0$，则其折射率为 $n_0 = 1$，根据相对折射率与等效相对介电常数的关系，可得电离层的相对折射率为

$$n_n \approx \sqrt{\varepsilon_r} \approx \sqrt{1 - 80.8N / f^2} \tag{2-21}$$

根据 2.3.1 节中介绍的电离层结构特性可知，在电离层高度以下，随着高度的升高，电离层中的电子密度整体上呈递增趋势，那么我们采用微积分的思想，可以将电离层分成很多块厚度极薄的薄层，每一层中的电子密度是相等的，且随着高度的升高，各层中电子密度是递增的，那么根据式(2-21)可知，随着高度的升高，电离层各层的相对折射率是递减的，即电子密度和相对折射率满足下面的公式：

$$0 = N_0 < N_1 < N_2 < \cdots < N_n = N_{\max} \tag{2-22}$$

$$1 = n_0 > n_1 > n_2 > \cdots > n_n = n_{\min} \tag{2-23}$$

如果薄层有无数层，那么电磁波在电离层中的传播是由光密介质向光疏介质传播，则其可能传播的路径如图 2-15 所示。

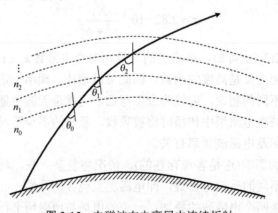

图 2-15 电磁波在电离层中连续折射

图 2-15 中 $\theta_0, \theta_1, \cdots, \theta_n$ 分别为相邻薄层电磁波的入射角，那么在每两层的临界处，电磁波传播满足折射定律，并且在整个电离层中的传播也满足折射定律：

$$n_0 \sin\theta_0 = n_1 \sin\theta_1 = \cdots = n_n \sin\theta_n \tag{2-24}$$

式中，$n_0 = 1$。因为电磁波是从光密介质向光疏介质传播，那么电磁波能被电离层反射回地面的临界条件就是满足全反射条件，即 $\theta_n = 90°$，所以由式(2-24)可得

$$\sin\theta_0 = n_n \tag{2-25}$$

将式(2-21)代入式(2-25)可得

$$\sin\theta_0 = \sqrt{1 - \frac{80.8 N_n}{f^2}} \tag{2-26}$$

式中，N_n 是全反射点的电子密度，通常将式(2-26)称为电磁波在电离层中的全反射条件公式。

2. 影响因素

由式(2-26)可知，电磁波能否被电离层反射回地面，与电磁波频率 f、电子密度 N_n 及电磁波入射角 θ_0 有关。

1) 电子密度的影响

相同情况下，电子密度越大，电离层的相对折射率越小，根据折射定律可知，电磁波越容易被反射。所以，电子密度越大，电磁波越容易被反射；电子密度越小，电磁波越难被反射。

由于电离层的电子密度有明显的日变化规律，白天电子密度大，夜间电子密度小，所以相同情况下，白天越容易被反射、夜间越难被反射。

2) 电磁波频率

根据式(2-26)可知，当入射角 θ_0 一定时，电磁波频率 f 越低，发生全反射对应的电子密度 N_n 越小，即发生全反射的高度越低，所以电磁波越容易被反射；而当电磁波频率 f 越高时，发生全反射对应的电子密度 N_n 越大，即发生全反射的高度越高，所以电磁波越难被反射。即频率越低，越容易被反射；频率越高，越难被反射，如图 2-16 所示。

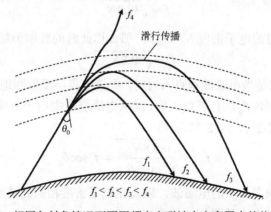

图 2-16　相同入射角情况下不同频率电磁波在电离层中的传播轨迹

由图 2-16 可知，当频率过高时，发生全反射要求的电子密度 N_n 大于电离层中的最大电子密度 $N_{\max}$ 时，电磁波将穿透电离层，不能再被反射回地面。并且，当电磁波能被电离层反射回地面时，电磁波频率越高，其一跳传播距离越远。

通常情况下，长波可在 D 层被反射回地面，在夜晚由于 D 层消失，长波将在 E 层被反射；中波将在 E 层反射，但白天 D 层对电磁波的吸收较大，故中波仅能夜间由 E 层反射；短波将在 F 层反射；而超短波则穿出电离层。

3) 电磁波入射角

根据式(2-26)可知，当电磁波频率 f 一定时，入射角 θ_0 越小，发生全反射对应的电子密度 N_n 越大，即发生全反射的高度越高，所以电磁波越难被反射；而当入射角 θ_0 越大时，发生全反射对应的电子密度 N_n 越小，即发生全反射的高度越低，所以电磁波越容易被反射；即入射角越大，越容易被反射；入射角越小，越难被反射，如图 2-17 所示。

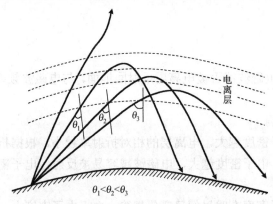

图 2-17　相同频率情况下不同入射角电磁波在电离层中的传播轨迹

由图 2-17 可知，当入射角过小时，发生全反射要求的电子密度 N_n 大于电离层中的最大电子密度 $N_{\max}$ 时，电磁波将穿透电离层，不能再被反射回地面。并且，当电磁波能被电离层反射回地面时，入射角越大，其一跳传播距离越远。

当电磁波入射角 $\theta_0 = 0°$ 时，即电磁波垂直向上发射时，如果电磁波还满足全反射条件公式，则

$$f = \sqrt{80.8 N_n} \tag{2-27}$$

如果发生全反射时的电子密度 $N_n = N_{\max}$，那么称此时的频率为临界频率，用 f_c 表示。

$$f_c = \sqrt{80.8 N_{\max}} \tag{2-28}$$

因此，临界频率就是当电磁波垂直入射时，能被电离层反射回地面电磁波的最高频率。

如果电磁波以入射角 θ_0 进行斜向入射，能从电离层最大电子密度 $N_{\max}$ 处反射回地面电磁波的最高频率由式(2-26)、式(2-28)可得

$$f_{\max} = \sqrt{\frac{80.8 N_{\max}}{\cos^2 \theta_0}} = f_c \sec \theta_0 \tag{2-29}$$

对于一般斜入射频率为 f 的电磁波，以及在电子密度相同处被反射的垂直入射频率为 f_v 的电磁波之间，也具有上述类似的关系：

$$f = f_v \sec\theta_0 \tag{2-30}$$

式(2-30)称为电离层的正割定理，如图 2-18 所示。

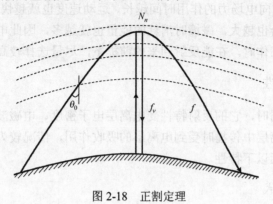

图 2-18 正割定理

由图 2-18 可知，当反射点电子密度一定时(即 f_v 一定)，通信距离越远(即 θ_0 越大)，天波传播允许的频率越高。

临界频率是短波通信中一个非常重要的物理参量，如果电磁波频率 f 低于反射点的临界频率 f_c，电磁波都能被反射回地面；如果电磁波频率 f 高于反射点的临界频率 f_c，电磁波能否被反射回地面取决于电磁波入射角 θ_0 和频率 f 的具体大小：若 $\theta_0 > \arcsin\sqrt{1 - \dfrac{80.8N_n}{f^2}}$ 或者 $f < f_c \sec\theta_0$，则电磁波能被电离层反射回地面，否则将穿透电离层。

3. 电离层对电磁波的吸收作用

电离层中的自由电子由于受电磁波电场作用而发生强迫振荡，与电离层中的中性粒子发生碰撞，碰撞中的能量损耗表现为电离层对电磁波能量的吸收。电离层吸收可分为非偏移吸收和偏移吸收，发生吸收的区域分别为非偏移区和偏移区。

非偏移区是指电离层中相对折射率接近 1 的区域，在这个区域电磁波射线几乎是直线，故得名非偏移区。例如，在短波频段，当电磁波由 F_2 层反射时，D、E、F_1 层便是非偏移区。在 D 层、E 层和 F 层下缘，特别是 D 层，虽然电子密度较低，但其中存在着大量中性粒子和离子，碰撞频率 γ 很高，因此电磁波通过 D 层时受到的吸收较大，也就是说，D 层吸收对非偏移吸收有着决定性的作用。

偏移区主要是指接近电磁波反射点附近的区域，在该区域内射线轨迹弯曲，故称为偏移区，其相对折射率很小，F 层或 E 层反射点附近的吸收就是偏移吸收(又称反射吸收)。对于短波天波传播，通常在 F 层反射，该层碰撞频率很低，因此它比非偏移吸收小得多。

综上所述，电离层对电磁波的吸收与频率、入射角及电离层电子密度等有关，其基本规律总结如下。

(1) 电离层的碰撞频率越大，则电离层对电磁波的吸收就越大。这是由于总的碰撞机会增多，因此吸收也就越大。一般而言，夜晚电离层对电波的吸收小于白天的吸收。而相同情况下，电离层中的碰撞频率取决于电离层中的中性粒子或原子，所以电离层由低到高，电子的碰撞频率逐渐减小。

(2) 电磁波频率越低，吸收越大。在非偏移区中，由于电磁波的频率越低，其周期就越长，自由电子受单方向电场力的作用时间越长，运动速度也就越快，走过的路程也更长，与其他粒子碰撞的机会也越大，碰撞时消耗的能量也就越多，因此电离层对电波的吸收就越大。所以短波天波工作时，在能反射回来的前提下，尽量选择较高的工作频率。

2.3.3 天波传播特性

短波进行天波传播时，它的反射特性受电离层电子密度、电磁波入射角和电磁波频率等因素的影响，在电离层中传播时受到电离层的吸收作用，情况较为复杂，综合各方面因素，天波传播具体包括以下特性。

1. 有多种传播模式

传播模式是指电磁波从发射点辐射后传播到接收点的传播路径。由于短波天线波束较宽，射线发散性较大，同时电离层是分层的，所以在一条通信线路中存在着多种传播路径，即存在着多种传播模式。

当电磁波以与地球表面相切的方向即射线仰角为 0° 的方向发射时，可以得到电磁波经电离层一次反射(称一跳)时最远的通信距离。按平均情况来说，从 E 层反射的一跳最远距离约为 2000km，从 F 层反射的一跳最远距离约为 4000km。若通信距离更远时，必须经过几跳才能到达。例如，当通信距离小于 2000km 时，电磁波可能通过 F 层一次反射到达接收点，也可能通过 E 层一次反射到达接收点，前者称 1F 传输模式，后者称 1E 传输模式，当然也可能存在 2E 模式，如图 2-19 所示。对某一通信线路而言，可能存在的传输模式与通信距离、工作频率、电离层的状态等因素有关。

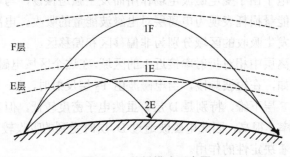

图 2-19　传播模式示意图

表 2-5 列出了各种通信距离时可能存在的传播模式。

表 2-5　不同通信距离可能存在的传播模式

通信距离/km	可能存在的传播模式
0~2000	1E, 1F, 2E
2000~4000	2E, 1F, 2F, 1E2F
4000~6000	3E, 4E, 2F, 3F, 4F, 1E1F, 2E1F
6000~8000	4E, 2F, 3F, 4F, 1E2F, 2E2F

　　通常，若通信距离小于 2000km，主要传播模式为 1F 模式。即使是 1F 模式，一般也可能存在两条传播路径，如图 2-20 所示。

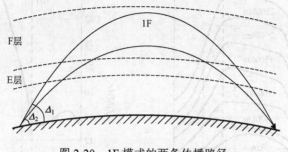

图 2-20　1F 模式的两条传播路径

　　由图 2-20 可知，两条传播路径电磁波射线仰角分别为 Δ_1 和 Δ_2，低仰角射线由于以较大的入射角入射电离层，故在较低的高度上就从电离层反射下来，但因其入射角大，穿透非偏移区的路径长度长，所以电离层的吸收损耗更大，因此通常短波通信时，我们希望电磁波能够进行高仰角发射。

　　2. 频率选择有限制

　　根据前面讨论的电离层对电磁波的反射和吸收来看，工作频率的选择是影响短波通信质量的关键性问题之一。若选用频率太高，虽然电离层的吸收小，但电磁波容易穿出电离层；若选用频率太低，虽然能被电离层反射，但电磁波将受到电离层的强烈吸收。一般来说，选择工作频率应根据下述原则来考虑。

　　1) 不能高于最高可用频率

　　最高可用频率(Maximum Usable Frequency，MUF)，用 f_{MUF} 表示，是指给定通信距离情况下，能被电离层反射回地面的最高频率。它是电磁波能返回地面和穿透电离层的临界值，如果频率高于此临界值，则电磁波穿过电离层，不再返回地面。

　　最高可用频率与电离层电子密度和电波入射角有关。电子密度越大，f_{MUF} 值越高。而电子密度随年份、季节、昼夜、地点等因素而变化，所以 f_{MUF} 也随这些因素变化。其次，对于一定的电离层高度，通信距离越远，f_{MUF} 就越高。这是因为通信距离越远，其电波入射角 θ_0 就越大，由正割定律可知，频率更高一些。图 2-21 给出了某地在不同的通信距离情况下，f_{MUF} 昼夜变化的一般规律，由图可以看出，白天的 f_{MUF} 较高，而夜间较低。

　　2) 不能低于最低可用频率

　　在短波天波传播中，频率越低，电离层吸收越大，接收点信号电平越低。由于在短波频段的噪声是以外部噪声为主，而外部噪声——人为噪声、天电噪声等的噪声电平却随着频率的降低而增强，结果使信噪比降低。所以，通常定义能保证通信所需最低信噪比的频率为最低可用频率(Lowest Usable Frequency，LUF)，用 f_{LUF} 表示。

　　f_{LUF} 也与电子密度有关，白天电离层的电子密度大，对电磁波的吸收就大，所以 f_{LUF} 就高些。另外 f_{LUF} 还与发射机功率、天线增益、接收机灵敏度等因素有关。图 2-22 给出了某短波线路最高可用频率和最低可用频率的典型日变化曲线。

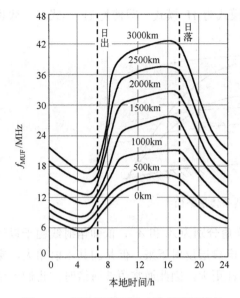

图 2-21   通信距离不同时最高可用频率
随时间的变化

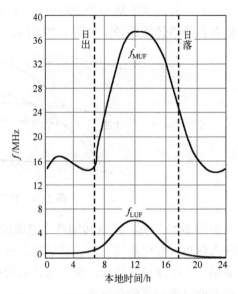

图 2-22   某短波线路最高可用频率与最低
可用频率的日变化曲线

由以上讨论可知，工作频率应低于最高可用频率以保证信号能被反射到接收点，并且要高于最低可用频率，以保证有足够的信号强度，即

$$f_{LUF} \leqslant f \leqslant f_{MUF} \tag{2-31}$$

在保证可以反射回来的条件下，尽量把频率选得高些，这样可以减少电离层对电磁波能量的吸收。但是，不能把频率选在 f_{MUF}，因为电离层很不稳定，当电子密度变小时，电磁波很可能穿出电离层。通常选择工作频率为 f_{MUF} 的 85%，这个频率称为最佳工作频率，用 f_{OWF} 表示，即

$$f_{OWF} = 0.85 f_{MUF} \tag{2-32}$$

3) 昼夜适时更换频率

由于电离层的电子密度随时变化，相应地，f_{OWF} 也随时变化，但电台的工作频率不可能随时变化，所以实际工作中通常选用两个或三个频率为该线路的工作频率，白天适用的频率称为"日频"，夜间适用的频率称为"夜频"，显然，日频高于夜频。对换频时间要特别注意，通常是在电子密度急剧变化的黎明和黄昏时刻适时地改变工作频率。例如，在清晨时分，若过早地将夜频换为日频，则有可能由于频率过高，而电离层的电子密度仍较小，致使电磁波穿出电离层而使通信中断。若改频时间过晚，则有可能频率太低，而电离层电子密度已经增大，致使对电磁波吸收太大，接收点信号电平过低，从而不能维持通信。

为了适应电离层的时变性特点，使用技术先进的实时选频系统及时地确定信道的最佳工作频率，可极大地提高短波通信的质量。

3. 可能存在通信静区

天波传播的距离随射角减小而缩短，当入射角减小到某一值时，一定频率的电磁波

返回地面处到发射点的距离达到最小值,这个最小距离称为跳越距离(或称越距)。天波不能到达越距以内的地点,而地波传播距离有限,不能到达离发射点较远的地方,那么收不到任何信号的地区就是"静区",也称为通信盲区,如图 2-23 所示,可见静区是一个围绕发射机的某一环行地带(设发射天线是全向天线)。

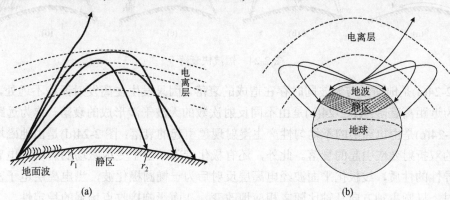

图 2-23 短波通信中的"静区"

通常情况下,地波最远可达 30km,而天波从电离层第一次反射落地(第一跳)的最短距离约为 100km,因此,在 30～100km 这一区域,就是短波通信的"静区"。

产生"静区"的原因是:一方面短波的地波传播因受地面吸收,随距离的增加衰减较快,设其能达到的最远距离为 r_1;另一方面对天波传播来说,因距离太近,射线仰角太大,电磁波穿透电离层而没有天波到达,出现天波的最近距离,就是静区的外边界 r_2。

根据产生"静区"的原因可知,解决通信"静区"主要有两种方法:一是加大电台功率以延长地波传播距离;二是选用高仰角天线,减小电波到达电离层的入射角,同时选用较低的工作频率,使电波在入射角较小时不至于穿透电离层,仰角越高,电磁波第一跳落地的距离越短,静区越少,当仰角接近 90°时,静区基本上就不存在了。

4. 衰落现象严重

衰落现象是指接收点信号振幅忽大忽小,无次序不规则的变化现象。衰落时,信号强度由几十倍到几百倍的变化。通常衰落分为快衰落和慢衰落两种。

1) 慢衰落

慢衰落的周期从几分钟到几小时甚至更长,是一种吸收型衰落,主要是由电离层电子密度及高度变化造成电离层吸收的变化而引起的。克服慢衰落的有效措施之一是在接收机中采用自动增益控制。

2) 快衰落

快衰落的周期在十分之几秒到几秒之间,是一种干涉型衰落,产生的原因是发射天线辐射的电波是几条不同路径到达了接收点(即多径效应),由于电离层状态的随机变化,天波射线路径随之改变,造成在接收点各条路径间的相位差随之变化,信号便忽大忽小,如图 2-24 所示。

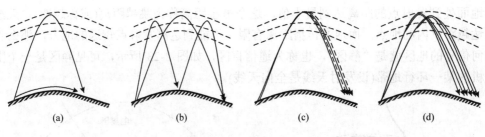

图 2-24　短波快衰落

图 2-24(a)是地面波与天波同时存在造成的衰落，因只发生在离发射天线不远处，这种衰落称为近距离衰落；图 2-24(b)是由不同反射次数的天波干涉形成的衰落，称为远距离衰落；图 2-24(c)是由电离层的不均匀性产生漫射现象引起的衰落；图 2-24(d)是由地磁场影响而出现的双折射效应引起的。此外，还有极化衰落，由于受地磁场的影响，电离层具有各向异性的性质，线极化平面波经电离层反射后为一椭圆极化波，当电离层电子密度随机变化时，椭圆主轴方向及轴比随之相应地改变，从而影响接收点场强的稳定性。

综上所述，由于电离层电子密度 N 及高度不断变化，多条路径传来的电磁波不能保持固定的相位关系，因此接收点场强振幅总是不断地变化着，这种变化是随机的，而且变化很快，故称为快衰落。波长越短，相位差的变化越大，衰落现象越严重。

克服干涉型快衰落的方法之一是采用分集接收。顾名思义，"分集"二字就含有"分散"与"集合"两重含义。一方面将载有相同信息的两路或几路信号，经过统计特性相互独立的途径分散传输，另一方面设法将分散传输后到达接收端的几路信号最有效地收集起来，以降低信号电平的衰落幅度，具有优化接收的含义。具体的分集接收方式将在 3.4 节中详细介绍。

2.4　传播损耗

短波天波传播损耗不仅和频率、距离有关，还和收发天线的高度、地形、地物等有关；尤其短波天波通信是以电离层为传输媒介，电离层的电子密度随昼夜、季节、太阳活动周期和经纬度的变化而变化，因此传播损耗也受这些实时变化因素的影响，精确计算非常困难。工程上常用插值查表的方法求得传播损耗。

短波天波传播，除去天线和馈线部分的损耗，还主要包括以下几种损耗：自由空间传播损耗、电离层吸收损耗、地面反射损耗和额外系统损耗。短波在电离层中的传播损耗可表示为

$$L_p = L_{p0} + L_a + L_g + Y_p(\text{dB}) \tag{2-33}$$

式中，L_{p0} 为自由空间传播损耗；L_a 为电离层吸收损耗；L_g 为地面反射损耗；Y_p 为额外系统损耗。下面分别介绍这几种损耗的计算方法。

2.4.1　自由空间传播损耗

自由空间本身不吸收能量，但是由于传播距离的增大，发射天线的功率分布在更大的空间上，所以自由空间损耗是一种能量扩散损耗。也就是说，自由空间传播损耗(L_{p0})是由

于电磁波逐渐远离发射点传播,能量在空间扩散所引起的。即随着电磁波逐渐离开发射点,能量扩散的面积越来越大,从而使接收点的场强随距离的增加而越来越小。通常把这种损耗归属于几何范畴。对于电离层反射信道,在计算该项损耗时,认为地球和电离层均是平面状态,反射是镜像反射,即把射线距离看作电波扩散的半径。天波传播中的射线距离称为斜距,用 r 表示,如图 2-25 所示。

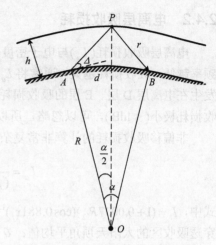

若设天线为各向同性天线,其辐射功率为 P,则在斜距 r 处的功率通量密度为 $P/4\pi r^2$。已知在自由空间各向同性天线接收总面积为 $\lambda^2/4\pi$(λ 为波长),因此接收天线收到的总功率为 $P\lambda^2/(4\pi r)^2$。根据自由空间传播损耗(L_{p0})的定义可以得出下列计算式:

图 2-25 天波传播射线距离示意图

$$L_{p0}=10\lg\left[\frac{P}{P\cdot\left(\frac{\lambda}{4\pi r}\right)^2}\right]=20\lg\frac{4\pi r}{\lambda}(\text{dB}) \tag{2-34}$$

可进一步改写成以下形式:

$$L_{p0}=32.44+20\lg f(\text{MHz})+20\lg r(\text{km}) \quad (\text{dB}) \tag{2-35}$$

根据图 2-25 可以求出:

$$r=\frac{2R\left(1+\frac{h}{R}\right)\sin\frac{d}{2R}}{\cos\Delta} \tag{2-36}$$

式中,Δ 为电磁波射线仰角;d 为两地间的大圆距离;R 为地球半径;h 为电离层高度。电磁波射线仰角可根据式(2-37)进行计算,得到

$$\tan\Delta=\frac{(R+h)\cos(d/2R)-R}{(R+h)\sin(d/2R)} \tag{2-37}$$

因为在短波天波通信时,我们希望电磁波能在 F 层被反射回地面,所以 F 层的反射高度是需要经常使用的数据,经过人们大量的测试、统计,得到 F 层平均反射高度的统计值如表 2-6 所示。

表 2-6 电离层 F 层的平均反射高度 (单位:km)

季节	纬度/(°)	本地时间	
		夜晚 20:00～次日 6:00	白天 6:00～20:00
冬季 (1 月、2 月、11 月、12 月)	15≤ψ≤35	265	260
	35<ψ≤55	295	250
夏季 (5 月、6 月、7 月、8 月)	15≤ψ≤35	270	300
	35<ψ≤55	294	363
春秋季 (3 月、4 月、9 月、10 月)	15≤ψ≤35	260	270
	35<ψ≤55	288	273

2.4.2 电离层吸收损耗

电离层吸收损耗(L_a)与电子密度和电磁波频率有关，电子密度越大，吸收损耗越大；频率越低，吸收损耗越大。通常将 L_a 分为非偏移吸收损耗和偏移吸收损耗两种，前者是指发生在电离层 D 层、E 层的吸收损耗，后者是指反射区附近遭受的吸收损耗。一般偏移吸收损耗极小($\leqslant 1$dB)，可以忽略，所以电离层吸收损耗主要由非偏移吸收损耗决定。

非偏移吸收损耗的计算非常复杂，这里只给出工程计算公式：

$$L_a = \frac{677.2 \sec\theta}{(f+f_H)^2 + 10.2} \sum_{i=1}^{n} I_i (\text{dB}) \tag{2-38}$$

式中，$I_i = (1 + 0.0037 R_{12})(\cos 0.881 x_j)^{1.3}$ 是吸收系数，R_{12} 为 12 个月太阳黑子的流动值，x_j 为穿透吸收区的太阳天顶角平均值；θ 为电磁波入射角；f_H 为磁旋谐振频率的平均值。

吸收损耗既然是由电波通过 D 层、E 层后引起的，I_i 必然和太阳天顶角 x_j 有关。从式(2-38)中可以看出，太阳天顶角为 102.2° 时，$I_i = 0$，$\cos(0.881 \times 102.2°) = \cos 90° = 0$，所以吸收损耗在 $x_j \geqslant 102.2°$，吸收损耗可以不考虑。

需要注意的是，由于所计算的电离层吸收损耗，是指 D 层、E 层对电波能量的吸收，因此该项损耗只是在白天存在，而在夜间由于 D 层、E 层电子密度非常稀薄，相应的吸收损耗很小，所以在计算夜间的传播损耗时，可以不考虑该项吸收损耗。

2.4.3 地面反射损耗

地面反射损耗 L_g 是由电磁波在地面反射引起的，影响它的因素较多。大量实验数据证明，地面的反射损耗与电波的极化、工作频率、射线仰角以及地面参数(即地面的相对介电常数 ε_r 和电导率 σ)有关。通信线路设计中估算该项损耗时，均用仅考虑圆极化波的地面反射损耗，其计算公式为

$$L_g = 10 \lg \left(\frac{|R_V|^2 + |R_H|^2}{2} \right)(\text{dB}) \tag{2-39}$$

式中，R_V 和 R_H 分别为垂直极化和水平极化的反射系数，其表达式分别为

$$R_V = \frac{\varepsilon_r \sin\Delta - \sqrt{\varepsilon_r - \cos^2\Delta}}{\varepsilon_r \sin\Delta + \sqrt{\varepsilon_r - \cos^2\Delta}} \tag{2-40}$$

$$R_H = \frac{\sin\Delta - \sqrt{\varepsilon_r - \cos^2\Delta}}{\sin\Delta + \sqrt{\varepsilon_r - \cos^2\Delta}} \tag{2-41}$$

式中，Δ 为电磁波射线仰角；ε_r 为地面的相对介电常数。

在计算地面反射损耗时，通常只考虑陆地($\varepsilon_r = 4$ 和 $\sigma = 10^{-3}$ S/m)和海面($\varepsilon_r = 80$ 和 $\sigma = 5$ S/m)两种情况，海面的参数值是固定的，而陆地的参数是随气候条件而变化的。但在线路设计时，通常采用比较差的地参数来计算地面反射损耗。

2.4.4　额外系统损耗

　　除了以上三项损耗可以具体计算外，其他各种原因所造成的损耗都包括在额外系统损耗(Y_p)内。以上计算的三项损耗中，自由空间传播损耗(L_{p0})和地面反射损耗(L_g)基本上都与时间无关，电离层吸收损耗(L_a)指的是小时月中值，所以由以上三项损耗再加上 Y_p 的小时月中值所求得的 L_p 只是传播损耗的小时月中值。显然由此建立的短波通信线路只能有 50%的可通率。因此 Y_p 就不能再取小时月中值，而是要适当加一些裕量，即把电离层吸收和 Y_p 本身的逐日变化量考虑进去，以提高通信线路的可通率。

　　表 2-7 列出了 Y_p 的估算值。表中的时间为反射点的本地时间。

表 2-7　额外系统损耗估算表

时间	额外系统损耗/dB	时间	额外系统损耗/dB
22:00～次日 4:00	18.0	10:00～16:00	15.4
4:00～10:00	16.6	16:00～22:00	16.6

　　至此，根据各项损耗的计算值即可算出天波的传播损耗。

2.5　传 播 特 点

综合以上讨论，短波天波传播的基本特点如下。

1. 能以较小的功率进行远距离传播

　　由于天波传播是靠高空电离层反射来实现的，因此不受地面吸收及障碍物的影响，此外，这种传播方式的损耗主要是自由空间的传输损耗，而电离层吸收及地面损耗则较小，在中等距离(1000km 左右)上，电离层的平均损耗只不过 10dB 左右。因此，利用小功率电台可以完成远距离通信。例如，发射功率为 150W 的电台，用 64m 双极天线，通信距离可达 1000 多千米。

2. 白天和夜间要更换工作频率

　　由于电离层的电子密度、高度在白天和夜间是不同的，因此工作频率也应不同，白天工作频率高，夜间工作频率低。在日出日落前后要更换工作频率，而不像地面波传播那样，昼夜可使用同一频率。

3. 传播不太稳定，衰落严重

　　电离层的情况随年份、季节、昼夜和地理位置的不同而变化，因此天波传播不如地面波稳定，且衰落严重。当衰落发生时，衰落幅度可达 30dB 以上，因此在电路设计中必须留有足够的电平余量。此外，在接收系统中还可采用分集接收的方法。

4. 多径效应严重

天波传播由于多径效应严重，多径时延 τ 较大，则多径传输介质的相干带宽 $\Delta f = 1/\tau$ 较小。因此，对传输的信号带宽有较大的限制，特别是对数据通信来说，须采取抗多径传输的措施，以保证必要的通信质量。

5. 电台拥挤、干扰大

由于电离层能反射电波的频率范围是很有限的，一般是短波以下(只有在太阳活动最大年份达到 50MHz 左右)，频段范围比较窄，所以短波频段内的电台特别拥挤，电台间的干扰很大，尤其是夜间，由于电离层吸收减弱，干扰更大。

近年来，人们进一步认识到电离层介质抗毁性好，对电波能量的吸收作用小；特别是短波通信电路建立迅速、机动灵活、设备较简单及价格低廉等突出优点，加强了对短波电离层信道的研究，并不断改进短波通信技术，使通信质量有明显的提高。尽管目前已有性能优良的卫星通信、微波中继通信、光纤通信等多种通信方式，然而短波通信仍然是一种十分重要的通信手段，特别是在移动通信方面，短波更占有重要的地位，如船舶、飞机、车辆、野战部队等仍广泛采用短波通信，应用其他无线电通信设备往往比短波通信技术要求高，造价高。

习　　题

2.1　电磁波的传播方式有几种？各主要适用于什么频段？

2.2　短波主要的传播方式有哪几种？不同传播方式的应用场合是什么？

2.3　地波传播特性受哪些因素的影响？并简要进行分析。

2.4　请结合地波传播特性，分析在进行短波地波通信时，需要注意的事项。

2.5　通过查阅资料，分析为什么会在平流层至 1000km 高度这样一个区域产生电离层？

2.6　定性分析白天时电离层中的自由电子密度分布趋势，到夜晚后，电离层中的自由电子密度会怎么样？

2.7　电离层相对折射率计算公式是什么？其大小受哪些因素影响？并简要分析影响因素对于电离层相对折射率的影响。

2.8　电离层中有哪些规则变化？有哪些不规则变化？

2.9　当电磁波进入电离层后，电离层中有哪几种电流？各与什么因素有关？

2.10　电磁波在电离层中被反射回地面的临界条件是什么？需要满足什么公式？

2.11　简要分析电磁波在电离层中传播的传播损耗的影响因素。

第3章　短波数据传输技术

随着科技的进步，人类对通信业务的需求日益增加，对于短波通信不再只满足于普通的模拟话音和莫尔斯码通信，现代短波通信的一个重要特征就是支持数据业务，特别是在军事短波通信中，随着部队数字化建设的推进，数据业务的比重越来越大，这就要求在短波通信中能够传输各种类型的数字信号，如数字语音、数字传真、计算机数据等。但是，由于短波信道是一种典型多径衰落信道，短波通信时的数据传输速率和通信质量受到了较大限制，因此本章围绕如何提高短波数字传输的可靠性展开研究，首先结合短波信道的特点对短波数据传输的特性进行分析，给出提高短波数据传输可靠性的措施，然后依次对几种常见的短波数据传输技术进行介绍，最后从"被动保护"和"主动抵消"两个角度出发，依次分析多载波并行和单载波串行两类短波高速数据传输技术。

3.1　短波数据传输的特性

从第 2 章的分析可以看到，短波信道是一个随参信道，具有严重的时变色散性，信道的时变衰落、多径传播以及多普勒频移会造成短波信号在时域、频域和空域等三维空间上的严重拓展，也就是说，短波通信时通常接收到的信号是多个不同时延、不同频率的不同信号的组合，极大地影响了数据在短波信道上传输的有效性和可靠性，这些影响主要表现如下。

(1) 多径效应引起的幅度衰落。它使传输的数据信号幅度产生严重的起伏，甚至完全消失，是造成短波数据通信中出现突发性错误的主要原因。

(2) 多径效应引起的波形展宽。波形展宽使所传输的数据码元间互相串扰，即码间串扰(Inter Symbol Interference，ISI)，限制了数据速率的提高。

(3) 多普勒频移引起的信号频率的变化。电离层快速运动和反射层高度的变化所引起的多普勒效应会造成通信信号的时间选择性衰落，导致发射信号的频率结构发生变化，相位起伏不定，从而造成数据信号的错误接收。

由此可见，短波信道对于传输信号的影响，从信道特性上主要表现为信号的幅度衰落、频率选择性衰落和多普勒频移，这些都影响了短波通信的性能。因此，为了定量分析短波信道对于数据传输的影响，首先就需要建立短波信道的数学模型，这与具体的信道特点和传输信号特征是直接相关的，我们假设数据信号的码元周期为 T_s (脉冲波形的间隔)，短波信道的多径时延为 τ，如果 T_s 与 τ 满足以下条件：

$$T_s \gg \tau \tag{3-1}$$

则说明在数据传输过程中，因为多径引起的码间串扰(ISI)部分相对整个传输符号而言是很小的，此时的多径分量不可分辨，即可认为此时的 ISI 可以忽略不计，也就是说此时信号在信道传输过程中，几乎所有的频率分量都受到相同的衰减和线性相移，因此不会因为脉冲波形的展宽而造成 ISI, 此时可以认为信道是非频率选择性的, 一般称为平坦衰落信道。如果当多径时延 τ 相对于码元周期 T_s 而言不可忽略时, 多径分量可分辨, 这些多径分量将对相邻脉冲造成干扰, 形成较为严重的 ISI, 也就是说, 此时信号在信道传输过程中, 不同的频率分量受到不同的衰减和非线性相移, 此时的信道就不再是频率非选择性的。显然, 对于不同特征的信号, 在选择短波信道时, 应该是不同的, 也就是说, 想要使用非频率选择性衰落信道来描述短波信道是有条件的, 它需要满足式(3-1)。

为了便于判断短波信道是否是频率非选择性的, 引入了相干带宽这一概念, 通常用 B_c 表示, 它表示的是某一信道中信号在一定范围内频率分量的统计测量值, 在该范围内时(信号带宽 $\leqslant B_c$), 信号各频率分量间有较强的相关性, 受信道的影响较相近; 在该范围外时(信号带宽 $> B_c$), 信号各频率分量间的相关性很弱, 受信道的影响不大相同。通常情况下, 相干带宽 $B_c = 1/\tau_{max}$, 其中 τ_{max} 是信道的最大多径时延, 如果信号带宽 B 和相干带宽 B_c 满足以下条件:

$$B \leqslant B_c \tag{3-2}$$

则此时的信道是非频率选择性的, 可以认为信号在信道传输过程中有近似恒定的增益和线性相位; 若信号带宽 B 和相干带宽 B_c 不满足式(3-2), 则信道是频率选择性的, 此时因为多径引入的 ISI 明显, 信道产生频率选择性衰落, 从频域上看, 信号在信道传输过程中不具有恒定的增益和线性相位, 不同频率的分量经历了不同的响应, 该信道特性会使接收信号产生选择性衰落, 这是我们不希望看到的, 所以在短波通信中通常要使信号带宽和信道相干带宽满足式(3-2), 即可以将短波信道看成一个频率非选择性信道。

由上述的讨论可以看出, 信道的频率非选择性是针对信道的多径时延而言的, 信道呈现出频率非选择性, 是指信道的传输函数 $H(f,t)$ 对频率而言是复常数。但是, 即使在这种情况下, 到达接收机的信号振幅仍然存在严重的随机起伏, 在短波通信中, 通常这种振幅的起伏是服从瑞利分布的。幅度衰落的瑞利分布现象, 已经在许多中远距离的短波通信线路上传输单色波时观测到, 所以把短波信道看成瑞利衰落信道是适合的。因此, 在短波通信中, 人们常用频率非选择性瑞利衰落信道模型来描述短波信道, 实际上是从"多径"和"衰落"两个角度来反映信号经过短波信道后产生失真的情况。

一般情况下, 信道发生瑞利衰落的速率要远远小于通信数据传输的速率, 即相比数据传输速率, 衰落的速率较"慢", 因此, 可以认为在每个码元的持续时间内, 信号的幅度和相位是恒定不变的, 但是对于一长串数据码元而言, 它们的幅度是变化的, 因此也可以将短波信道看成"慢"衰落信道。

因此, 在分析短波信道传输特性时, 可以将其看成"慢、非频率选择性的瑞利衰落信道", 信号通过这样一个信道时, 其本身不会被展宽, 即不存在 ISI 问题(或者说引入的 ISI 可以忽略不计), 引入的仅仅是短波信号脉冲串的幅度按照瑞利分布的规律发生变化, 相位按照均匀分布发生变化, 而单个脉冲的幅度和相位仍可以认为是恒定的, 但是将短波信道看成是"慢、非频率选择性的瑞利衰落信道"的前提条件是信号带宽和信道相干带宽要满足式(3-2)的条件, 并且衰落的速率要远低于码元传输速率。

综上所述, 我们将短波信道的特性定义为慢、非频率选择性的瑞利衰落信道, 信号通过这样的一个信道时，信号本身不会展宽，即不存在 ISI 问题。介质对于信号所造成的影响仅仅是高频信号的脉冲串幅度会按瑞利分布的规律变化，相位按均匀分布变化，就每个脉冲来讲，可以认为它的幅度和相位是恒定的。所以，短波信道可以用"慢、非频率选择性信道"模型来表示，当然这种模型存在的前提是被传输数据信号的带宽远远小于信道的相关带宽，衰落速率远低于码元波形速率。该模型不仅比较接近短波中远距离传输的真实情况，而且还可以借用在非衰落信道下求得的误码率计算公式，通过求统计平均的方法获得瑞利衰落信道下各种调制方式的误码率计算式，下面结合误码率计算公式对短波数字调制系统的抗干扰性能进行分析。

3.1.1　短波数字调制系统的抗干扰性能

在恒参信道下，各种常用数字调制方式的误码率计算公式为

$$P_{e1} = \alpha \text{erfc}(\sqrt{\beta r}) \begin{cases} \alpha = 1/2, & \beta = 1/4, & 相干2ASK \\ \alpha = 1/2, & \beta = 1/2, & 相干2FSK \\ \alpha = 1/2, & \beta = 1, & 相干2PSK \\ \alpha = 1, & \beta = 1, & 相干2DPSK \end{cases} \tag{3-3}$$

$$P_{e2} = \frac{1}{2}e^{-\gamma r} \begin{cases} \gamma = 1/4, & 非相干2ASK \\ \gamma = 1/2, & 非相干2FSK \\ \gamma = 1, & 非相干2DPSK \end{cases} \tag{3-4}$$

式(3-3)和式(3-4)中，r 为信噪比；$\text{erfc}(\cdot)$ 为互补误差函数。

上述公式成立需满足的前提条件是，信号的脉冲幅度是恒定的。在慢瑞利衰落情况下，虽然在一个码元的持续时间内信号脉冲的振幅可以认为是恒定的，但是在脉冲串中，一个脉冲的振幅与另一个脉冲的振幅是不同的，其幅度变化服从瑞利分布，因此在瑞利衰落信道中，系统的误码率应该是一个长脉冲串中的各单个码元错误率的平均值。下面对瑞利衰落信道的误码率进行分析。

假设接收机前端滤波器输出的信号包络电平为 a，因为是瑞利衰落信道，所以其服从瑞利分布，即满足：

$$p(u) = \frac{2u}{a_0^2}e^{-\frac{a^2}{a_0^2}}, \quad 0 < a < \infty \tag{3-5}$$

式中，$a_0^2 = \overline{a^2} = \frac{1}{N}\sum_{n=1}^{N}a_n^2$，为接收信号包络电平的平方 a^2 在衰落信道上的统计平均值。在每一个取样瞬间，前端滤波器输出的噪声平均功率 σ_n^2 在一个长脉冲串内都是相同的，所以在取样时刻接收信号的信噪比 r 为

$$r = \frac{a^2}{2\sigma_n^2} \tag{3-6}$$

由式(3-6)可知，信噪比 r 的统计值只与接收信号的包络电平值有关，即信噪比的变化仅仅是由于信道衰落所造成的。

如果接收信号振幅 a 的概率密度函数是已知的，并且将噪声平均功率 σ_n^2 当成一个常数，则信噪比 r 的概率密度函数为

$$p(r) = \frac{1}{r_0} \mathrm{e}^{-\frac{r}{r_0}}, \quad 0 < r < \infty \tag{3-7}$$

式中

$$r_0 = \bar{r} = \frac{a_0^2}{2\sigma_n^2} \tag{3-8}$$

是在取样时接收机前端滤波器输出的平均信噪比。

则对于 P_e 求平均值，分别可以得到

$$\overline{P_{e1}} = \int_0^{+\infty} \alpha \mathrm{erfc}(\sqrt{\beta r})P(r)\mathrm{d}r \quad \left\{\begin{array}{lll} \alpha=1/2, & \beta=1/4, & \text{相干2ASK} \\ \alpha=1/2, & \beta=1/2, & \text{相干2FSK} \\ \alpha=1/2, & \beta=1, & \text{相干2PSK} \\ \alpha=1, & \beta=1, & \text{相干2DPSK} \end{array}\right\} \tag{3-9}$$

$$\overline{P_{e2}} = \int_0^{+\infty} \frac{1}{2} \mathrm{e}^{-\gamma r}P(r)\mathrm{d}r \quad \left\{\begin{array}{ll} \gamma=1/4, & \text{非相干2ASK} \\ \gamma=1/2, & \text{非相干2FSK} \\ \gamma=1, & \text{非相干2DPSK} \end{array}\right\} \tag{3-10}$$

将式(3-7)分别代入式(3-9)和式(3-10)中可以得到

$$\overline{P_{e1}} = \alpha \left(1 - \frac{1}{\sqrt{1+\dfrac{1}{\beta r_0}}}\right) \quad \left\{\begin{array}{lll} \alpha=1/2, & \beta=1/4, & \text{相干2ASK} \\ \alpha=1/2, & \beta=1/2, & \text{相干2FSK} \\ \alpha=1/2, & \beta=1, & \text{相干2PSK} \\ \alpha=1, & \beta=1, & \text{相干2DPSK} \end{array}\right\} \tag{3-11}$$

$$\overline{P_{e2}} = \frac{1}{2+2\gamma r_0} \quad \left\{\begin{array}{ll} \gamma=1/4, & \text{非相干2ASK} \\ \gamma=1/2, & \text{非相干2FSK} \\ \gamma=1, & \text{非相干2DPSK} \end{array}\right\} \tag{3-12}$$

当接收信号的平均信噪比较大(即 $r_0 \gg 1$)时，式(3-11)和式(3-12)可以进一步近似，写成以下渐近式：

$$\overline{P_{e1}} \approx \frac{\alpha}{2\beta r_0} \quad \left\{\begin{array}{lll} \alpha=1/2, & \beta=1/4, & \text{相干2ASK} \\ \alpha=1/2, & \beta=1/2, & \text{相干2FSK} \\ \alpha=1/2, & \beta=1, & \text{相干2PSK} \\ \alpha=1, & \beta=1, & \text{相干2DPSK} \end{array}\right\} \tag{3-13}$$

$$\overline{P_{e2}} \approx \frac{1}{2\gamma r_0} \quad \left\{\begin{array}{ll} \gamma=1/4, & \text{非相干2ASK} \\ \gamma=1/2, & \text{非相干2FSK} \\ \gamma=1, & \text{非相干2DPSK} \end{array}\right\} \tag{3-14}$$

由式(3-13)和式(3-14)可知，当接收信号的信噪比比较大时，系统的误码率恰好与平均

信噪比成反比关系，但是在恒参信道中，信噪比的变化将引起误码率的指数变化，这意味着衰落会引起系统性能的严重下降，而为了弥补系统性能的降低，就不得不付出高昂的"功率"代价来补偿，或者采取其他行之有效的技术来减小这种代价。

需要强调的是，上述所有结果都是在假定信道为"慢、非频率选择性瑞利衰落信道"的前提下得到的。由式(3-13)和式(3-14)可知，当接收信号的信噪比 r_0 无限大时，短波通信系统的误码率是趋于 0 的，但是在实际短波通信中，系统的误码率不可能趋近于 0，它的最小值通常与系统的多径时延相关。因为当短波通信系统的多径时延越大时，无论信号的信噪比多大，相邻码元间的干扰越严重，从时域上看，接收信号的波形就会越宽，发生的畸变越严重，这就造成了实际短波信道的误码率不可能趋近于 0，而是趋近于 1 个不为 0 的常数，通常称为"不可克服的误码率"。

也就是说，短波通信系统的最小误码率是与多径时延相关的，不同的多径时延，系统的"不可克服的误码率"不同，且多径时延越大，"不可克服的误码率"越大，这与系统使用的调制解调方式、发射功率都是无关的，即短波通信系统多径时延的大小决定了系统误码率的下限。例如，经实测表明，当多径时延为 2ms 时，短波通信的误码率最小值趋近于 10^{-5}。

3.1.2　短波信道可靠数据传输的措施

在传统的短波数据传输系统中，如果不采用任何抗衰落和抗干扰措施，信道误码率一般在 $10^{-2} \sim 10^{-3}$ 数量级，严重的幅度衰落以及由多径效应导致的 ISI，限制了通信质量的进一步提高。近年来，由于在短波数据通信系统中采用了各种抗衰落和抗多径(主要是抗 ISI)措施，系统的误码率可以达到 $10^{-5} \sim 10^{-6}$，较大地提高了短波通信的质量，目前短波通信系统中应用较为广泛的抗衰落和抗多径措施主要有如下几种。

(1) 高频自适应技术。它包括频率自适应、功率自适应、速率自适应、自适应均衡等，目前应用最为广泛的是频率自适应技术，将在第 4 章中对该技术进行详述。

(2) 语音编码技术。不同于常规通信系统中的语音编码技术，短波通信系统中的语音编码技术主要包括参数编码和混合编码技术，本章中将对参数编码技术进行介绍。

(3) 抗衰落性能较好的数字调制技术。如时频调制(Time Frequency Shift Keying，TFSK)、时频相调制(Time Frequency Phase Shift Keying，TFPSK)等，本章中将对时频调制技术进行介绍分析。

(4) 分集接收技术。它主要包括常见的空间、频率、功率、极化等分集方式，以及选择式、等增益、最大比值等合并方式，在本章中将对信号的分集方式和合并方式依次进行介绍。

(5) 差错控制技术。短波通信系统中的差错控制技术主要包括检错重发(Automatic Repeat Request，ARQ)、前向纠错(Forward Error Correction，FEC)、混合纠错(Hybrid Error Correction，HEC)等几类，在本章中将依次进行介绍。

(6) 高速调制传输技术。它主要包括多载波并行传输技术和单载波串行传输技术两类，本章会依次对这两种传输技术进行讨论。

3.2　语音编码技术

随着科技的进步，短波通信业务的种类越来越丰富，但是话音通信仍然是最主要的通信业务，而在短波数字通信中，如果直接将模拟话音数字化为数字话音，话音的带宽通常要大于短波信道的相干带宽，所以必须依靠语音压缩技术，进行低速语音编码，将数字话音压缩到短波通信系统可以支持的带宽范围进行通信，从而确保短波话音通信的质量。

3.2.1　语音编码技术的分类

在任何通信系统中，语音编码技术都是相当重要的，它在很大程度上决定了接收话音的质量和系统容量。尤其在短波通信中，带宽资源是十分宝贵的，进行语音编码的目的是在保持一定算法复杂度和通信时延的前提下，占用尽可能少的通信带宽来传输尽可能高质量的语音。根据编码原理的不同，语音编码技术可以分为波形编码、参数编码和混合编码三大类，具体如图 3-1 所示。

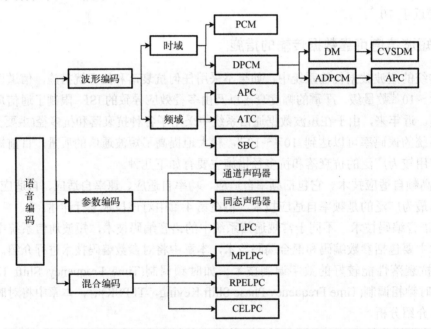

图 3-1　语音编码技术的分类

1. 波形编码

波形编码是将模拟语音信号经过抽样、量化、编码后变换为二进制数字符号进行传输，即将语音信号作为一般的波形进行处理，然后在接收端通过相反的逆过程力图重建与发端语音波形相同的波形，从而实现语音通信。该语音编码技术可以从时域、频域两个角度进行分类。在时域，波形编码按照是否差分可以分为脉冲编码调制(Pulse Code Modulation，PCM)和差分脉冲编码调制(Differential Pulse Code Modulation，DPCM)两类，DPCM 根据预测位数的不同还可以分为自适应差分脉冲编码调制(Adaptive Differential Pulse Code Modulation，ADPCM)和增量调制(Delta Modulation，DM/ΔM)，而为了克服小信号输入时增量调制量化信噪比低的问题，将自适应思想引入到增量调制中，即为连续可变斜率增量调制(Continuously Variable Slope Delta Modulation，CVSDM)。在频域，波形编码可以分为自适应预测编码(Adaptive Prediction Coding，APC)、自适应变换编码(Adaptive Transform Coding，ATC)以及子带编码(Sub-Band Coding，SBC)等，而 ADPCM 本质上属于时域上的自适应预测编码。该编码技术的特点主要有以下三点。

(1) 适应能力强。适用于带宽很宽的语音特性，并且在噪声环境下都保持较高的稳定性，重建后的语音质量高。

(2) 技术复杂度低且费用中等。因为其编码的 3 个过程(抽样、量化、编码)实现起来较为简单，且技术较为成熟，所以波形编码技术的费用相对而言适中，是目前无线微波通信中主用的语音编码技术。

(3) 占用的频带较宽。为了尽可能重构与发端波形相同的波形，在进行语音抽样时需要满足奈奎斯特抽样定理，此外为了保证数字语音解码后的高保真度，量化后进行二进制编码时，就需要用较多位的二进制数来表示 1 个量化值，这也提高了语音编码的编码速率，通常情况下，波形编码的速率要达到 16～64Kbit/s。

而在短波通信中，因为相干带宽较窄，为了抑制频率选择性衰落，很难使语音速率达到 16Kbit/s 以上，因此在短波通信中基本不使用波形编码技术。

2. 参数编码

参数编码，也称声码话编码，它是基于人类语音的发声机理，找出表征语音的特征参数，对特征参数进行编码传输，然后在接收端从二进制数中恢复出特征参数，并根据特征参数重构语音信号的一种编码方法。这种语音编码方式在提取语音特征参数时，往往会利用人类语音生成模型在幅度谱上逼近原语音，以使重建语音信号有尽可能高的可懂性，即力图保持语音的原意，但重建语音的波形与原语音信号的波形却有很大的区别。由于参数编码只需要传输语音信号的特征参数，因此可以实现低速率的语音编码，一般在 1.2～4.8Kbit/s，甚至更低，例如，目前应用于最新短波通信装备的语音信号参数编码技术，其传输速率为 600bit/s。因为该语音编码技术重构的波形与原语音信号的波形有着很大的区别，所以通常情况下其语音自然度较差，讲话者的可识别性差，即使将码率提高到与波形编码相当的程度，语音质量也不如波形编码。谱带式声码器、共振峰式声码器、线性预测编码(Linear Predictive Coding，LPC)及其变形所组成的声码器采用的就是典型的参数编码方法。

3. 混合编码

混合编码是基于参数编码和波形编码发展而来的最新编码技术。在混合编码的语音信号中，既具备了声码器利用语音生成模型提取语音参数的特点，又具备了波形编码与输入语音波形相匹配的特点，同时还可利用感知加权最小均方误差准则使编码器成为一个闭环优化的系统，从而在较低的码率上取得较高的语音质量，其编码速率一般在 4～16Kbit/s，当编码速率在 8～16Kbit/s 时，其语音质量可以达到商用语音通信标准的要求，因此混合编码技术广泛应用于数字移动通信中。常见的混合编码方式包括多脉冲激励线性预测编码(Multi-Pulse Linear Predictive Coding，MPLPC)、码激励线性预测编码(Code Excited Linear Predictive，CELP)、规则脉冲激励线性预测编码(Regular Pulse Excited Linear Predictive Coding，RPELPC)等。

3.2.2　短波通信中语音编码技术的选择

短波通信的一个显著特征就是多径效应严重，且多径时延较大。通过对短波信道的大量实测数据统计分析表明，其多径时延服从正态分布，大于 1.5ms 的概率为 99.5%，小于 5ms 的概率也为 99.5%，则可以近似认为短波信道的最大多径时延 $\tau_{max} \geqslant 1.5ms$，短波信道的相干带宽 $B_c = 1/\tau_{max} \leqslant 1000/1.5 \approx 667Hz$，即为了抑制频率选择性衰落，短波通信时通信信号的带宽 $B \leqslant B_c \leqslant 667Hz$。可见短波数据通信时可利用的带宽是非常有限的，这就需要在短波通信时对语音编码速率进行大幅度的压缩，因此在短波通信选择语音编码方式时，语音编码速率的大小是决定编码方式是否适用的关键因素。

综上所述，在不考虑其他任何抗衰落技术的前提下，为了抑制频率选择性衰落，短波语音信号的传输速率应该不大于 667bit/s，而国际电信联盟(International Telecommunication Union，ITU)给出的通用短波信道带宽为 3.7kHz，1 路短波语音信号的速率一般不超过 3Kbit/s。因此在短波通信中一般使用编码速率最低的参数编码技术。

目前速率为 600bit/s、1200bit/s 和 2400bit/s 的声码器已经在短波通信装备中得到广泛应用，而人们正在研究速率更低的参数编码技术，这对于推进短波数字话音通信具有有力的促进作用。当然，短波通信系统使用的调制方式也会影响语音编码器的选择，如果应用频带利用率高的调制解调方式，那么就可以降低对于低速率语音编码技术的要求，从而在较高速率上得到更高的语音通信质量。

3.2.3　语音参数编码技术

根据前面的描述可知，典型的声码器有谱带式声码器、共振峰式声码器、线性预测编码(LPC)及其变形所组成的声码器。谱带式声码器发送语音信号的 3 种信息，其中，第一种信息是使语音信号通过 10～20 个并联带通滤波器,通过检波得到信号的包络值,再用 50Hz 或 30Hz 的帧频传送；第二种信息是声带音调，通过音调控制器从语音中分析出基音频率，并送出相应的电压信号；第三种是清/浊音判决信息，将上述信息通过采样、量化、编码、合成发送出去，在接收端设置蜂音、噪声发生器，产生周期脉冲，其频率与基音相等，发生器的输出由浊音、清音检测控制开关交替通断，再被发送端送来的相应信息调制，就得到合成的语音，其速率可以压缩到 2.4Kbit/s。共振峰式声码器是利用语音频带中的共振峰信息进行编码，它的速率可以压缩到 1.2Kbit/s，这种方法存在的主要问题是要准确地提取共振峰的频率是比较困难的。LPC 声码器是一种比较有实用价值的声码器，它通常采用区分浊音和清音的二元激励方法,清音用白噪声,浊音用周期为基音周期的脉冲序列激励 LPC 合成滤波器合成语音，这种方法还原出来的语音清晰度、可懂度比较高。因此，下面就以 LPC 编码为例对语音信号的参数编码技术进行介绍。

1. 人类语音发音原理

因为 LPC 语音编码的基础是将语音信号的特征参数提取出来编码，为了弄清楚语音信号特征参数及其提取方法，首先需要了解人类语音信号的发音原理。

人类语音信号的发音器官主要包括次声门系统、声门和声道。次声门系统包括肺、支气管、气管，是产生语音的能量来源。声门即喉部两侧的声带及声带间的区域。声道包括咽腔、鼻腔、口腔及其附属器官(舌、唇、齿等)，简化的人类语音发音系统如图 3-2 所示。

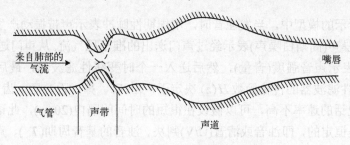

图 3-2 简化的人类语音发音系统

从次声门送来的气流，在经过声门时，若声带振动，则产生浊音，反之则产生清音。清音和浊音的典型波形如图 3-3 所示。

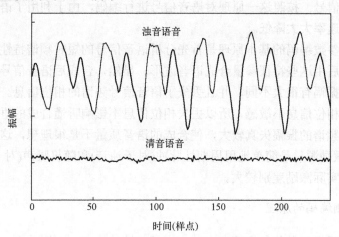

图 3-3 人类语音清音、浊音典型波形

由图 3-3 可见，浊音近似具有周期性，周期决定于声带的振动，声带振动的频谱中包含一系列频率，其中最低的频率成分称为基音，基音频率决定了声音的音调(或称音高)；其他频率为基音的谐波，它与声音的音色有关。发清音时，声带不振动，发清音时次声门产生的准平稳气流声的波形很像随机起伏的噪声。

从声门来的气流，通过声道从口和鼻送出，声道相当于一个空腔，类似电路中的滤波器，它使声音通过时波形和强度都受到影响。人在发声时，声道在变化，所以声道相当于一个时变的线性滤波器。从上述人类语音的发音原理，可以得出人类语音的发音模型，如图 3-4 所示。

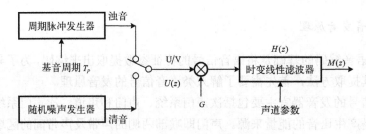

图 3-4　人类语音产生模型

在图 3-4 所示的模型中，当发浊音时，用周期性脉冲表示声带振动产生的声波。当发清音时，用随机噪声(高斯白噪声)表示经过声门送出的准平稳气流。从声门送出的声波 $U(z)$ 用 G 加权，G 表示声音强度(音量)，然后送入一个时变线性滤波器，最后产生语音输出 $M(z)$。此时线性滤波器的传输函数 $H(z)$ 决定于声道(口、鼻、舌、唇、齿等)的形状。

由于人类说话的速率不高，可以假设在很短的时间间隔内(20ms)，此语音产生模型中所有的参量都是恒定的，即浊音或清音(U/V)判决、浊音的基音周期(T_p)、声门输出的强度($U(z)$)、音量(G)以及声道参量(滤波器传输函数 $H(z)$)5 个参量都是不变的。

因此，在发送端，在每一段时间间隔内(20ms)，从语音中提取出上述 5 个参量加以编码，然后传输；在接收端，对接收信号译码后，用这 5 个参量就可以按照图 3-4 所示的模型恢复出原语音信号。按照这一原理对语音信号进行编码，由于利用了语音产生模型慢变化的特性，编码速率大大降低。

综上所述，参数编码的基本原理是首先分析语音信号的短时频谱特性，提取出语音频谱特征参量，然后用这些特征参量合成语音波形。显然，合成后语音信号频谱的振幅与原语音信号频谱的振幅有很大不同，并且丢失了语音信号频谱的相位信息。不过，由于人耳对语音频谱中的相位信息不敏感，所以丢失相位信息不影响听懂合成的语音信号。但是，合成的语音信号频谱的振幅失真较大，使合成的语音质量不是很理想，这是因为滤波器传输函数 $H(z)$ 的激励源只是简单地用周期性脉冲(对于浊音)和随机噪声(对于清音)代替产生的，它与声道的实际激励差别较大。

2. 线性预测编码的原理

预测编码是根据离散信号之间存在着一定相关性的特点，利用前面一个或多个信号预测下一个信号，然后对预测误差进行编码传输的一种编码方式，如果利用前面几个信号值的线性组合来预测当前的信号值，则称为线性预测编码(LPC)。

由上述定义可知，在 LPC 中，不再对每个信号值进行独立的编码，而是先根据前几个信号值估计出一个预测信号值，再取当前信号值和预测值之差，将此差值(预测误差)进行编码传输。因为人类语音信号是连续变化的信号，其相邻抽样值之间有一定的相关性，这个相关性使信号中含有冗余信息。由于信号抽样值及其预测值之间有较强的相关性，即抽样值和预测值非常接近，预测误差的取值范围比抽样值的变化范围要小得多，所以可以少用几位编码比特来表示预测误差，从而达到降低语音速率的目的。LPC 编码、译码的原理框图如图 3-5 所示。

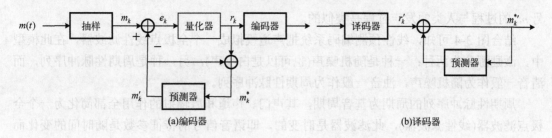

图 3-5　线性预测编码、译码器原理框图

编码器的输入为原始模拟语音信号 $m(t)$，它在 kT_s 时刻被抽样，抽样信号 $m(kT_s)$ 在图 3-5 中简写为 m_k，其中 T_s 为抽样间隔时间，k 为整数。此抽样信号和预测器输出的预测值 m_k' 相减，得到预测误差 e_k，此预测误差经过量化后得到量化预测误差 r_k，r_k 除了送到编码器进行编码输出外，还用于更新预测值。它和原预测值 m_k' 相加，构成预测器新的输入 m_k^*。假设量化器的量化误差为零，即 $e_k = r_k$，则由图 3-5(a) 可得

$$m_k^* = r_k + m_k' = e_k + m_k' = (m_k - m_k') + m_k' = m_k \tag{3-15}$$

式(3-15)表示 $m_k^* = m_k$，因为量化器必然存在量化误差，所以 m_k^* 可以看成带有量化误差的抽样语音信号 m_k。

线性预测器的输出和输入满足下列线性方程：

$$m_k' = \sum_{i=1}^{p} a_i m_{k-i}^* \tag{3-16}$$

式中，p 为线性预测编码器的阶数；a_i 为预测系数。它们都为常数。式(3-16)表明，预测值 m_k' 是前面 p 个带有量化误差的抽样语音信号值的加权和。

由图 3-5 可知，编码器中预测器输入端和相加器的连接电路与译码器中的完全一样。因此，当传输过程中无误码(即编码器的输出等于译码器的输入)时，这两个相加器的输入信号相同，即 $r_k = r_k'$。所以，此时译码器的输出信号 $m_k^{*'}$ 和编码器中相加器输出信号 m_k^* 相同，即等于带有量化误差的抽样语音信号 m_k。

3. 人类语音信号的线性预测编码

根据前面的分析，语音信号的抽样值可表示为

$$m_k = e_k + \sum_{i=1}^{p} a_i m_{n-i} \tag{3-17}$$

式(3-17)可以理解为：预测误差信号 e_k 激励全极点滤波器，滤波器的传输函数 $H(z)$ 为

$$H(z) = \frac{G}{1 - \sum_{i=1}^{M} a_i Z^{-i}} \tag{3-18}$$

式中，G 为滤波器增益，也可以理解为声音的音量；Z^{-1} 为一个抽样时间间隔的时延，这样就可以得到抽样语音信号 m_k，它的 Z 变换就是图 3-4 中的 $M(z)$，整个得到抽样语音信

号 m_k 的过程与人类的发声过程是类似的。

结合图 3-4 可知，线性预测编码系统把声道模拟成一个全极点线性滤波器，在此模型中，激励源分为两种：一种是随机噪声(也可以是白噪声)，另一种是周期性脉冲序列，而清音一般作为随机噪声，浊音一般作为周期性脉冲序列。

周期性脉冲序列的周期为基音周期，其声门、声道和唇辐射的作用全都简化为一个全极点滤波器(线性滤波器)，此滤波器是时变的，即语音信号的特征参数是随时间的变化而变化的，通常认为激励信号和滤波器系数之间 5~40ms 更新一次(有时候为了方便可直接认为每 20ms 更新一次)，全极点滤波器的系数可以通过线性预测技术在时域上得到，预测原理与自适应差分脉码调制(ADPCM)的原理相似。

需要注意的是，语音信号特征参数主要包括滤波器增益 G、基音信息(主要是浊音的基音周期 T_p)、清/浊音判别，这样基于图 3-4 和图 3-5，就可以得到 LPC 声码器的原理框图，如图 3-6 所示。

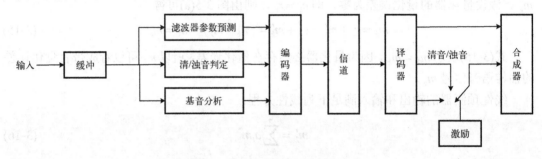

图 3-6   LPC 声码器的原理框图

因为在 LPC 系统中编码传输的是量化误差信号，所以图 3-6 中的激励信号为接收端接收到的信号，即为量化误差信号。

由上述分析可知，LPC 声码器属于时间域的声码器类，这种声码器在时间波形中提取重要的语音特征参数，实现起来相对简单，并且当传输速率较低时，LPC 声码器中滤波器系数的计算较为准确，所以 LPC 声码器是目前低比特声码器中最为流行的。采用 LPC 对语音信号进行编码传输，可以轻松地实现用 4.8Kbit/s 的速率传输高质量的语音，或者在更低的比特率上传输较低质量的语音，目前典型短波通信装备中的声码话速率最低可以做到 600bit/s，并且在信噪比大于 0 的情况下，语音通信基本无误码，并具有较好的语音自然度，解决了低编码速率与高话音质量间的矛盾。

3.3   时频调制技术

在衰落信道中，为了实现与恒参信道具有相同或者类似的性能，往往需要付出高昂的"功率"代价，那么为了减小这种代价，目前在短波通信系统中广泛采用了时频调制(Time-Frequency Shift Keying，TFSK)技术和分集接收技术。其中，分集接收技术在 3.4 节中将详细研究，本节中对 TFSK 进行介绍。

3.3.1　基本概念

时频调制是一种组合调制，它与一般的频移键控(Frequency Shift Keying，FSK)不同，在时频调制中，每一个码元都用两个以上不同频率的载波来传送。一般是将一个码元持续的时间分成几段，每一段称为一个时隙，在每一个时隙内安排一个频率。

图 3-7 给出了最简单的二进制时频调制信号波形，它是将 1bit 的持续时间 T 分成 2 个时隙，在每一个时隙内安排一个频率，因此通常称为二时二频制。

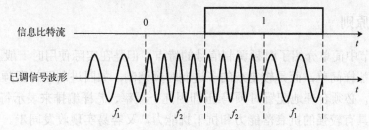

图 3-7　二时二频制信号波形示意图

如图 3-7 所示，二进制码元"0"在$(0,T/2)$时隙内载波频率为f_1，在$(T/2,T)$时隙内载波频率为f_2，可简写为"0——$(f_1 f_2)$"；而二进制码元"1"在$(0,T/2)$时隙内载波频率为f_2，在$(T/2,T)$时隙内载波频率为f_1，可简写为"1——$(f_2 f_1)$"。

这样一来，只要f_1和f_2之间的频率差大于信道的相干带宽，它们在接收端衰落就可以认为是相互独立的，从而就有了二重频率分集的效果。例如，当f_1发生深衰落而f_2未发生深衰落时，在发送二进制码元"0"时，接收端接收到信号的频率将是"$\times f_2$"，在发送二进制码元"1"时，接收信号的频率将是"$f_2 \times$"，尽管接收到的可识别的信号频率都是f_2，但是由于f_2的时隙位置不同，因此仍然可以区分出来。

除了有分集能力外，这种信号还具有一定的抗符号干扰能力。例如，当发送的信息比特为"…0000…"或者"…1111…"时，在接收信号中，就不会有相同的频率连续出现，而是相同的频率之间都有$T/2$的时间间隔。这样，只要信道的多径时延小于$T/2$，就不会出现符号间的干扰。因为在这种情况下，f_1只会串扰到f_2中去，f_2只会串扰到f_1中去，而这种干扰，由于频率不同，很容易识别，能够轻易地滤除。

但是在实际通信中传输的信息比特流不可能全部是"…0000…"和"…1111…"的情况，必然会出现"…01…"和"…10…"的情况，那么当出现这种情况时，接收信号中相同频率的信号就会连续出现，此时符号间的干扰就无法消除了。为了能够在任何情况下相同频率的信号不会连续出现，则可以采用如图 3-8 所示的时频调制方案，即二时四频制。

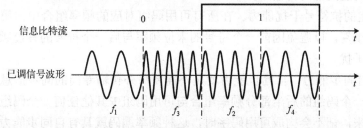

图 3-8　二时四频制信号波形示意图

如图 3-8 所示,在"二时四频制"中调制规则为"0——$(f_1 f_3)$"和"1——$(f_2 f_4)$",其中 f_1、f_3、f_2、f_4 之间的频率差相对较大,以期获得频率分集的效果,如果 4 种频率之间的差达不到频率分集的效果,只要保证频率之间相互正交,也可以消除符号间的相互干扰。

由上述 2 个例子可以看出,在时频调制系统中,每一个码元都是用若干个不同频率载波的组合来表示,在不同的时隙内,载波具有不同的频率,当然,1 个码元的持续时间还可以分为 4 个时隙、8 个时隙等,并且时隙划分得越多,调制过程越复杂。

3.3.2　编码原则

在 3.3.1 节中简单介绍了时频调制信号的特点,但是在实际使用时一般不像图 3-7 和图 3-8 所示的那样简单,而是较复杂的多进制时频调制,如四进制四时四频、八进制四时四频等。因此,必须合理地配置时频码组(即用几个频率、怎样编排来表示每个多进制码),使所编码组既具有较强的抗衰落能力和抗干扰能力,又容易实现收发同步。具体来说,对时频调制信号有如下一些编码要求。

(1) 正交性要好。如果一个时频调制信号所有码组的频率组合,在相同的时隙位置上没有相同的频率,那么这些码组所对应的波形就是正交的。例如,对四进制码(每一个四进制码含 2bit,也称 2bit 码组)进行时频编码时,如果取如下四进制编码方式:

$$00——(f_1 f_2 f_3 f_4)$$

$$01——(f_2 f_1 f_4 f_3)$$

$$10——(f_3 f_4 f_1 f_2)$$

$$11——(f_4 f_3 f_2 f_1)$$

则这 4 个码组在任何相同的时隙内均有不同的频率,因此它们是正交的。

满足正交要求的时频编码信号,两码组之间差别最大,因此便于检测。然而,完全正交的码组不够用,在这种情况下只能从准(不完全)正交码中选取,选取的原则是使各编码信号之间的差异尽量大,即在同一时隙内虽然出现频率的重复使用,但是重复次数要尽量少,以维持一定的检测能力。

(2) 有一定分集能力。所选用的各个频率之间的频率差应尽量大,以获得较好的分集效果。当然,过大的频率差会提高传输的频带宽度,而太小的频率差会降低分集效果,甚至没有分集效果。同时,对频率数目的选定也有一定的要求,这些都要根据信道的实际传输特性和系统所能允许的传输带宽来决定。

(3) 有一定的抗符号干扰能力。在所有可用码组对应的频率组合中,第一位频率和末位频率要互不重复,以避免因前一个符号的末位频率与后一个符号的首位频率相同而可能引起的符号间干扰。

(4) 具有自同步能力。自同步能力就是不需要另外传输专门的同步信息而自己可以实现同步。当每一个码组的后半部分频率组合与可用码组中其他任何一个码组的前半部分频率组合连接起来,都不会构成可用码字时,这种频率编码就具有自同步能力。例如,采用如下频率编码规则时，就具有自同步能力。

$$00——(f_1f_2f_3f_4)$$

$$01——(f_2f_4f_1f_3)$$

$$10——(f_4f_3f_2f_1)$$

$$11——(f_3f_1f_4f_2)$$

因为在这 4 种可用码组中，任意一组的前半部分与其他码组的后半部分连接起来合成的频率组合都不是 4 种可用码组中的 1 个。因此，接收端只要鉴别出任何一个可用码组的频率次序，就可以准确地判定每一个码组的起止位置。

(5) 在满足一定条件时，所占带宽要尽量窄。

一般说来，上述 5 个条件是对一个时频编码信号码组的基本要求，有时候根据实际需要还可能再附加一些其他要求，但是同时满足这些要求往往是比较困难的，在实际选择频率编码方案时，要综合各方面的因素来决定。

3.3.3　基本原理

下面以四进制四时四频制为例，对时频调制技术的基本原理进行介绍，发送端完成时频编码的结构框图如图 3-9 所示。

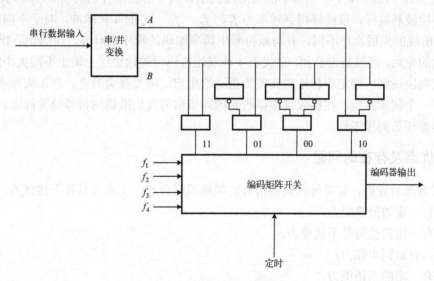

图 3-9　时频编码原理框图

由图 3-9 可知，输入的串行信息比特流，首先经串/并变换电路转换为四进制码组(1 个码组表示 2bit 的信息)，送入编码矩阵开关电路。同时，4 个频率不同的载波也输入编码矩阵开关电路，具体的编码就是通过矩阵开关来实现的。

至于频率编码信号的接收，基本上是频移键控接收方法的延伸，首先用 4 个不同频率的带通滤波器检测出不同频率的信号，再分别进行译码，还原出双比特码组，其原理框图如图 3-10 所示。

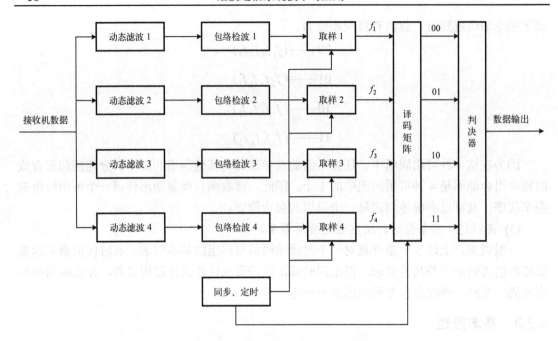

图 3-10　时频编码接收系统原理框图

由图 3-10 可知，4 个不同频率的带通滤波器，其中心频率分别为 f_1、f_2、f_3、f_4，经过包络检波和取样，就能够得到频率为 f_1、f_2、f_3、f_4 的 4 种脉冲，对于不同的编码，4 种脉冲出现的先后次序不同，并与原符号中频率编码的顺序相对应。译码矩阵根据 4 个脉冲到达的先后，经过延迟叠加，在代表 4 种双比特码组的输出线上输出不同大小的电压，利用幅度判决规则，判定所传输的真实数据送给用户。需要强调的是，在该类频率编码系统中要有一个同步系统，在接收端根据收到的同步信号发出准确的符号位置标志，使取样和译码器等环节同步工作。

3.3.4　优点及存在的问题

根据前面的分析，如果时频调制信号的频率编码合理，就应该具备下述优点：
(1) 有一定的分集能力；
(2) 有一定的抗符号干扰能力；
(3) 具有自同步能力；
(4) 有一定的纠错能力。

但是需要强调的是，时频调制的上述优点是通过扩展通信系统的带宽而得到的。为了得到这些优点，时频编码调制信号需要在一个符号持续时间内顺序地发送若干个不同频率的载波信号，而且这些频率间的频率差又必须足够大，否则就不具备分集效果，这样的时频编码信号所占据的频带往往是很宽的。在传输速率较低时，这个问题尚不突出，如果允许使用的带宽有限而又要求较高的传输速率，带宽与传输速率之间就会出现尖锐的矛盾。造成这种矛盾的根本原因在于时频编码信号在进行频率编码时，往往只能在时隙和频率数目上做文章，回旋余地较小。如果能够在时隙和频率数目一定的条件下，构成更大的正交码组，那么在一定带宽下传输速率就可以得到提高，或者说在一定的传输速率的情况下，所需的带宽就可以窄一些。

3.4　分集接收技术

在加性高斯白噪声(Additive White Gaussian Noise，AWGN)信道中，误码率的大小由接收信号的信噪比决定，但是如果无线传输中阴影效应和多径效应明显，使接收信号出现深衰落(衰落深度可达 30～40dB)，会造成通信系统的误码性能显著下降。如果此时依然利用加大发射功率、增加天线尺寸、进行差错控制编码等方法来克服深衰落，效果往往不是很好，而且会造成对其他用户的干扰或者极大地降低通信的有效性。而此时如果采用分集接收的方法，可以显著地提升通信系统的可靠性，系统的误码性能可以降低 1～2 个数量级，通信的中断率会明显下降。因为短波通信中的多径效应非常明显，所以分集接收技术目前被广泛应用于短波通信中。

3.4.1　基本概念

分集接收技术是指在接收端对接收到的多个相互独立(或者互相关性很小)的多径信号(传输相同信息)进行特定的处理后合并输出，以改善信号质量、减小衰落影响，从而达到提高通信质量和可通率(可靠度)的目的。

由分集接收的定义可知，分集接收系统中，接收端接收到的是多个相互独立的多径信号，而多径信号传输的是相同信息。从概率学的角度分析，当多径信号之间互相独立时，在接收端某一路信号经历深衰落的同时，其他路接收信号可能未经历深衰落，即多个接收信号同时经历深衰落的概率低。下面通过一个简单的例题来分析一下为什么分集接收技术能够有效地克服短波通信中的多径效应。

例题 3.1　某 BPSK 短波通信系统在传输过程中经历了深衰落信道，噪声功率为 50pW。传输过程中 90% 的概率，接收端接收信号功率为 1.11nW，此时接收端的误码率为 10^{-10}；10% 的概率下信号在传输过程中经历深衰落，接收信号功率为 0，接收端的误码率为 50%，请分析采用 2 路相互独立的接收信号进行分集接收时，该短波通信系统的误码率有多大改善。

解：由例题可知，接收端接收信号的平均功率为 $1.11 \times 0.9 \approx 1nW$，平均误码率为 $10^{-10} \times 0.9 + 0.5 \times 0.1 \approx 0.05$，可见通信性能很差。

若采用 2 路相互独立的接收信号进行分集接收，则两路接收信号同时为 1.11nW 的概率为 $0.9 \times 0.9 = 81\%$，两路接收信号同时为 0 的概率为 $0.1 \times 0.1 = 1\%$，1 路接收信号为 0，另一路接收信号为 1.11nW 的概率为 $0.1 \times 0.9 \times 2 = 18\%$，因为只要有一路接收信号为 1.11nW 时系统的误码率就可以达到 10^{-10}，所以此时系统的平均误码率为

$$(81\% + 18\%) \times 10^{-10} + 1\% \times 50\% \approx 0.005$$

可见，采用 2 路相互独立的分集接收信号进行分集接收时，该通信系统的误码率改善了 1 个数量级。

由上述分析可知，采用分集接收技术之所以有效，是基于以下前提条件的：对于接收方来说，经短波电离层反射信道传输来的电磁波，可以看作具有不同时延、不同频率、不同增益和不同到达角度的无数条电磁波射线的总和。这些电磁波射线所经历的信号衰落，在相隔较远的不同接收点、不同时间、不同频率上，通常是不相关的，或者相关性不高，即接收的某一信号在经历深衰落时，另一路接收信号大概率不处于深衰落。因此，各接收信号之间衰落的相关性很小时，采用分集接收技术可以在衰落的情况下使各接收信号的强度得到互相弥补，从而改善接收性能。

从分集接收的定义可以知道，分集接收技术应该包含两方面的内容，即信号的分散传输和合并问题。

(1) 信号的分散传输。

如何在接收端获得多个统计独立且携带同一信息的衰落信号，即信号的分集方式。

(2) 信号的合并输出。

如何将接收到的多个统计独立的衰落信号进行合并输出，以降低衰落的影响，即信号的合并方式。

1. 分集方式

信号的分集可以在发射端进行，也可以在接收端进行，为了便于分析，假设本章中讨论的分集均为接收分集。除此之外，在无线通信中根据接收信号的不同，还可以将分集分为显性分集和隐性分集，一般文献中提及的显性分集技术，是通过接收到的多路独立多径信号进行抗衰落的，即接收到的是多路信号；而隐性分集是指通过信号处理技术将分集原理隐含在被传输的信号之中，从而达到抗衰落的目的，即隐性分集接收到的是一路信号，如 3.3 节中介绍的时频调制就属于隐性分集。

显性分集还可以分为宏分集和微分集两类，其中，宏分集主要应用于蜂窝通信系统中，是一种能够有效减小阴影衰落影响的分集技术，也称为多基站分集。它通过将多个基站设置在不同的地理位置和不同方向上，同时和一个移动台进行通信，那么在通信的过程中只要各个基站不同时受到阴影衰落的影响，通信方通过选择其中最好的一个基站进行通信，就可以保持通信不中断。

微分集是一种主要用于减小多径衰落影响的分集技术，在各种无线通信系统中经常使用，一开始主要应用于采用多个天线接收相互独立的多径信号来进行抗衰落，即空间分集，后来理论和实践表明，在频率、时间、极化等方面都可以对无线信号进行分离，因此又相继出现了频率分集、时间分集、极化分集、角度分集等多种分集技术。

2. 合并方式

分集接收性能的好坏，除了与信号分集方式有关外，还与接收端采用的信号合并方式有关。假设各路接收到的信号分别为 $r_1(t)$、$r_2(t)$、$\cdots$、$r_m(t)$，则合并后的信号为

$$r(t) = \sum_{i=1}^{m} a_i r_i(t) \tag{3-19}$$

式中，a_i 为加权系数。

接收信号的合并方式根据选用的加权系数可以分为选择式合并、等增益合并、最大比值合并等。其中，选择式合并是指选择信噪比最强的一路信号输出，即加权系数只有 1 项不为 0，此时的合并输出信号为

$$r(t) = a_i r_i(t), \quad i \text{取} 1 \sim m \text{中的} 1 \text{个整数值，且} a_i \neq 0 \tag{3-20}$$

等增益合并是指合并时各路信号的加权系数相等，即 $a_1 = a_2 = \cdots = a_m = a$，则此时的合并输出信号为

$$r(t) = a \sum_{i=1}^{m} r_i(t) \tag{3-21}$$

最大比值合并是指合并时，加权系数根据各路信号的信噪比自适应地调整，以期合并输出的信号获得最大的信噪比。

目前在短波通信中，选择式合并和等增益合并由于实现比较简单而被广泛使用，尤其是选择式合并和等增益合并的混合式合并方式最为流行，即当各路信号信噪比比较接近时，采用等增益合并；而当某一路信号信噪比比较低时，该路将自动切断，不参与合并。

3. 性能指标

短波通信分集接收后的性能，一般用分集增益和差错率改善因数来衡量。

1) 分集增益

分集增益(G)是指在给定中断率 R 的条件下，采用分集接收时能使发射机功率降低的程度。设不分集时平均信噪比为 r_{01}，m 重分集时，每一支路所需的平均信噪比为 r_{0m}，则分集增益为

$$G = \frac{r_{01}}{r_{0m}} = 10 \lg \frac{r_{01}}{r_{0m}} \text{ (dB)} \tag{3-22}$$

2) 差错率改善因数

差错率改善因数是指在发射机功率不变的情况下，采用分集接收时码元差错率降低的程度。

在衡量分集接收性能时，应该说明是几重分集时的差错率，并且衡量一个分集接收系统时，还应考虑为取得一定的分集改善在时间和带宽方面所付出的代价。

3.4.2　信号分集的基本原理

根据前面的介绍，信号分集的方式有很多种，短波通信中最常用的有空间分集、频率分集、时间分集、极化分集等几种。受限于短波通信信道宽带较窄等因素，在这几种分集方式中，空间分集、极化分集通常既可用于电报和数据通信，也可以用于话音通信；而频率分集、时间分集则只能用于电报和数据的传输。

1. 空间分集

空间分集也称天线分集，采用多副接收天线(也可以采用多副发射天线，在本章中不予考虑)实现信号的分散传输，使接收端得到多个独立的接收信号，其示意图如图 3-11 所示。

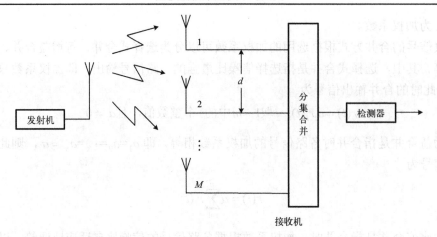

图 3-11　空间分集的原理示意图

　　发射端采用 1 副发射天线，接收端采用多副接收天线。接收天线之间的距离 d 应该足够大，以保证各接收天线接收信号的衰落特性是相互独立的。从理论上来说，接收天线之间相隔距离 d 应该大于或等于短波信道的相干距离，就可以保证接收的各支路信号是不相关的，通常情况下，城市地区的相干距离为 0.5λ，郊区的相干距离为 0.8λ。但是，在实际应用中，接收天线之间的间隔要视地形、地物等具体情况而定。

　　对于空间分集而言，分集的支路数 M 越多，分集效果越好，但当 M 较大时，分集的复杂性增加，分集增益的增加随着 M 的增大而变得缓慢。因此在工程上，一般折中处理，取 $M = 2\sim4$。

　　2. 频率分集

　　将要传递的信息分别承载在不同的载频上同时发射出去，只要载频之间的间隔足够大(大于相干带宽)，在接收端就可以得到衰落特性不相关的信号。

　　频率分集有带外和带内频率分集之分，图 3-12 为二重带外频率分集的原理示意图。此时需要两个不同载频的发射机同时发送同一信息，并用两部独立的接收机来接收。

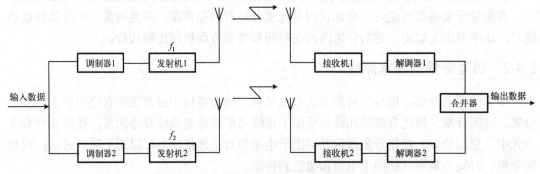

图 3-12　二重带外频率分集的原理示意图

　　二重带外频率分集同时需要 2 套收发设备，系统复杂、代价较大，并且频谱利用率不高，目前在短波频段已经较少使用，在短波通信中广泛采用的是带内频率分集技术，其原理示意图如图 3-13 所示。

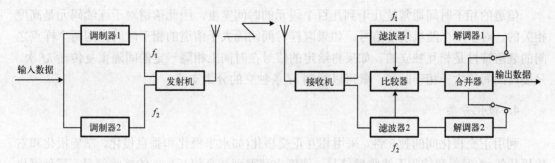

图 3-13 带内频率分集的原理示意图

为了达到较好的频率分集效果,在短波通信中需要两个频率间隔足够大的窄带信道传输同一路信息。根据实际测量结果,在短波通信中,两路信道频率间隔大于 400Hz 时,两路信号同时发生深衰落的概率已经很低,也就是在带内实现频率分集是有效的。多次实验证明,采用带内频率分集的短波通信系统,较无分集时,平均误码率可以改善 2.5 倍左右,并且带内频率分集可以一定程度上解决带外频率分集带来的信道拥挤问题。

某 600Baud 的声码器,采用带内频率分集的频率配置如表 3-1 所示,表中每一路频率分集的两路信号频率差为 960Hz。

表 3-1 某 600Baud 声码器带内频率分集时的频率配置

分集路数	第 1 路信号频率	第 2 路信号频率
第 1 路分集	1 路 0.72kHz	9 路 1.68kHz
第 2 路分集	2 路 0.84 kHz	10 路 1.80kHz
第 3 路分集	3 路 0.96 kHz	11 路 1.92kHz
第 4 路分集	4 路 1.08 kHz	12 路 2.04 kHz
第 5 路分集	5 路 1.20 kHz	13 路 2.16 kHz
第 6 路分集	6 路 1.32 kHz	14 路 2.28 kHz
第 7 路分集	7 路 1.44 kHz	15 路 2.40 kHz
第 8 路分集	8 路 1.56 kHz	16 路 2.52 kHz

3. 时间分集

将要传递的信息分别间隔一定时间重复发射出去,只要发送的时间间隔足够大(大于相干时间),在接收端就可以得到衰落特性不相关的信号。时间分集的原理示意图如图 3-14 所示。

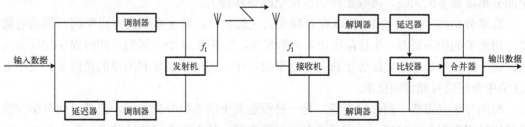

图 3-14 时间分集的原理示意图

信道的相干时间通常是几十到几百个码元的时间宽度，因此信道对于连续码元是高度相关的。对于一个随机衰落信号，如果取样时间间隔大于信道的相干时间，则两个样点之间的衰落特性是相互独立的。如果将给定的信号在时间上相隔一定的间隔重复传输 M 次，只要时间间隔大于相干时间，就可以得到 M 条独立的分集支路。

4. 极化分集

利用正交极化间的独立性，采用相互正交极化(如水平极化和垂直极化，左旋极化和右旋极化等)的发射和接收天线收发信号，使接收端得到 2 个相互独立的接收信号。某种极化分集时天线的架设示意图如图 3-15 所示，图中采用的是两副笼形天线，一副是水平极化天线，另一副是垂直极化天线。

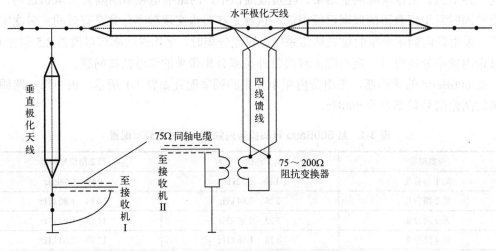

图 3-15　　极化分集的原理示意图

由图 3-15 可知，极化分集也要用两副天线，本质上它是空间分集的一种特殊形式，它可以利用不同极化波衰落特性的不相关性，缩短天线间距离的要求。

5. 优缺点对比

上述 4 种分集方式都有各自的优缺点，在短波通信中也都有具体的应用场合，因此在实际应用中应根据场景灵活选择合适的分集接收方式。

空间分集通常分集增益较高，通过分集接收可以较大地改善接收信号的信噪比，但是空间分集需要多副天线，接收系统的占用空间通常较大。

频率分集(带内频率分集)可以有效减少天线的数目，缩小系统的占用空间，但是它需要占用更多的频率资源，并且存在功率分散现象，即采用 M 个不同频率同时发送相同信息时，每一路信号功率最大仅等于总发射功率的 $1/M$，因此从功率利用率的角度看，它不如 3.3 节中介绍的时频调制技术。

时间分集只需要 1 副收发天线，是一种设备最为简单的分集方式，但是时间分集在信号处理过程中引入了时延，占用了更多的时隙资源，从而降低了传输效率。

相比于空间分集，极化分集的两副天线间的距离没有明确的限制，可以节约空间，适用于天线架设场地受限的场景；但是如果双方通信的信道是移动时变信道，极化的正交性很难得到保证，一定程度上会影响分集效果，并且极化分集只有 2 条分集支路，相比于空间分集，它的分集增益一般有限，此外，极化分集时，发送端的功率要分配给两个不同的极化天线，因此发射功率要损失 3dB。

3.4.3　信号合并的基本原理

信号合并的本质，就是将接收端接收到的 M 路衰落特性独立的信号进行合并，以获得最优的信号输出。通常情况下，需先将各支路信号调整到同相，然后相加输出到检测判决电路，信号合并的原理如图 3-16 所示。

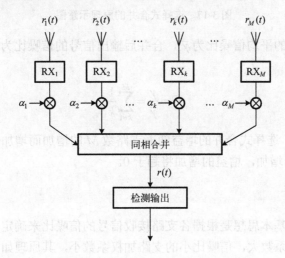

图 3-16　信号合并的原理示意图

由图 3-16 可知，M 路接收信号分别为 $r_1(t), r_2(t), \cdots, r_M(t)$，每一路接收信号的幅度为 $r_k(k=1,2,\cdots,M)$、相位为 $\theta_k(k=1,2,\cdots,M)$，则每一路接收信号的复加权系数(考虑相位) $\alpha_k = a_k \mathrm{e}^{-\mathrm{j}\theta_k}(k=1,2,\cdots,M)$，其中 $a_k \geq 0$，为每一路接收信号的幅度加权系数，通常直接称为加权系数。所以，同相合并后输出信号的幅度为

$$r = a_1 r_1 + a_2 r_2 + \cdots + a_M r_M = \sum_{k=1}^{M} a_k r_k \tag{3-23}$$

不同的加权系数就可以构成不同的合并方式。常用的合并技术有选择式合并、最大比值合并、等增益合并三种。

1. 选择式合并

选择式合并的基本思想是在某一时间检测所有分集支路信号的瞬时信噪比，选择信噪比最高的那一个支路的信号作为合并器的输出，其原理如图 3-17 所示。

如图 3-17 所示，在选择式合并中，将 M 个接收机的接收信号送入选择逻辑，选择逻辑从 M 路接收信号中选择具有最高信噪比的信号作为输出，所以在选择式合并中，每一时刻只使用一路接收信号，也就是相当于加权系数中只有一项为 1，其余均为 0。因此在实现过程中不需要对各支路接收信号进行同相处理，实现起来较为简单。

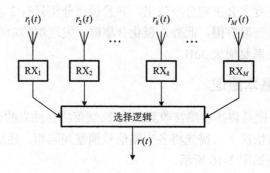

图 3-17　选择式合并的原理示意图

假设合并前信号的平均信噪比为 $\bar{\gamma}$，合并后输出信号的信噪比为 γ，则选择式合并的增益为

$$G = \frac{\gamma}{\bar{\gamma}} = \sum_{k=1}^{M} \frac{1}{k} \tag{3-24}$$

由式(3-24)可知，选择式合并的增益随着支路数 M 的增加而增加，但是这种增加不是线性增加，随着 M 的增加，增益的增加将趋于 0。

2. 最大比值合并

最大比值合并的基本思想是根据各支路接收信号的信噪比来确定各支路的加权系数，信噪比大的支路加权系数大，信噪比小的支路加权系数小，其原理如图 3-16 所示。

第 k 条支路的噪声功率为 N_k，则最大比值合并时，该支路的加权系数可以定义为

$$a_k = \frac{r_k}{\sqrt{N_k}} \tag{3-25}$$

假设每一条支路的噪声功率均为 N，则最大比值合并的加权系数为

$$a_k = \frac{r_k}{\sqrt{N}} \tag{3-26}$$

所以此时合并输出信号的功率为

$$r^2 = \left(\sum_{k=1}^{M} a_k r_k \right)^2 = \left(\sum_{k=1}^{M} \frac{r_k^2}{\sqrt{N}} \right)^2 \tag{3-27}$$

合并输出后，噪声的功率为

$$N_T = \sum_{k}^{M} a_k^2 N = N \sum_{k}^{M} a_k^2 = \sum_{k}^{M} r_k^2 \tag{3-28}$$

所以合并输出后信号的信噪比为

$$\gamma = \frac{r^2}{N_T} = \frac{\left(\sum_{k=1}^{M} \frac{r_k^2}{\sqrt{N}}\right)^2}{\sum_k r_k^2} = \frac{\left(\sum_{k=1}^{M} r_k^2\right)^2}{N \sum_k r_k^2} = \sum_k^{M} \frac{r_k^2}{N} \tag{3-29}$$

式中，$\dfrac{r_k^2}{N}$ 为第 k 条支路接收信号的信噪比。假设 M 条支路信号的平均信噪比为 $\bar{\gamma}$，则最大比值合并的增益为

$$G = \frac{\gamma}{\bar{\gamma}} = \frac{M\bar{\gamma}}{\bar{\gamma}} = M \tag{3-30}$$

由式(3-30)可知，最大比值合并的增益随着支路数 M 的增加而增加，且这种增加是线性增加。

3. 等增益合并

等增益合并的基本思想是把各条支路信号进行同相后叠加，即各路信号的加权系数相等，其原理也如图 3-16 所示。该方法不需要检测各支路接收信号的信噪比，从而接收时可以降低系统的复杂度。

假设各支路接收信号的加权系数均为 1，则合并输出信号为

$$r = \sum_{k=1}^{M} r_k \tag{3-31}$$

输出信号的信噪比为

$$\gamma = \frac{r^2}{NM} = \frac{\left(\sum_{k=1}^{M} r_k\right)^2}{NM} \tag{3-32}$$

根据合并输出信号信噪比的累积分布函数可以求得，等增益合并情况下的增益为

$$G = \frac{\gamma}{\bar{\gamma}} = 1 + (M-1)\frac{\pi}{4} \tag{3-33}$$

由式(3-33)可知，等增益合并的增益随着支路数 M 的增加而增加，且这种增加是线性增加，只不过相比于最大比值合并，等增益合并增益增加的速度慢一点(最大比值合并增益的斜率为 1，而等增益合并增益的斜率为 $\pi/4$，小于 1)。

4. 性能对比

图 3-18 给出了这三种合并方式对信噪比改善效果的示意图，该图是在接收信号包络服从瑞利分布的条件下得到的，而通常情况下，短波通信信道就是典型的瑞利信道。

从图 3-18 可以看出，当分集重数相等时，最大比值合并的性能最佳，等增益合并次之，选择式合并最差；当分集重数 $M \leqslant 10$ 时，等增益合并的分集增益比最大比值合并的低约 1dB，但从接收系统的复杂性、经济性和维护的方便性等方面看，等增益合并都优于最大

比值合并，因此它的实用性更强，而选择式合并由于性能差距较大，在实际应用中使用得
较少。

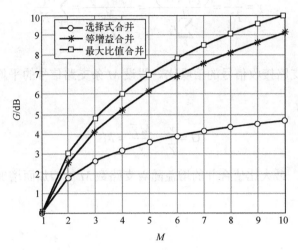

图 3-18　三种合并方式的增益(信噪比改善)

3.5　差错控制技术

短波通信的多径效应比较明显，且在无线传输过程中会受到严重的干扰(包括电台干
扰、工业干扰、大气噪声等)，这些都会影响短波数据的可靠传输，也就是会导致数据信息
的错误接收。如果信道的差错率(误码率或误比特率)超过了用户对数据信息传输准确率的
要求，必须采取措施降低系统的差错率。具体的措施可以分成两个方面。

(1) 改善信道性能。主要包括提高发射功率、使用高增益天线、应用高性能调制方式、
进行分集接收等，从而提升信道性能，使其满足用户对数据准确率的要求。

(2) 差错控制。即在短波通信系统中加入某种类型的差错控制系统，使接收端具有检
测或纠正数据信息错误部分的能力，在一定信道差错率的基础上，提高系统输出的准确率，
从而达到用户的需求。

因此，在进行具体的短波通信时，需要全面地考虑系统的差错率和可通率，尤其
是在中远距离短波通信中，仅仅通过提高信道性能，往往很难达到用户提出的准确率
要求，这主要是因为短波通信中的多径时延、多普勒频移等因素已经确定了信道差错
率的下限；另外，还有一些其他因素，如天线场地、经济费用等，都在一定程度上限
制了信道性能的进一步提高。此时如果进行差错控制可能是最简单、最经济、最有效
的一种方法。

需要强调的是，差错控制系统对于信道性能的改善一般是有前提条件的，这个条件就
是短波线路本身的信道误码率不能高于某一门限值(如短波语音通信时不能高于 10^{-2})。大
量实验证明，高于某一门限值的短波信道，采用差错控制系统不仅无益而且有害，因此通
常情况下，差错控制技术是与高性能调制方式、分集接收等改善信道性能的各种技术结合
起来使用的。

3.5.1　短波信道差错特点和编码信道模型

虽然短波通信的多径效应比较明显，但是并不代表任何情况下短波信道的特性一定较差，短波通信时其信道特性也有较好的情况，因此必须立足于短波信道特点，分析短波信道所有可能存在的差错，才能选择合适的编码信道模型进行信道建模，进而选择合适的差错控制方式来降低短波信道的差错率。下面对短波信道的差错特点和典型的编码信道模型进行介绍。

1. 短波信道差错特点

从差错控制的角度，根据信道中出现差错的特点，短波信道可以分为三类，即随机信道、突发信道和混合信道。

1) 随机信道

如果信道中的差错完全是随机的、独立的，则这类信道称为随机信道，如卫星信道就可以近似认为是一种高斯白噪声的随机信道。在短波通信中这类信道较少，一般仅存在于近距离的地波通信场合。

2) 突发信道

如果信道中的差错是成群出现的，且差错之间还有一定的相关性，则该信道称为突发信道，这种类型的错误称为"突发错误"，图 3-19 显示的就是典型的突发错误。

图 3-19　具有突发错误的码序列

图 3-19 表示的是突发长度为 9 个码元的突发错误，图中"○"表示正确接收的码元，"●"表示错误接收的码元。在突发错误的持续时间内，不一定每一个码元都是错误接收的，但是第一个和最后一个码元必须是误码，这是对突发错误的一般定义。

3) 混合信道

如果随机错误和突发错误都占有相当的数量，则称该类信道为混合信道，短波信道就是典型的混合信道。

信号在信道中传播时，受到的衰落和脉冲干扰是产生突发错误的原因，而随机噪声将导致随机错误。对于随机错误，信道的特性通常用差错率来表示，通过差错控制方式一般可以实现随机错误的纠错；对于突发错误通常用突发长度(即突发持续时间)和突发间隔时间的分布来描述，根据实际测量的结果，通常在设计差错控制系统时，要求能够抗长度为 3s 的突发错误是比较适宜的。

需要强调的是，通常情况下通过差错控制方式只能完成随机错误的纠错，并不能实现突发错误的纠错，在进行差错控制之前，需要先将突发错误转换成随机错误，然后进行差错控制，从而实现对突发错误的纠错。

2. 短波通信系统的编码信道模型

对于短波信道这样的混合信道，我们不能再用反映随机信道错误分布的二进制对称信道(Binary Symmetric Channel，BSC)模型来计算其差错率，因为它不能有效地反映错误密集分布的情况。1967 年，布勒托夫等对 BSC 模型进行了修正，得到一个比较好地反映了各种类型突发信道的模型，称为修正的二进制对称信道模型(GBSC)，该模型保持了 BSC 模型简单和便于计算系统差错率的特点。下面首先对 BSC 信道模型进行简要介绍，然后对 GBSC 模型进行重点讨论分析。

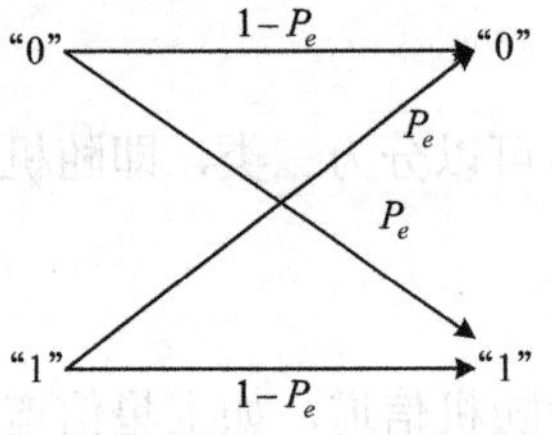

1) BSC 模型

图 3-20　BSC 模型

BSC 模型如图 3-20 所示。在该模型中传输的信息有"0"和"1"两种，并且两种信息传错的概率相同，均为 P_e，正确传输的概率为 $1-P_e$，则 P_e 可以认为是信道误码率。

由于 BSC 模型只有一个参数 P_e，因而在利用此模型计算通信系统差错率时是相对简单的。虽然此模型不能反映突发信道的情况，但是在实际的短波通信系统中，采用某种差错控制技术之后(如交织)，可以使突发错误分散，转换成随机错误，然后进行译码判决，此时就可以利用 BSC 信道模型来计算信道的差错率，因此有必要掌握 BSC 的差错率计算方法。

假设在 BSC 中传输的码组长度为 n，则出现 m 个误码的概率为

$$P(n,m) = C_n^m P_e^{\,m}(1-P_e)^{n-m}$$
$$= \frac{n!}{m!(n-m)!}P_e^{\,m}(1-P_e)^{n-m} \tag{3-34}$$

因为在 BSC 中，随机错误的概率特别低，也就是通常情况下 $P_e \ll 1$，因此式(3-34)可以用下面的公式进行近似：

$$P(n,m) \approx \frac{n!}{m!(n-m)!}P_e^{\,m} \tag{3-35}$$

码组全部正确接收的概率为

$$P(n,0) \approx (1-P_e)^n \tag{3-36}$$

码组中存在错误接收的概率为

$$P(n,\geq 1) = \sum_{i=1}^{n} C_n^i P_e^{\,i}(1-P_e)^{n-i} \tag{3-37}$$

当 P_e 很小时，有

$$P(n,\geq 1) \approx nP_e \tag{3-38}$$

码组中出现 $\geq m$ 个差错的概率为

$$P(n,\geq m) = \sum_{i=m}^{n} C_n^i P_e^{\,i}(1-P_e)^{n-i} \tag{3-39}$$

2) GBSC 模型

在 GBSC 模型中，除信道误码率 P_e 以外，还引入了另一个参数，称为错误密度指数，用 α 表示。设传输码组的长度为 n，出现的差错数量为 m。当 m/n 较小时，其差错概率公式分别为

$$P(n,m) \approx n^{1-\alpha}P_e \prod_{i=2}^{n} \frac{\left(\dfrac{i-1}{n}\right)^{1-\alpha} - \dfrac{i-1}{n}}{\left(\dfrac{i}{n}\right)^{1-\alpha} - \dfrac{i-1}{n}} \tag{3-40}$$

$$P(n, \geq 1) \approx n^{1-\alpha}P_e \tag{3-41}$$

式(3-40)和式(3-41)中 $\alpha \in (0,1]$，对于短波信道，通常情况下 $\alpha \in [0.4, 0.5]$。大量实测数据表明：

(1) 当 m/n 不太大时，对于短波信道 α 取 0.453 是比较合适的，$P(31, \geq m)$ 的理论计算值与实际测量值非常接近。

(2) 当 $m/n < 0.3$ 时，式(3-40)还可以进一步简化为

$$P(n, \geq m) \approx \left(\frac{n}{m}\right)^{1-\alpha} P_e \tag{3-42}$$

3.5.2　差错控制方式

差错控制的目的是保证数据信号经信道传输到达接收端后，接收机能从所接收到的可能有误码的数据信号中恢复出正确的数据信号。也就是说，发送端发出的数据信号经过信道传输，由于信道有干扰及噪声的存在(尤其对于短波信道来说)，接收机接收到的是有误码的数据信号，这就要求通信系统能够采取一定的措施使接收机能在一定的范围内将误码改正过来，从而恢复出正确的数据信号。

常用的差错控制方式基本可以分成两类：一类称为自动检错重发(Automatic Repeat Request，ARQ)，即根据线路收端要求而自动重发的检错；另一类称为前向纠错(Forward Error Correction，FEC)。在这两类的基础上又派生出混合纠错(Hybrid Error Correction，HEC)的工作方式，但是在短波通信中，HEC 的工作方式应用不多。因此，这里仅对 ARQ 和 FEC 这两种差错控制方式进行介绍，并结合短波通信的场合对这两种工作方式进行对比分析。

1. ARQ

在这种差错控制方式中，由发送端发出能够检测出错误的码，接收端根据该码的编码规则判决所接收到的信号有无错码产生，并通过反馈信道将判决结果用判决信号反馈至发送端。发送端再根据接收到的判决信号，传送接收端认为有错误的信号，直到接收端确认已正确接收为止。

在短波通信中，目前所使用的 ARQ 系统主要有两种重发方法，分别称为发送等待 ARQ 和连续码组传输 ARQ。前者一般用于单工短波通信线路，后者用于双工短波通信线路，下面依次对发送等待 ARQ、连续码组传输 ARQ 的原理和性能进行重点分析。

1) 发送等待 ARQ

发送等待 ARQ 不考虑差错编/译码过程，它的工作原理是：发送方每发完一帧数据后主动停下来等待接收方的响应帧。接收方收到数据帧后立即进行译码检错及其他处理，若确认该帧正确无误，即发送"确认响应帧(ACK 帧)"，否则发送"否认响应帧(NAK 帧)"。发送方收到"ACK 帧"后，开始发送下一个数据帧，若收到"NAK 帧"，则从存储器中取出原帧的副本再发送一次，然后又开始等待响应信号，如此反复进行。

发送等待 ARQ 纠错技术工作原理很简单，但在实际使用中还要考虑丢帧之后的系统恢复和重帧与帧序号周期的问题。对于丢帧可以利用定时器进行时间限制：每发完一帧后即启动定时器，若在规定的时限内收到响应帧，将定时器复位；若定时器超过时限仍未收到响应帧，则认为已发数据帧丢失，主动重发一次副本。至于重帧和帧序号周期的问题可以利用对数据帧进行编号来解决。

发送等待 ARQ 差错控制的链路传输效率可由以下过程来估算。假设数据传输时间为 t_f，链路延时为 t_p，接收处理时间为 t_s，则链路传输效率 η 为

$$\eta = \frac{t_f}{t_f + 2t_p + t_s} \tag{3-43}$$

若忽略 t_s，则式(3-43)改写为

$$\eta = \frac{t_f}{t_f + 2t_p} \tag{3-44}$$

每发送一帧或重发一帧，都必须在链路上经历一个帧传送周期。现在假设任意一个数据帧平均需发送 N_r 次(其中首发 1 次，重发次数为 $N_r - 1$ 次)才能成功，则该帧一共需经历 N_r 个传送周期。则此时的链路传输效率为

$$\eta = \frac{t_f}{N_r(t_f + 2t_p + t_s)} \tag{3-45}$$

假设链路对数据的误帧率为 P，由于响应信号帧比数据帧短得多，以致可以认为响应信号帧不出错。那么一个数据帧发送 i 次成功的概率为 $P^{i-1}(1-P)$，从而有

$$N_r = \sum_{i=1}^{\infty} iP^{i-1}(1-P) = \frac{1}{1-P} \tag{3-46}$$

因此，链路传输效率 η 为

$$\eta = \frac{(1-P)t_f}{t_f + 2t_p + t_s} \tag{3-47}$$

例题 3.2　短波通信信道的传输速率为 600bit/s，每包数据大小为 72B，发送前等待 2s，发送后等待 2s，反馈包为 20B，试求该短波通信系统的链路传输效率，如果短波信道误码率分别为 10^{-3}、10^{-4}、10^{-5}，求在这 3 种信道误码率情况下的误帧率和相应的链路传输效率。

解： 对于发送等待 ARQ 的链路传输效率可根据式(3-43)求得。此时，链路传输时延为几毫秒，可以忽略不计；而发送前后的等待时间较长，均为 2s。因此它和反馈包传送时间不应忽略，则链路传输效率为

$$\eta = \frac{t_{f1}+t_{f2}}{t_{f1}+t_{f2}+2t_{w1}}$$

其中，$t_{f1}=\frac{72\times8}{600}=0.96\,\text{s}$，表示的是每一帧数据的传输时间；$t_{f2}=\frac{20\times8}{600}=0.27\,\text{s}$，表示的是反馈信号的传输时间；$t_{w1}=t_{w2}=2\,\text{s}$，分别表示发送前等待时间和发送后等待时间。因此链路的传输效率为

$$\eta = \frac{t_{f1}+t_{f2}}{t_{f1}+t_{f2}+2t_{w1}} \approx 23.52\%$$

短波信道误码率为 10^{-3} 时，系统误帧率为

$$P_1 = 1-(1-10^{-3})^{72\times8} \approx 43.802\%$$

相应的链路传输效率为

$$\eta_1 = (1-P_1)\times\eta \approx 13.22\%$$

短波信道误码率为 10^{-4} 时，系统误帧率为

$$P_2 = 1-(1-10^{-4})^{72\times8} \approx 5.596\%$$

相应的链路传输效率为

$$\eta_2 = (1-P_2)\times\eta \approx 22.2\%$$

短波信道误码率为 10^{-5} 时，系统误帧率为

$$P_3 = 1-(1-10^{-5})^{72\times8} \approx 0.574\%$$

相应的链路传输效率为

$$\eta_3 = (1-P_3)\times\eta \approx 23.38\%$$

2) 连续码组传输 ARQ

连续码组传输 ARQ 的检错过程是在滑窗流控的基础上进行的，二者有机结合在一起共同完成链路数据连续传输过程。连续码组传输 ARQ 可以进一步分为返回 N 组 ARQ 和选择重发 ARQ。

返回 N 组 ARQ 的基本工作原理是：发送方按照它的窗口大小尽可能地发送数据帧，接收方也按它的窗口大小接收数据，并逐个地回送响应帧。一旦发现某一帧出错，即回送一个 NAK 响应帧，并从该帧开始连续删除后续的 N 帧数据，然后又继续接收。在发送方连续发送的过程中，不断地判断响应信息，一旦发现 NAK，在发完现行帧后立即将发送窗口下限(NS 值)倒回 N 个序号，从存储器中取出副本重发前面 N 个数据帧，然后接发新的数据帧。双方只要坚持发送方始终保存 NS 前面的 N 个数据帧，出错时返回 N 帧重发，接收方发现错误后删除 N 帧，然后衔接新到数据帧的原则，就一定能保证接收数据的正确性和有序性。此时，N 的值应是出错的那一帧再加上由于链路往返一次延迟所造成的漏发帧数。

返回 N 组 ARQ 技术明显的缺点就是比较严重地降低了传输效率，尤其在长延迟链路上应用时更为明显。它不管偶然发生单个错误还是多个错误，均同等地返回 N 帧重发，选

择重发 ARQ 是在它的基础上的改进，要求接收方的响应帧中携带出错数据帧的序号，发送方据此序号从存储器中选出它的副本，插入发送帧队列前面给予重发。由于这种有选择的重发，避免了对后续正确数据帧的多余重发，所以它的传输效率明显地提高了。

选择重发 ARQ 的重发机理与发送等待 ARQ 是一样的，每重发一次，只是多发送一帧，每个数据帧的平均重发次数 N_r 仍由式(3-46)决定。而链路的传输效率是按滑窗式流控来计算的，则应有

$$\eta = \frac{W_m(1-P)t_f}{t_f + 2t_p + t_s} \tag{3-48}$$

从式(3-48)中可以看出，当滑动窗口值 W_m 满足 $W_m \geq \left| \dfrac{t_f + 2t_p + t_s}{(1-P)t_f} \right|$ 时，可以使链路的传输效率达到100%。

例题 3.3　针对例题 3.2，如果采用选择重发 ARQ 的差错控制方式，滑动窗口值为 $W_m = 31$，试求不考虑信道误码率时系统全双工和半双工工作方式下的链路传输效率，如果短波信道误码率分别为 10^{-3}、10^{-4}、10^{-5}，求在这 3 种信道误码率情况下的误帧率和相应的链路传输效率。

解：每一帧数据的传输时间 $t_{f1} = \dfrac{72 \times 8}{600} = 0.96 \mathrm{s}$；反馈信号的传输时间 $t_{f2} = \dfrac{20 \times 8}{600} = 0.27 \mathrm{s}$；发送前后等待时间 $t_{w1} = t_{w2} = 2 \mathrm{s}$。

(1) 半双工时。

不考虑信道误码率时的链路传输效率为

$$\eta = \frac{W_m t_{f1} + t_{f2}}{W_m t_{f1} + t_{f2} + 2t_{w1}} \approx 88.24\%$$

信道误码率为 10^{-3}、10^{-4}、10^{-5} 时的误帧率分别为

$$P_1 = 1 - (1 - 10^{-3})^{72 \times 8} \approx 43.802\%$$

$$P_2 = 1 - (1 - 10^{-4})^{72 \times 8} \approx 5.596\%$$

$$P_3 = 1 - (1 - 10^{-5})^{72 \times 8} \approx 0.574\%$$

相应的链路传输效率为

$$\eta_1 = (1 - P_1) \times \eta \approx 49.59\%$$

$$\eta_2 = (1 - P_2) \times \eta \approx 83.3\%$$

$$\eta_3 = (1 - P_3) \times \eta \approx 87.73\%$$

(2) 全双工时。

因为当 $W_m \geq \left| \dfrac{t_f + 2t_p + t_s}{(1-P)t_f} \right|$ 时链路传输效率为100%，可以求出不考虑信道误码率时，当

$W_m \geq \dfrac{t_{f1} + 2t_{w1}}{t_{f1}} = \dfrac{0.96 + 2 \times 2}{0.96} = 5.17$ 时，系统的链路传输效率可达 100%。在本题中 $W_m = 31$，所以系统链路的传输效率为 100%，不考虑信道误码率时的链路传输效率 $\eta = 100\%$，而当信道误码率为 10^{-3}、10^{-4}、10^{-5} 时，相应的链路传输效率也均为 100%，即

$$\eta_1 = (1 - P_1) \times \eta = 100\%$$

$$\eta_2 = (1 - P_2) \times \eta = 100\%$$

$$\eta_3 = (1 - P_3) \times \eta = 100\%$$

这样可以反推出信道误码率为 10^{-3}、10^{-4}、10^{-5} 时的误帧率分别为

$$P_1 = 0，\quad P_2 = 0，\quad P_3 = 0$$

对比分析例题 3.2 和例题 3.3 可以得到发送等待 ARQ 和选择重发 ARQ 在不同信道误码率下的链路传输效率，具体如表 3-2 所示。

表 3-2　发送等待 ARQ 和选择重发 ARQ 的链路传输效率

信道误码率	差错控制方式		
	发送等待 ARQ	选择重发 ARQ(半双工)	选择重发 ARQ(全双工)
0	23.52%	88.24%	100%
10^{-5}	23.28%	87.73%	100%
10^{-4}	22.2%	83.3%	100%
10^{-3}	13.22%	49.59%	100%

从表 3-2 中可以看出，发送等待 ARQ 的链路利用率很低，与选择重发 ARQ 相差很多，选择重发 ARQ 可以通过对滑动窗口值的选择达到数据无差错传输的目的。在例题 3.3 中，短波通信系统的滑动窗口值为 31，在不考虑误码率，且系统工作在全双工时，选择重发 ARQ 的链路利用率为 100%，而发送等待 ARQ 的链路利用率仅为 23.52%，即其链路利用率最高只能达到 23.52%；在信道误码率为 10^{-3} 时，和误码率为 0 相比，链路利用率相差不大。

发送等待 ARQ 的实现比较简单，操作可靠，但链路利用率太低；选择重发 ARQ 的效率大大提高，在系统处于全双工通信方式时甚至可以通过选择窗口值使其达到 100% 且可实现数据的无差错传输，即使在半双工方式下，其效率也远高于发送等待 ARQ。不过需要注意的是，当系统工作在半双工方式下时，提高窗口值只能使链路利用率接近而不可能达到 100%，但是采用半双工方式，系统的设备更为简单经济。

2. FEC

在前向纠错方式中，发送端发出能够纠错的码，接收端收到这些码后，通过译码器不仅能够自动发现错误，而且能够自动纠正传输中产生的错误(在一定错误范围内)。这种方式的优点是不需要反馈信道，也没有因反复重发而产生时延，故实时性好；其缺点是译码设备较为复杂，所选用的纠错码必须与信道的干扰情况紧密对应。如果需要纠正比较多的错误，则要求添加的冗余码比较多，会降低通信的传输效率。但是这种差错控制方式可进

行一个用户对多个用户的通信，能够实现通播的功能，因此特别适用于军用通信和辐射状的通信网。并且随着科技的进步，译码设备可以做得越来越简单，因为该差错控制方式在实际通信系统中的应用越来越广泛。

但是在短波通信中，如果直接采用 FEC 来降低系统差错率，通常得不到较好的效果。下面通过一个例题对该观点进行分析。

例题 3.4　某短波通信系统采用 FEC 方式进行差错控制，使用的检纠错码为 BCH(15,5,3)码，计算在 GBSC 信道模型下，系统的输出错组率(输出时一个码组中有错误的概率)，并与不进行 FEC 直接传输的系统输出错组率进行对比。

解：已知 BCH(15,5,3)码的码长 $n=15$，信息位长度 $k=5$，纠错能力 $t=3$，所以该 FEC 系统能够发现并纠正接收到码组中的任意 3 个以下(含 3 个)的错误。

如果是 GBSC 信道模型，因为 3/15＜0.3，所以根据式(3-42)，系统的输出错组率为

$$P(n, \geqslant m) \approx \left(\frac{n}{m}\right)^{1-\alpha} P_e$$

式中，$n=15$，$m=4$；P_e 为信道误码率。因为是短波信道，且 3/15＜0.3，所以取 $\alpha=0.453$，则系统输出错组率为

$$P(15, \geqslant 4) \approx \left(\frac{15}{4}\right)^{1-0.453} P_e \approx 2.06 P_e$$

如果不采用 FEC，直接对信息位进行传输，所以根据式(3-41)，可得系统的输出错组率为

$$P(5, \geqslant 1) \approx 5^{1-\alpha} P_e \approx 2.4 P_e$$

显然，采用 FEC 后系统的错组率得不到明显的降低，相反，极大地降低了传输效率。产生以上现象的原因，是由于短波信道本质上以突发信道为主，而在突发信道中，相邻码元产生错误是高度相关的。当发生衰落时，大量相邻码元都要出现误码。因此，在这种信道上，在一个码组中错一个以上码元的概率和错若干个码元以上的概率相差不大。

通过前面的分析可知，在随机信道上，可以采用 BSC 信道模型来计算系统的输出错组率，此时 FEC 系统即使采用一般的检纠错码，也会带来系统输出错组率的明显降低。例如，例题 3.4 中，如果假设短波信道模型为 BSC 信道模型，则根据式(3-39)，此时系统的输出错组率为

$$P(15, \geqslant 4) = \sum_{i=4}^{15} C_{15}^i P_e^i (1-P_e)^{15-i}$$

因为在 BSC 信道中的信道误码率较小，所以

$$P(15, \geqslant 4) = \sum_{i=4}^{15} C_{15}^i P_e^i (1-P_e)^{15-i}$$

$$\approx C_{15}^4 P_e^4 = 1365 P_e^4$$

假设信道误码率 $P_e = 10^{-2}$，则进行 FEC 后，该系统的输出错组率为 $P(15, \geqslant 4) =$

1.365×10^{-5}，如果未进行 FEC，直接对信息位进行传输，则根据式(3-38)，可得此时系统的输出错组率为 $P(5,\geqslant1)\approx5P_e=5\times10^{-2}$。

显然，此时采用 FEC 进行差错控制，系统的错组率差不多降低了 3 个数量级。由此可知，在短波信道上如果想利用 FEC 系统来降低错组率，可以通过先将突发错误转换为随机错误，然后针对随机错误进行前向纠错。这样，对于突发信道就可以使用 BSC 模型来计算系统的错组率。

目前，在短波通信系统中主要通过时间扩散的方式将突发错误转换为随机错误，而其中常用的方法有两种，分别为交织技术和扩散卷积码技术，下面依次对这两种技术进行简单介绍。

1) 交织技术

交织可以在不附加任何开销的情况下，使数字通信系统获得时间分集的效果，目前在短波通信系统中被广泛使用，其通信系统原理框图如图 3-21 所示。

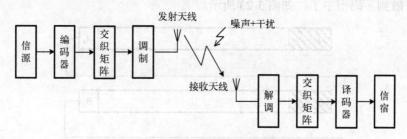

图 3-21　带交织的通信系统原理框图

由图 3-21 可知，发送端编码后的序列在调制传输前需通过一个交织矩阵，同样地，在接收端进行译码前，也需要通过一个交织矩阵，交织矩阵通常采用分组结构，发端和收端的交织矩阵是不同的，具体如图 3-22 所示。

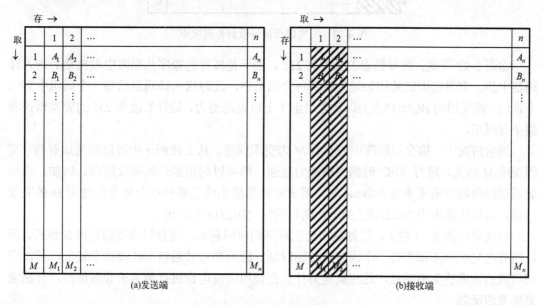

图 3-22　交织矩阵

　　具体工作原理是：发送端，编码后的二进制序列按照 $A_1, A_2, \cdots, A_n$、$B_1, B_2, \cdots, B_n$、$M_1,$ $M_2, \cdots, M_n$ 的顺序逐行输入交织矩阵，矩阵中的每一行实际为一个 n 位具有纠错能力的分组码，如果采用的是例题 3.4 中的 BCH(15,5,3) 码，则 $n=15$。整个矩阵存满之后，再按照 $A_1, B_1, \cdots, M_1$、$A_2, B_2, \cdots, M_2$、$A_n, B_n, \cdots, M_n$ 的顺序依次送入调制器，经调制后送入信道进行传输。

　　在接收端，如果信道中没有发生误码，则解调后将二进制序列按"列"的顺序存入一个与发送端相同的交织矩阵中，待交织矩阵存满之后，再按"行"的顺序取出，然后送入译码器进行译码。由于收发端的存取程序正好相反，因此送进译码器的序列和编码器输出的序列是完全相同的。

　　如果在信道传输中出现了误码，导致" $A_1, B_1, \cdots, M_1$、$A_2, B_2, \cdots, M_2$ "这一段二进制码中出现了突发错误，如图 3-22(b) 中阴影部分所示。则因为在接收端，数据是按照"按列存入、按行取出"的顺序存入和取出交织矩阵的，所以送入译码器的二进制序列中，已经将突发错误分散到各码组中了，如图 3-23 所示。

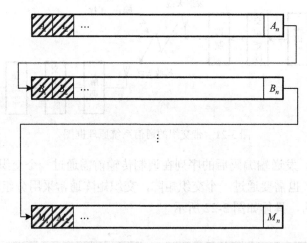

图 3-23　突发错误被分散到各码组中

　　由图 3-23 可见，突发错误的长度为 $2M$，由于是按行的顺序从矩阵中取出然后送入译码器中的，突发错误就被均匀地分散到每个码组中，此时送入译码器的每一个码组中有 2 个误码，而采用的 BCH(15,5,3) 码具有纠正 3 个错码的能力，这样长度为 $2M$ 的突发错误将被全部纠正。

　　通常情况下，称交织矩阵中的行数 M 为交织深度。从上述例子中可以清楚地看到，交织深度 M 越大，进行 FEC 时的纠错能力越强，即可以纠正越长的突发错误。例如，当短波通信的数据传输速率为 50Baud 时，要求短波通信系统能够抗单个突发长度为 3s 的突发错误，如果仍然选用 BCH(15,5,3) 码，则相应的交织深度要 ≥ 50。

　　但是交织深度 M 越大，数据进出交织矩阵的时间越长，就会导致通信的时延越长，所以所有的交织矩阵都带有一个固定的传输时延。因为在短波通信中传输速率较低，所以交织导致的延迟感觉更明显，这也就是为什么在使用短波电台进行数字语音通信时，会感觉到明显的延迟。

例题 3.5　某短波通信系统，使用 BCH(n,k,t)码配合交织深度为 M 的交织器进行差错控制，请求出该系统一次可以纠正突发错误的长度 l，当突发错误长度小于 l 时，求出该系统的输出错组率。

解：(1)显然纠正一次突发错误的长度 $l = tM$。

(2) 因为突发错误长度小于最大突发错误长度 l，则在接收端进行解交织后，每个码组中错误的数目小于 BCH 码的纠错能力 t，则此时利用 BSC 信道模型来计算系统的输出错组率可以通过式(3-39)计算得到

$$P(n, \geq t+1) = \sum_{i=t+1}^{n} C_n^i P_e^i (1-P_e)^{n-i}$$

例如，某短波通信系统采用的是 BCH(15,5,3)码，信道误码率 $P_e = 10^{-2}$，交织深度 $M = 64$，经过 300h 的实验，系统错组率可以改善 2 个数量级。

采用交织技术后，从理论上讲，只要有足够大的交织深度，FEC 系统的输出错组率可以接近 ARQ 系统，但是交织深度越深，交织带来的时延越大，相应的设备也会越复杂，在短波通信中通常是不允许的，例如，在实际的短波通信中，当语音的时延小于 40ms 时，人类可以忍受，所以所有的无线数据交织矩阵的延时都不超过 40ms。另外，在短波通信中使用声码器时，交织矩阵的字长和深度与所用的语音编码器、编码速率和最大容许时延有很大的关系。

2) 扩散卷积码

在短波通信中，除了可以采用交织技术来纠正突发错误，还经常用扩散卷积码来抗突发错误。扩散卷积码是一种既能纠正突发错误又能纠正随机错误的码型，而且设备简单，性能优越。在短波信道上进行过(2,1)扩散卷积码的实验，在信道错字率为 10^{-3} 的条件下，与未编码相比可以获得 18dB 的功率增益，接近 ARQ 系统的性能。在码长相同的情况下，较交织技术更好。

扩散卷积码的抗突发错误的性能和扩散系数 β 有关，β 表示组成一致监督关系各码元之间的间隔。若能保证码序列中突发错误前后有 $2(3\beta+1)$ 长度的无误保护区，则可纠正长度为 2β、错误密度为 100%的突发错误。由此可见，β 的大小由要求纠正的单个突发错误的长度确定。例如，在传送 50Baud 的短波数据信道上，通常要求纠正长度为 3s 的单个突发错误，相当于 150 个码元，则应取 $\beta \geq 75$。此时编码器内的信息移位寄存器应由 $3\beta+2$ 个寄存器组成。

3. ARQ 与 FEC 的比较

ARQ 方式和 FEC 方式各有优缺点，并使用在不同的场合。目前在高质量的短波通信线路上，最常用的是 ARQ 方式。在短波通信线路上使用 ARQ 方式后，可以将错组率由 10^{-3} 降低到 10^{-7}，即改善了 10000 倍。即使在比较差的信道中，也可以将错组率由 10^{-2} 降低到 10^{-5}，完全能达到短波通信业务的需求。实践证明，采用 ARQ 方式，相当于系统有 19dB 的增益，而前面介绍的空间二重分集仅能改善 17dB。

在短波通信线路上广泛采用 ARQ 方式的原因，除了它能够给用户提供极高的准确度外，和 FEC 方式相比还具有以下优点。

(1) 能够用于 ARQ 系统的检错码不需要大量的监督元,通常监督元的数量只占总数的 20%～50%。因此,在满足一定准确度的要求下,ARQ 方式的传输效率比 FEC 方式要高。

(2) 一般来说,在满足相同信息准确度的要求下,ARQ 设备的复杂性和费用均低于 FEC。

(3) ARQ 系统还能用来监督数据信道的性能。监督方法通常是在特定时间内计算要求重发的次数,当重发次数超过规定的门限时,就应采取措施改进所使用信道的性能,或者提醒用户转用另一信道。在一些较新的典型短波通信装备中,已经具备了 ARQ 重传功能,可以根据信道干扰情况实现自动切换信道。

但是,ARQ 系统也有它的缺点,例如,它不能有效地用于通播网,这是因为 ARQ 采用反馈纠错方式必须具备反馈信道,因此只适用于专向通信,所以 ARQ 在短波通信中的应用就具有一定的局限性。例如,目前使用的军民短波电台,只有在自适应模式下才能建立通播网,因为第 2 代短波自适应波形中采用的就是 FEC 的差错控制方式。

3.5.3　差错控制系统的编码增益

根据前两部分的分析,在短波通信中进行差错控制之后,会一定程度上降低系统的错组率,而在实际应用中可以将采用差错控制后差错率的改善折算为最小发射功率的节约,从而引出了"编码增益"的概念。编码增益,是指在保证通信线路传输信息速率和差错率相同的条件下,编码前后最小发射功率节约的分贝数,即

$$G_{EC} = P_{t\min} - P'_{t\min} \text{(dB)} \tag{3-49}$$

式中,G_{EC} 为编码增益;$P_{t\min}$ 为编码前通信线路所需的最小发射功率(dB);$P'_{t\min}$ 为编码后通信线路所需的最小发射功率(dB)。

由于编码前后数据仍然在同一条信道上传输,所以系统损耗 L_s 是相同的。这样式(3-49)就可以改写成接收端信号功率的分贝数,即

$$G_{EC} = P_{r\min} - P'_{r\min} \text{(dB)} \tag{3-50}$$

式中

$$P_{r\min} = P_n + \gamma_{0\min} \tag{3-51}$$

$$P'_{r\min} = P'_n + \gamma'_{0\min} \tag{3-52}$$

式(3-51)和式(3-52)中,P_n 为编码前接收端的噪声功率(dB);P'_n 为编码后接收端的噪声功率(dB);$\gamma_{0\min}$ 为编码前接收端必须保证的最小平均信噪比;$\gamma'_{0\min}$ 为编码后接收端必须保证的最小平均信噪比。

因此,将式(3-51)和式(3-52)代入式(3-50)中可得

$$G_{EC} = P_n + \gamma_{0\min} - P'_n - \gamma'_{0\min} \text{(dB)} \tag{3-53}$$

编码前后需要保持信息传输速率不变,所以编码后码元的宽度必须缩小,即编码后接收机的带宽增加,也就是说编码前后接收端的噪声功率是不同的。若该系统的有效噪声系数为 F_a,则编码前后系统满足:

$$P_n = F_a + 10\lg B - 204 \tag{3-54}$$

$$P_{n}' = F_a + 10\lg B' - 204 \qquad (3\text{-}55)$$

式中，B、B' 为编码前、后接收机的带宽。将式(3-54)和式(3-55)代入式(3-53)可得

$$G_{EC} = \gamma_{0\min} - \gamma_{0\min}' - 10\lg\frac{B'}{B}$$

$$= \gamma_{0\min} - \gamma_{0\min}' - 10\lg\frac{n}{k}(\text{dB}) \qquad (3\text{-}56)$$

式中，n 为编码后码组的长度，包括信息码元和监督码元；k 为信息码元的长度，则 $10\lg(n/k)$ 为保持编码前后信息速率不变而增加的带宽因子。

3.6　短波高速数据传输技术

由于军用和民用数据通信业务的迅速增长，数据传输在短波通信中日益重要，因此提高短波通信的传输速率成为提高短波通信有效性的必要环节。在短波通信中，由于存在明显的多径效应，接收信号的码元被展宽，引起明显的码间串扰，导致解调时错判概率的增加。因此，为了有效抑制短波通信中的时延扩展，通常采用展宽短波通信码元宽度的方法，也就是降低短波通信的传输速率。从上述讨论可以看出，采用增加码元宽度的方法来解决短波通信中的多径效应与提高短波通信的传输速率是相互矛盾的。例如，通过对短波信道的大量实测数据统计分析表明，其多径时延服从正态分布，大于 1.5ms 的概率为 99.5%，小于 5ms 的概率为 99.5%。因此可以认为短波通信的最大多径时延等于 5ms，那么为了避免码间串扰，短波通信时的信号带宽 B 应该小于或等于短波信道的相干带宽 B_c，而通常情况下 $B_c = 1/\tau_{\max}$，即相干带宽 $B_c = 200\text{Hz}$，所以此时短波通信的信号带宽 B 应该不大于 200Hz，也就是说，此时短波数据通信的最高码元速率只能达到 200Baud，这极大地限制了短波业务通信的性能。因此为了提高短波通信的传输速率，必须采用高速数据传输技术，目前具体有两种体制能够在有效解决多径效应影响的情况下提高短波数据传输的速率，即多载波并行传输技术和单载波串行传输技术。前者目前应用最多，技术上比较成熟，也较易实现；后者由于技术比较复杂，受器件和技术的限制，近些年才得以迅速发展。

3.6.1　多载波并行传输技术

短波多载波并行传输技术本质上属于被动保护的范畴，它从短波通信的发端着手，通过延长码元的宽度，在传输过程中消除多径效应的影响，然后通过多个子载波并行传输，实现数据的高速传输。

1. 基本概念

并行传输体制本质上属于多载波调制技术，即将需要传输的比特流分成多个子比特流，再调制到不同的子载波上进行传输，也就是将一路高速串行数据改变成多路低速并行数据同时发送、传输，然后接收端重新恢复成一路高速串行数据，其原理如图 3-24 所示。

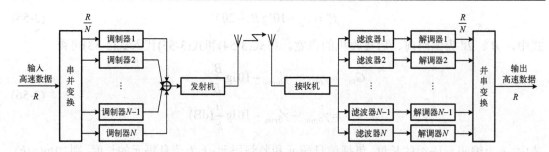

图 3-24　多载波并行传输系统

由图 3-24 可知，进行多载波并行传输时，首先将输入的高速数据流通过串并变换分成 N 路低速数据流，每一个分路本身也可以看成一个独立的通信系统。按照频分制的方式，每一路子载波频率保持不同，且保留一定间隔。至于每一个分路的调制方式、信号频谱结构、实现手段以及各个分路子载波频率的配置，对于不同的并行传输系统可以有不同的选择。

1) 子载波频率分配

为了实现较高的传输速率和频谱利用率，应该采用正交分路的方式，使各子载波在时域上保持正交，这是与传统多载波调制不同的地方。

假设如图 3-24 所示的并行传输系统，每一路子载波为

$$x_k(t) = s_k \mathrm{e}^{\mathrm{j}(2\pi f_k t + \varphi_k)}, \quad k = 0,1,2,\cdots,N-1 \tag{3-57}$$

式中，s_k 为调制映射后的符号，为复数；f_k 为第 k 路子载波的载频；φ_k 为第 k 路子载波的初始相位，则 N 路子载波之和为

$$e(t) = \sum_{k=0}^{N-1} x_k(t) = \sum_{k=0}^{N-1} s_k \mathrm{e}^{\mathrm{j}(2\pi f_k t + \varphi_k)} \tag{3-58}$$

因为各路子载波要保持正交，所以应满足：

$$\int_0^{T_s} s_k \mathrm{e}^{\mathrm{j}(2\pi f_k t + \varphi_k)} [s_i \mathrm{e}^{\mathrm{j}(2\pi f_i t + \varphi_i)}]^* \mathrm{d}t = 0 \tag{3-59}$$

显然，因为对于任意子载波要满足式(3-59)，所以可得

$$\int_0^{T_s} \mathrm{e}^{\mathrm{j}(2\pi f_k t + \varphi_k)} [\mathrm{e}^{\mathrm{j}(2\pi f_i t + \varphi_i)}]^* \mathrm{d}t = 0 \tag{3-60}$$

可以进一步得到

$$\mathrm{e}^{\mathrm{j}2\pi(f_k - f_i)T_s} = 1 \tag{3-61}$$

式中，T_s 为码元周期，显然可得

$$2\pi(f_k - f_i)T_s = 2m\pi, \quad m = 1,2,3,\cdots \tag{3-62}$$

也就是说，任意子载波的载频间应满足：

$$f_k - f_i = m/T_s, \quad m = 1,2,3,\cdots \tag{3-63}$$

由式(3-63)可知，相邻子载波间的最小频率间隔为 $1/T_s$，即各路子载波的频谱满足图 3-25 所示的要求。

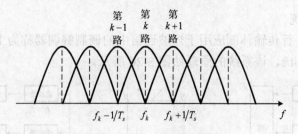

图 3-25　正交分路的频谱安排

显然，这样的频谱安排可以提高短波通信时的频带利用率，即可以在有限带宽的前提下进一步提高信息传输速率，这对于短波通信来说是难能可贵的。

2) 频带利用率

假设某一多载波并行传输系统有 N 路子载波，子载波码元周期为 T_s，每路子载波均采用 M 进制的调制方式，则该多载波信号占用的频带宽度为

$$B = \frac{(N-1)+2}{T_s} = \frac{N+1}{T_s} \text{ (Hz)} \tag{3-64}$$

每一路子载波的信息传输速率为

$$R_{b1} = \frac{1}{T_s} \log_2 M \tag{3-65}$$

多载波信号的信息传输速率为

$$R_b = N R_{b1} = \frac{N}{T_s} \log_2 M \tag{3-66}$$

因此该多载波并行传输系统的频带利用率为

$$\eta = R_b / B = \frac{N}{N+1} \log_2 M \tag{3-67}$$

当 N 很大时，系统的频带利用率为

$$\eta = \frac{N}{N+1} \log_2 M \approx \log_2 M \tag{3-68}$$

例题 3.6　如果不采用多载波并行传输体制，依然采用单载波进行传输，调制阶数依然为 M 进制，要达到与多载波并行传输相同的速率，信号的带宽为多少？此时的频带利用率为多少？

解：(1)为了得到与多载波并行传输相同的速率，则在调制阶数不变的情况下，信号的码元周期应缩短为 T_s / N，而此时信号的带宽为 $2N / T_s$。

(2) 此时的频带利用率为

$$\eta_1 = \frac{N / T_s}{2N / T_s} \log_2 M = \frac{1}{2} \log_2 M$$

由此可见，当子载波数足够多时，多载波并行传输体制与串行的单载波体制相比，频带利用率大约可以提高一倍。

3) 典型应用系统

最早将多载波并行传输体制应用于短波通信中的调制解调器称为 Kineplex，该系统的最高速率可达 3000bit/s，该系统的原理如图 3-26 所示。

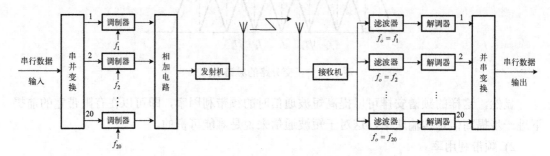

图 3-26　　Kineplex 并行传输系统原理示意图

如图 3-26 所示，Kineplex 并行传输系统将短波话音信道划分成 20 个并行的子信道，高速传输数据经串并变换后，分成 20 路低速传输数据；然后分别对 20 路低速数据进行 4TDPSK 调制，调制用的高频载波频率依次为 $f_1, f_2, \cdots, f_{20}$，载频间的间隔均为 100Hz；最后，经单边带发射机完成上变频和功率放大后，由天线辐射出去。

由此可见，在短波信道上传输的不再是高速数据，而是分裂成 20 路且速率较低的数据，每一路数据的码元速率为 75Baud，所以总的信息传输速率为 $20 \times 2 \times 75 = 3000\text{bit}/\text{s}$。在接收端，单边带接收机接收到的是多路数据信号，经分路滤波器滤波后，得到 20 路 4TDPSK 信号，然后分别进行解调，得到 20 路低速数据信号，再经并串变换后，恢复出 3kHz 高速数据信号。

Kineplex 系统采用 4TDPSK 技术，信息寄存在前后码元的相位差中，也就是在两个不同时隙的相位差中。这种调制技术在短波信道传输中，相位的起伏变化会破坏前后码元的相位关系，从而引起误码，所以 4TDPSK 技术对相位的起伏变化非常敏感。

因此，为了弥补这一缺点，在有的多载波并行传输系统中也采用频率差分相移键控 (Frequency Differential Phase Shift Keying，FDPSK)技术，此时需传递的信息寄存在两个相邻窄带信道的相位差中。因为相邻的两个窄带信道的中心频率距离非常近，通常在 100Hz 以内，所以传输过程中在同一个时隙内将遭受相同的相位失真，因此基本上能够有效消除传输过程中相位起伏带来的影响。

但是 FDPSK 技术所要付出的代价是要用两个窄带信道传输 1 路 FDPSK 信号，即如果要达到 TDPSK 技术相同的信息传输速率，在调制阶数不变的情况下需将子信道数增加 1 倍。

多载波并行传输技术虽然将多个频率的子载波同时发送，会导致发射功率分散、高峰均比等缺点，但是由于技术成熟、成本较低，具有较高的性价比，直至今日仍广泛应用于短波通信中。

2. 基于快速傅里叶变换的多载波并行传输技术

由图 3-26 可以看出，多载波并行传输系统在实现高速数据传输的同时，需要有复杂的各分路滤波器和解调系统，并且相应设备的数量会随着分路数的增加而增加。为了克服这一缺点，出现了基于快速傅里叶变换(Fast Fourier Transform，FFT)的多载波并行传输技术。

假设每一路子载波信号的初始相位均为 0，且第一个子载波的载频为 0，则根据式(3-58)可知，此时多载波并行传输系统的表达式为

$$e(t) = \sum_{k=0}^{N-1} s_k \mathrm{e}^{\mathrm{j}2\pi \frac{k}{T_s}t} \tag{3-69}$$

如果对其进行时域离散采样，则采样率 f_o (采样间隔为 T_o)至少满足：

$$f_o / N = \Delta f = 1/T_s \tag{3-70}$$

即 $T_s f_o = N$ ，令 $t = nT_o = n/f_o$ ，则接收信号可以表示为

$$e(n) = \sum_{k=0}^{N-1} s_k \mathrm{e}^{\mathrm{j}2\pi \frac{k}{T_s}\frac{n}{f_o}} = \sum_{k=0}^{N-1} s_k \mathrm{e}^{\mathrm{j}2\pi nk/T_s f_o}$$
$$= \sum_{k=0}^{N-1} s_k \mathrm{e}^{\mathrm{j}2\pi nk/N} \tag{3-71}$$

由式(3-71)可知，多载波并行信号的表达式是对调制映射后的复数符号 s_k 做离散傅里叶反变换(IDFT)，则在接收端应满足：

$$\hat{s}_k = \frac{1}{N} \sum_{k=0}^{N-1} e(n) \mathrm{e}^{-\mathrm{j}2\pi nk/N} \tag{3-72}$$

也就是说，在接收端是对接收信号 $e(n)$ 进行离散傅里叶变换(DFT)，而 IDFT 和 DFT 均可以采用高效的 FFT 来实现。基于 FFT 的多载波并行传输技术原理框图如图 3-27 所示。

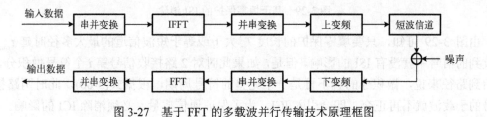

图 3-27　基于 FFT 的多载波并行传输技术原理框图

3. 基于填零保护和循环前缀的多载波并行传输技术

在多载波并行传输技术中，虽然通过扩展每一路子载波码元宽度，有效抑制了多径效应的影响，但是在信道传输中 ISI 依然存在，并且多径的存在还会导致各子载波间的正交性被打破，引入子载波间干扰(Inter Sub-carrier Interference，ICI)，因此为了保证通信质量，必须进一步消除 ISI 和 ICI 的影响。

1) 基于填零保护的多载波并行传输技术

抗多径引入 ISI 的传统方法包括两种：一种是在接收端进行均衡；另一种就是通过信号波形设计实现抗多径失真。虽然多载波并行传输技术将一个宽带的频率选择性衰落信道划分成多个窄带子信道，每个子信道上的 ISI 变得不再明显，但是并没有从根本上消除。我们就以 2 条路径的多径接收信号为例来分析一下它的 ISI，具体如图 3-28 所示。

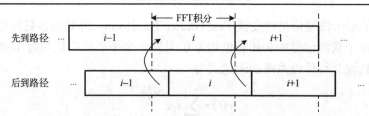

图 3-28　2 路多径接收信号 ISI 示意图

如图 3-28 所示,因为多径必然存在,所以当有 2 条到达路径时,必定存在一条先到路径、一条后到路径。因为已经对各子载波的码元周期进行了展宽,所以多径时延相比码元周期已经很小,但是依然存在。从图 3-28 中可以看出,后到路径第 $i-1$ 个符号会对先到路径第 i 个符号产生影响,即会产生 ISI。所以,只要多径效应存在,ISI 必然存在。

但是,由图 3-28 可以看出,当后到路径第 $i-1$ 个符号末尾部分为 0 时,就不会对先到路径第 i 个符号产生影响,这就是填零保护的基本思想,原理如图 3-29 所示。

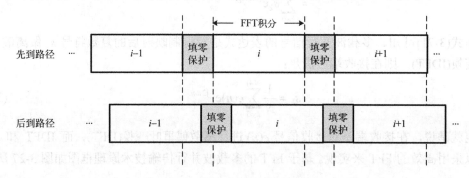

图 3-29　基于填零保护的 ISI 消除

由图 3-29 可知,只要填零保护的长度 T_g 大于或等于短波信道的最大多径时延 τ_{max},接收到的信号中就没有 ISI 的影响。但是,如果此时对 2 路接收信号第 i 个符号做积分,对于后到路径来说,做积分的就不再是一个完整的符号周期,根据式(3-60),此时两路接收信号的子载波就不再正交,即会引入 ICI。为了保证通信质量,必须消除 ICI 的影响。

2) 基于循环前缀的多载波并行传输技术

由式(3-60)和式(3-61)可知,子载波间的正交性不受子载波初始相位的影响,即只要 2 个子载波在一个符号周期内 FFT 积分窗内的符号一致,就不影响子载波之间的正交性,这就是循环前缀(Cyclic Prefix,CP)抗 ICI 的基本原理,即将子载波一个符号周期内尾部的符号复制到该符号周期的头部,即可保持 FFT 积分

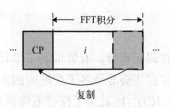

图 3-30　循环前缀的基本原理

窗内的符号一致,具体如图 3-30 所示。

下面以 16 点 FFT 为例来详细分析循环前缀是如何消除 ICI 的,如图 3-31 所示(假设循环前缀的长度为 4 符号)。

由图 3-31 可知,只要最大多径时延 τ_{max} 小于循环前缀的长度,两路子载波在 1 个符号周期内进行 FFT 积分的符号是一致的(图中阴影部分),这样前后两路信号的子载波依然保

持正交性，即此时不存在 ICI。并且无论积分窗从什么符号开始，只要积分窗内的符号保持一致，两路子载波依然保持正交，所以基于循环前缀的多载波并行传输技术对于时延也不再敏感。带循环前缀的多载波并行传输技术原理如图 3-32 所示。

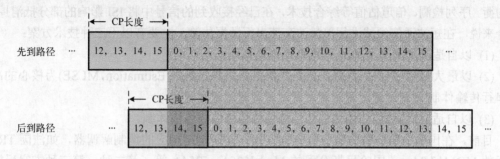

图 3-31　循环前缀消除 ICI 示意图

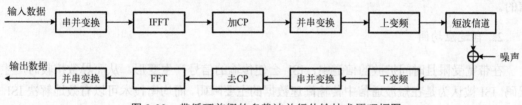

图 3-32　带循环前缀的多载波并行传输技术原理框图

但是加入循环前缀在一定程度上降低了信息传输的时间效率和功率效率，在每一个长度为 N_c 的符号周期模块前加入长度为 G 的循环前缀，数据传输的时间效率会由 N/N_c 降为 $N/(N_c+G)$；同时，用于发送循环前缀所用的功率也将浪费。

3.6.2　单载波串行传输技术

多载波并行传输技术虽然能够克服多径效应的影响，提高频带利用率，在短波通信中具有很高的适用性，但是这种技术体制也存在不少缺点。例如，发射机必须保持高的峰均比，功率的利用率低，而高峰均比对发射机非线性失真的指标要求比较高；此外，保护时间的采用虽然一定程度上起到了抗多径干扰的作用，但是损失了发射功率、降低了传输效率，于是人们从"主动抵消"ISI 的角度提出了单载波串行传输技术，该技术是通过信道估计和信道均衡来抵消 ISI 的影响，从而实现高传输速率条件下的可靠通信。从时频域的角度来看，多载波并行传输技术属于在频域对信号进行分析，而下面要介绍的单载波串行传输技术主要是在时域对信号进行处理。

1. 基本概念

单载波串行传输技术是指在一个话路带宽内，串行发送高速数据信号，通常情况下要求在 3kHz 带宽内实现最高速率不低于 2400bit/s 的数据传输。与多载波并行传输技术相比，单载波串行传输是利用一个载波发送高速数据信号，因此提高了发射机的功率利用率，弥补了并行传输技术功率分散的缺点。

　　根据前面的叙述，在短波通信中如果采用单载波传输高速数据信号，由于码元长度比多径时延短，一个码元的信号能量在时间上将与其他几个码元的信号能量重叠地到达接收机，会带来明显的 ISI，而单载波串行传输技术能够有效抑制 ISI 的原因是采用了高效的自适应均衡、序列检测、信道估值等综合技术，在已经接收到的信号中将 ISI 影响的部分抵消掉。综合来说，在短波通信领域进行单载波高速串行数据传输，主要有以下三种技术方案：

　　(1) 以自适应均衡为主体的高速串行传输体制；

　　(2) 以最大似然序列估计(Maximum Likelihood Sequence Estimation，MLSE)为核心的高速串行传输体制；

　　(3) 以自适应均衡器与 MLSE 组合构成的高速串行传输体制。

　　目前，在国际上第一种方案已经走向实用，并研制出相应的调制解调器，如法国 TRT 公司的 MDM12/24，美国哈里斯公司的 Model5254、5254A 等。第二种、第三种方案受限于 MLSE 极高的复杂度，目前尚停留在理论研究、实验测试阶段，鲜有应用于实际短波通信的。

　　2. 自适应均衡

　　在带宽受限且时间扩散的信道中，ISI 会使传输的信号产生变形，从而导致接收时产生误码。ISI 被认为是在短波通信中传输高速数据的主要障碍，而均衡技术可以有效地解决 ISI。

　　广义上来说，任何用来削弱 ISI 的信号处理方法都可以称为均衡，又由于信道衰落具有随机性和时变性，因此要求均衡器必须能够实时地跟踪无线信道的时变特性，而具有这种特性的均衡称为自适应均衡，通常涉及的均衡都具有自适应的特性。

　　也就是说，通信中的均衡是对信道特性的均衡，即接收端的均衡器产生与信道相反的特性，用来抵消信道的时变多径传播特性引起的 ISI。即均衡的本质是通过信道估计，估算当前符号的前后符号在该时刻产生的 ISI，然后将这部分 ISI 抵消掉，以此来提高通信的可靠性。

　　自适应均衡可以分为频域均衡和时域均衡。频域均衡是使总的传输函数(信道传输函数与均衡器传输函数)满足无失真传输条件，即校正幅频特性和群时延特性，在模拟通信中多采用频域均衡。时域均衡是使总的冲激响应满足无 ISI 的条件，这是通过自适应算法来实现的，在数字通信中多采用时域均衡，因此本书主要对时域均衡进行介绍。

　　自适应均衡算法目前主要有最小均方误差算法(Lowest Mean Square Error，LMSE)、递归最小二乘算法(Recursive Least Square，RLS)、快速递归最小二乘算法(Fast RLS)、平方根递归最小二乘算法(Square Root RLS)、梯度递归最小二乘算法(Gradient RLS)、最大似然比算法(Maximum Likelihood Ratio)、快速卡尔曼算法(Fast Kalman)等。在比较这些算法时，主要考虑算法的快速收敛特性、跟踪快速时变信道的特性和计算复杂度。

　　自适应均衡一般放在接收机的基带或中频部分实现，使用自适应均衡的通信系统简化框图如图 3-33 所示。为了便于理解均衡器的作用，下面采用等效基带信号的概念，将发射机基带信号输出端到接收机基带信号输入端部分用一个等效的基带信号来表示。

　　图 3-33 中，$h(t)$ 是发射机、信道、接收机的射频和中频部分的合成冲激响应，接收机的基带处理部分输入端加入了自适应均衡器。如果 $x(t)$ 是原始基带信号，则 $h(t)$ 就是等效传输信道的冲激响应。则在接收端均衡器接收到的信号可表示为

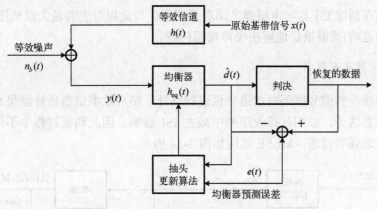

图 3-33　自适应均衡通信系统简化框图

$$y(t) = x(t) * h(t) + n_b(t) \tag{3-73}$$

式中，$n_b(t)$ 为均衡器输入端的等效基带噪声。均衡器的冲激响应为 $h_{eq}(t)$，则均衡器的输出为

$$
\begin{aligned}
\hat{d}(t) &= x(t) * h(t) * h_{eq}(t) + n_b(t) * h_{eq}(t) \\
&= x(t) * g(t) + n_b(t) * h_{eq}(t)
\end{aligned}
\tag{3-74}
$$

式中，$g(t)$ 是发射机、信道、接收机的射频和中频部分、均衡器四部分的等效冲激响应。

如果假设系统中没有噪声，即 $n_b(t) = 0$，则在理想情况下，应有 $\hat{d}(t) = x(t)$，在这种情况下没有任何 ISI。为了使 $\hat{d}(t) = x(t)$，$g(t)$ 必须满足：

$$g(t) = h(t) * h_{eq}(t) = \delta(t) \tag{3-75}$$

则根据傅里叶变换的时频域性质，由式(3-75)可知：

$$H(f)H_{eq}(f) = 1 \tag{3-76}$$

式中，$H(f)$、$H_{eq}(f)$ 分别为 $h(t)$、$h_{eq}(t)$ 的傅里叶变换，此公式也表明均衡器实际上是传输信道的反向滤波器。如果传输信道是频率选择性的，那么均衡器将增强频率衰落大的频谱部分，而削弱频率衰落小的频谱部分，以使所收到的频谱各部分衰落趋于平坦，相位趋于线性；对于时变信道，自适应均衡可以跟踪信道的变化。

但是在实际系统中肯定会有噪声的存在，假设噪声 $n_b(t)$ 为功率谱密度为 $N_0/2$ 的加性高斯白噪声，则均衡之后的接收信号为

$$
\begin{aligned}
\hat{D}(f) &= [X(f)H(f) + N_b(f)]H_{eq}(f) \\
&= X(f)H(f)H_{eq}(f) + N'(f)
\end{aligned}
\tag{3-77}
$$

式中，$N'(f)$ 为有色高斯噪声，其功率谱密度为 $\dfrac{N_0}{|H(f)|^2}$。由此可见，虽然 ISI 被消除了，但是假如 $H(f)$ 在频带内有零点，则在零点频率处，噪声的功率将被无限放大。或者没有零点，但是在某些频率处有非常大的衰减，则经过均衡后，这些频率上的噪声也会被显著放大。

因此，在短波通信中，应在消除 ISI 的同时，最大化输出信噪比。通常情况下，均衡

器的设计必须在消除 ISI 与噪声增强之间取得平衡。与此相对应的最大似然序列估计(属于非线性均衡的范畴)就能很好地解决噪声增强问题。

3. 最大似然序列估计

MLSE 由接收的信号序列对信道特性进行估计,然后依据信道估计结果对发送的符号序列进行逐状态估计,以期从接收序列中减去 ISI 影响。因此均衡过程中不使用滤波器,即不存在噪声增强的问题,MLSE 结构如图 3-34 所示。

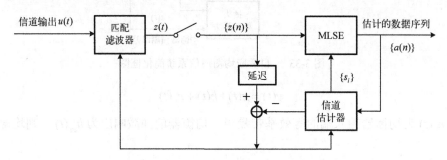

图 3-34　MLSE 均衡器结构示意图

MLSE 通过在算法中使用冲激响应模拟器去检测所有可能的数据序列,并选择与信号相似性最大的序列作为输出,因此属于最优的均衡器,但是复杂度太高,与信号处理长度、信道阶数呈指数倍增加,在实际通信中很难直接使用,一般采用 Viterbi 算法来降低复杂度,其复杂度与信号处理长度呈线性增加,与信道阶数呈指数倍增加。

4. 串行制与并行制的比较

国内外的研究成果表明,串行制调制解调器与并行制调制解调器相比,无论是误码率,还是可通率都优于并行制。有实验数据表明:当误码率为 10^{-4},接收信号功率为–60dBm 时,串行制调制解调器的可通率为 90%,而并行制调制解调器的可通率为 70%;当接收功率为–70dBm 时,串行制调制解调器的可通率为 59%,而并行制调制解调器的可通率为 28%。

因此得到结论,在同等误码率情况下,串行制比并行制的可通率高 20%～40%。在允许误码率较高的情况下,两种体制的可通率相差不大。但实际数据通信都要求有很小的误码率($\leqslant 10^{-4}$),所以串行体制明显优于并行体制。若在可通率相同的情况下,比较两者的误码率,则串行体制比并行体制要低得多。

此外,串行制的优点还有:提高数据传输速率的潜力大(目前可达到 4.8Kbit/s、9.6Kbit/s);消除了发射功率的分散,信号具有较高的平均功率和峰值功率比。所以从长远来看,串行制调制解调器有望取代现在流行的并行制调制解调器。

习　　题

3.1　通过查阅资料,分析为什么短波通信的语音速率被控制在 600bit/s?

3.2　试从物理意义上解释为什么四时四频制的抗正弦干扰的能力强于二时二频制。

3.3　为什么时频调制较 FSK 有较好的抗多径能力(即抗码元干扰能力)？若二时二频制选用下列两种码型：

$$\text{“0”} —— f_1 f_2 \quad f_1 f_2$$

$$\text{“1”} —— f_2 f_1 \quad f_3 f_4$$

试问哪一种码型抗多径干扰能力强？

3.4　极化分集属于哪一类分集接收技术？相比该类其他分集技术，极化分集有什么缺点？并作简要分析。

3.5　查阅相关资料，简要分析分集接收技术在短波通信中(尤其是短波水上通信)的具体应用方式。

3.6　从定性的角度分析选择式合并、等增益合并、最大比值合并这三种信号合并方式在相同情况下的性能对比。

3.7　结合短波信道特点，分析 ARQ 和 FEC 这两种差错控制方式的优缺点。

3.8　简要概括短波高速调制技术的基本思想，根据实现原理的不同，它主要可以分成哪两类？

3.9　简要叙述在短波并行数据传输技术中填零保护的主要作用和存在的问题。

3.10　简要叙述短波并行数据传输技术中所采用循环前缀技术的基本思想和主要特点。

第 4 章 短波自适应通信技术

短波信道存在衰减、衰落、多径时延和多普勒频移等现象，传输特性不理想，特别是天波传播信道，是一种严重的时变色散信道，传输特性更差，从而使信号在短波信道传输过程中受到严重损害，严重影响信息传输的有效性和可靠性。由于短波信道特性的不理想，在传统窄带调制的短波数据传输系统中，即使传输速率只有几十 bit/s，信道误码率仍高达 $10^{-2} \sim 10^{-3}$ 的数量级。如果不采取改善信号的措施，则短波信道的信号传输质量难以满足人们对通信质量的要求。

为了能够在短波信道上有效而可靠地传输信号，人们采用了很多措施改善信道本身的时变色散特性和抗干扰性能，提高信号传输质量。在这些措施中，除了在所有无线通信中可使用的一般措施，如加大发射功率、提高天线的方向性、分集接收、纠错编码和交织等，还采用了自适应通信技术、直接序列扩频技术、跳频技术等。值得注意的是，这里介绍的各种措施不仅仅针对有意人为干扰，还有两个方面的含义：一是改善短波信道本身固有的特点，如多径效应引起的衰落和多径时延，还有多普勒频移；二是对付信道上存在的各种自然干扰和人为干扰，特别是有意的人为干扰。本章主要介绍自适应通信技术。

4.1 引　　言

自适应通信技术是指通信系统能够实时对信道特性进行估值，然后根据估值自动改变系统的结构或参数，使系统始终保持在良好工作状态的一种技术。它是解决短波通信中信道时变色散特性以及常见高电平干扰而采用的一种最常用、最重要的技术。广义上的自适应通信可以划分为频率自适应、功率自适应、速率自适应、分集自适应、自适应均衡、自适应天线等。其中，频率自适应就是根据对通信质量的不同要求，不断对通信频率的传输质量进行探测，进而实时选择出最佳频率的过程；功率自适应就是在满足信噪比和伪误码率制约条件下，始终实时、自动地选择最低发射功率的过程；速率自适应就是在允许的误码率条件下，始终实时、自动地选择尽可能高的传输速率的过程；分集自适应指接收端的信息恢复是在多重接收的基础上，利用接收到的同一信息的多个适当组合或选择，从而获取最佳信号的过程；自适应均衡是指在通信系统的接收端，按给定的准则对通过信道的信号连续进行测量，并反复自动调整其参数，以有效地还原接收信号的过程；自适应天线是一种具有自动调整自身参数以适应周围工作环境变化能力的天线。在短波天波通信中，针对天波信道的时变色散特性，短波自适应通信技术通常特指频率自适应通信技术。

4.1.1 分类

频率自适应通信技术可根据功能、技术形式、是否发射探测信号等多种方式进行分类。

1.　按功能划分

1)　通信与探测分离的独立系统

通信与探测分离的独立系统是最早投入使用的实时选频系统，也称为自适应频率管理系统，它利用独立的探测系统组成一定区域内的频率管理网络，在短波范围对频率进行快速扫描探测，得到通信质量优劣的频率排序表，根据需要，统一分配给本区域内的各个用户。这种实时选频系统其实只对区域内的用户提供实时频率预报，通信与探测是由彼此独立的系统分别完成的。例如，美国在 20 世纪 80 年代初研制出的第二代战术频率管理系统 AN/TRQ-42(V)，该系统成功地用于海湾战争，支撑短波通信网，取得了良好的效果。

2)　探测与通信为一体的频率自适应系统

探测与通信为一体的短波自适应通信系统，是近年来微处理器技术和数字信号处理技术不断发展的产物。该系统一并完成对短波信道的探测、评估和通信。它利用微处理器控制技术，使短波通信系统实现自动选择频率、自动信道存储和自动天线调谐；利用数字信号处理技术，完成对实时探测的电离层信道参数的高速处理。这种电台的主要特征是具备限定信道的实时信道估值(Real Time Channel Evaluations，RTCE)功能，能对短波信道进行初步的探测，即链路质量分析(Link Quality Analysis，LQA)、自动链路建立(Automatic Link Establishment，ALE)。因此，它能实时选择出最佳的短波信道通信，减少短波信道的时变性、多径时延和噪声干扰等对通信的影响，使短波通信频率随信道条件变化而自适应地改变，确保通信始终在质量最佳信道上进行。由于实时信道估值是作为高频通信设备的一个嵌入式组成部分，在设计阶段已经综合到系统中，因而其成本大大降低，市场应用前景广泛。典型产品有美国 Harris 公司的 RF-7100 系列、加拿大 RACE 公司的 ARCE 系统、德国 Rohde&Schwartz 的 ALIS 系统、以色列 Tadiran 公司的 MESA 系统等。美国军方于 1988 年 9 月公布了 HF 自适应通信系统的军标 MIL-STD-188-141A，中国在 20 世纪 90 年代参照美军标制定了国家军用标准 GJB 2077，并以此规范了中国通用短波自适应通信设备。

2.　按技术形式划分

(1)　采用“脉冲探测 RTCE”的高频自适应。

(2)　采用“Chirp 探测 RTCE”的高频自适应。

(3)　采用“导频探测 RTCE”的高频自适应。

(4)　采用“错误计数 RTCE”的高频自适应。

(5)　采用“8 移频键控(8FSK)RTCE”的高频自适应。

3.　按是否发射探测信号划分

(1)　主动式选频系统，这类系统均要发射探测信号来完成自适应选频。

(2)　被动式选频系统，这类系统无须发射探测信号，而是通过某种方法计算出电路的可通频段，在该可通频段内测量出安静频率作为通信频率。

4.1.2　功能作用

短波自适应通信技术的功能作用主要表现在有效地改善衰落现象、克服"静区"效应、提高短波通信抗干扰能力以及拓展短波通信业务范围等四个方面。

1. 改善衰落现象

信号经过电离层传播后幅度的起伏现象称为衰落，这是一种最常见的传播现象。衰落的主要原因有多径传播、子波干涉、吸收变化、极化旋转和电离层的运动等。衰落时，信号的强度变化可达几十倍到几百倍，衰落的周期由零点几秒到几十秒不等，严重地影响了短波通信的质量。采用自适应通信技术后，通过链路质量分析，短波通信可以避开衰落现象比较严重的信道，选择在通信质量较稳定的信道上工作。

2. 克服"静区"效应

在短波通信中，时常会遇到在距离发信机较近或较远的区域都可以收到信号，而在中间某一区域却收不到信号的现象，这个区域就称为"静区"。产生"静区"的原因，一方面是地波受地面障碍物的影响，衰减很大；另一方面是对于不同频率的电磁波，电离层对其反射的角度不一样，因而产生了天波通信和地波通信都达不到的区域。采用短波自适应通信技术，通过自动链路建立功能，系统可以在所有的信道上尝试建立通信链路，并且可以通过自动切换频率，在"静区"之外的信道上建立链路。

3. 提高短波通信抗干扰能力

短波电台进行远距离通信，主要是靠天波传播的方式来实现的，因此电离层的变化对短波通信影响很大。电离层的变化除了日变化、季节变化等规则变化之外，还存在突发 Es 层、电离层骚扰、电离层磁暴等异常变化。电离层对不同频段电磁波的反射能力不同，电离层的变化对短波天波传播的影响也不相同；同时，短波通信过程中还存在着外界的大气无线电噪声和人为干扰，这些因素对短波天波通信的通信质量都有较大影响。采用自适应通信技术，可使系统工作在传输条件良好的信道上，并且当遇到严重干扰时，通信系统可以自动切换信道，提高了短波通信的抗干扰能力。

4. 拓展短波通信业务范围

短波自适应通信系统不仅可以进行传统的报话通信，并且在外接数字调制解调器和相应的终端设备时，可以进行数字、传真和静态图像等非话业务通信。

总而言之，采用短波自适应通信技术可以充分利用频率资源，降低传输损耗，减少多径影响，避开强噪声与电台干扰，提高通信链路的可靠性。

4.1.3　发展历程

短波自适应通信技术是现代短波通信的基础，许多短波通信新技术都与频率自适应有关；因此随着短波通信的不断发展，短波自适应通信技术将会出现更大的飞跃。自 20 世纪

60 年代末美国率先开发应用短波选频探测技术到现在，短波自适应通信技术经历了以下三个不同的发展阶段。

1. **第一代短波自适应通信技术**

第一代短波自适应通信技术，以实时选频系统为标志。为了适应不断增长的短波数据通信军事应用需求，美国等西方国家于 20 世纪六七十年代开发了以"卡茨"系统为代表的短波实时选频系统，目前该系统常称为频率管理系统。为了提高使用效率，这种系统往往用以组成一定区域的频率管理网络，在短波全频段内进行快速扫描和探测，并求得给定区域内若干条通信链路的可用频率(通常按质量优劣排序成频率质量等级表)，从而起到为区域内各用户提供实时频率预报的作用。短波频率管理系统使短波通信网中各条通信链路在运用传统非自适应电台的条件下具有了实时选频的能力，提高了链路的质量和可通率，能较好地进行服务区域内短波通信网络的频率管理与分配。它改变了以往建立在长期预报、电离层垂直探测基础上的传统短波频率预报方法，实现了以短波通信线路实时在线测量为理论基础的电离层斜向探测与实时选频，从而为频率自适应技术在短波通信系统中的广泛应用奠定了理论和实践基础。

第一代短波自适应通信技术采用的是电离层探测的方法来选择最佳传输频率，是短波通信系统之外的独立的实时探测系统，也称为自适应频率管理系统。该系统对信道的探测和通信的实现，是由相互独立的设备分别完成的，通过实时地在待定通信链路上发射不同频率的探测信号，并对经过电离层反射后到达接收点的各探测信号进行测量和处理，得到反映传输质量的一些参数，从而确定传输质量好的频率，以某种形式通知用户。如果用户及时地选取这种系统所提供的最佳频率来通信，就能获得最佳通信效果。代表性的设备有美军短波战略频率管理系统(Tactic Frequency Management System，TFMS)，即"卡茨"系统，AN/TRQ-35(V)型、AN/TRQ-42(V)型短波战术频率管理系统等。

AN/TRQ-42(V)是第二代战术频率管理系统，该系统成功地用于海湾战争，支撑短波通信网，取得了良好的效果。AN/TRQ-42(V)战术频率管理系统的原理方框图如图 4-1 所示。

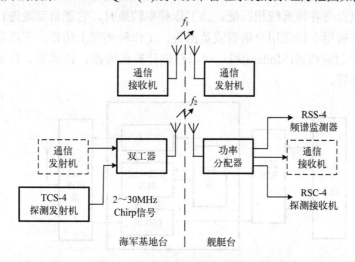

图 4-1　战术频率管理系统原理方框图

这两种系统的主要特点如下。

(1) 它们仍属于和通信设备分离的独立探测系统。

(2) 采用 Chirp 探测实现实时信道估值,探测信号采用 CW/FM(载波/调频)形式。

(3) 这种系统必须严格保证时间同步和频率同步,即收发起始时间和频率扫描斜率应一致。

(4) 在 2～30MHz 范围内进行探测,被测信道数为 9333 个。扫频一次周期为 4min40s,干扰测量时间为 11min。

(5) 可以为专向短波通信链路提供实时频率预报,也可以在区域内组成频率管理网络,为区域内的多条通信链路提供频率预报。

为了充分发挥其效益,降低经济费用,目前主要采用频率管理网络的形式。不论是 CURTS 系统,还是 Chirp 系统,都属于频率预报系统。虽然 Chirp 系统不论在体积、重量、性能、价格以及对其他电台的干扰方面都较 CURTS 系统有明显的改进,但仍然不能令人满意。在一般情况下,不宜一部通信设备配属一套探测设备,而是以频率管理网络的形式为区域内的通信链路服务。在这种工作方式下,就产生两个无法解决的矛盾:一是频率管理网络控制中心必须要通过其他通信手段把频率质量等级表传送给网内用户;二是不能适应传播介质的突然变化,尤其是突然出现的电台干扰。

2. 第二代短波自适应通信技术

第二代短波自适应通信技术,以短波自适应通信系统为标志。1979 年,美国"原子弹防御研究所"对遭受原子弹袭击后采取何种手段能迅速恢复通信联络的课题进行了研究,于 1980 年提出了关于"短波自适应自动无线电"的报告,20 世纪 80 年代初,首次开发出将实时信道探测和通信功能集为一体的短波自适应电台,从而使以实时信道探测为基础的短波频率自适应技术成为现代短波通信核心和标志性的主流技术,在短波战略/战役/战术通信系统中得到了广泛应用。

短波自适应通信系统(单台)的主要设备组成简化方框图如图 4-2 所示。图中,自动天线调谐器用于使电台与各种天线相匹配,当工作频率转换时,它能自动地进行调谐,无须人工操作。收发信机用于传送用户语音或数据等,工作种类有上边带、下边带、调幅话、等幅报,在外接调制解调器(Modem)时,可以传输计算机数据、传真等。自适应控制器是这类系统的核心装置。

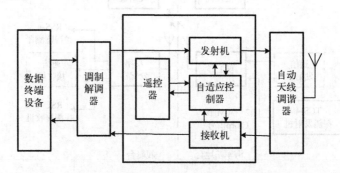

图 4-2　短波自适应通信系统的基本框图

在短波自适应通信系统中，对信道的实时探测和估值(即实时信道估值)，称为链路质量分析(LQA)。与频率管理系统相比，自适应通信系统的应用更加广泛，由于通信与实时信道估值技术结合在一起，所以它对于探测结果的响应更为直接、及时，而且在通信过程中遇有严重干扰等时能自动切换信道，能更好地跟踪短波传输介质的变化。另外，短波自适应通信系统不仅使用方便，而且设备体积小，便于机动，适合在野战条件下运用，成本也不算高。

为了使短波自适应系统互通和组网，必须采用特定的自动链路建立(ALE)协议，1988年10月，美国军方颁布了短波自适应通信的军用标准 MIL-STD-188/141A；1990年，对应的联邦标准 FED-STD-1045 协议也正式出台，该协议又简称 1045 协议，已成为事实上的国际标准。符合 1045 协议的短波自适应电台一般称为 2G-ALE 产品，代表性的设备有美国的 RF-7100、RF-3200 系列，德国的 ALIS 自适应电台等。

3. 第三代短波自适应通信技术

为了满足不断增长的对短波通信系统高可靠性、大容量以及大规模组网运用的要求，适应短波用户将互联网应用(如电子邮件)扩展到战场上的需要，美军于 1999 年提出了第三代(3G)短波通信标准(MIL-STD-188-141B 协议)，在支持第二代协议规定的语音通信和小型网络的前提下，有效地支持大规模、数据密集型快速高质量的短波通信系统，标准确立又一次掀起了世界性的短波通信研究高潮。在国内，随着微处理器/DSP 技术和理论的发展以及软件无线电技术的发展，人们也开始致力于第三代短波自适应通信技术的研究、仿真及实现。

第三代短波自适应通信系统实质上是一种无线分组交换网络，核心部分包括三层结构模型：短波子网络层和更高层、数据链路层和物理层。短波子网络层和更高层要完成路由选择、链路选择、拓扑监视、信息传输和中继管理等功能；数据链路层包括自动链路建立(ALE)协议、业务管理(TM)协议、高速数据链路(High speed Data Link，HDL)协议、低速数据链路(Low speed Data Link，LDL)协议和电路链接管理(Circuit Link Control，CLC)协议；物理层主要完成五种突发波形 BW0～BW4 的调制解调，如图 4-3 所示。

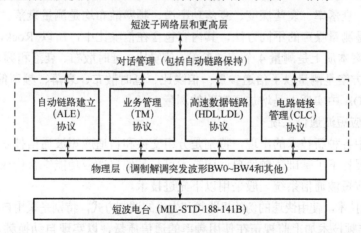

图 4-3 第三代短波通信协议体系结构

自动链路建立协议负责为通信建立一条合适的链路，包括话音和数据链路，可以是点对点，也可以是点对多点。业务管理协议用来创建一个适合数据流业务的业务链路，并在适当的时候拆除业务链路，随着建立连接中 ALE 阶段的结束，参与连接的台站进入 TM 协议业务建立(TSU)阶段，此时参与连接的台站要确定计划参与连接台站的身份、连接拓扑(点到点、多站点或广播)、连接方式(分组或电路)、在连接中用于信令的频率(业务信道)。高速数据链路协议用来在已建立的链路上从发送台站到接收台站之间提供确认的数据报的点到点的传输，它有选择地将接收错误的数据重发(ARQ)。高速数据链路协议最适宜在完好的短波信道条件下传输相对大的数据报；相反，低速数据链路协议适合在很恶劣的短波信道条件为数据报的传输提供可靠的保证。电路连接管理协议在一个已经建立的电路连接上负责监控和调整通信业务。

4. 短波自适应的发展

短波自适应通信技术是现代短波通信的基础，许多短波通信新技术都与频率自适应有关。因此，随着短波通信的不断发展，短波自适应通信技术将会出现大的飞跃。

1) ALQA 技术

现有的短波自适应通信系统采用的 LQA 仅对 SINAD 和误码率进行评估，当传输速率大于 2400bit/s 时，现有的 LQA 算法的精度是不够的。为了提高精度，美国 Harris 公司和 Rockwell-Collins 公司分别提出了 ALQA 算法。

(1) ALQA 技术的特点。

信噪比和时间散布可以快速进行测量，但频率散布的测量却需要积累较长的时间，为解决测试时间的矛盾，采取优中选优的二次选频技术。首先在 LQA 过程中较快地选出信噪比大于某个门限，延时散布小于预定值的频带。然后在此频带内的预置信道上进一步使用 ALQA 技术，选出频率散布小的频率作为高速数据通信的最佳频率。

(2) ALQA 探测的信道参量。

Rockwell-Collins 公司在 ALQA 上测试 9 种不同参量，分别是信噪比、RMS 多径时延散布、频率散布、衰落率、衰落深度、衰落功率谱、频率偏移、干扰/噪声统计特性及谐波失真。实际上，衰落率、衰落深度、衰落功率谱、频率散布均是测量衰落。而干扰噪声统计和谐波失真是测量噪声的不同方法，其内容包含在信噪比中，所以 Rockwell-Collins 公司的 ALQA 方案本质上是测量 4 个信道参量：信噪比、延时散布、衰落和频率偏移。Harris 公司的 ALQA 方案是测量以下信道参量：信噪比、延时散布、衰落、频率偏移和误码率。由此可见，ALQA 中实质上是增加了衰落的测量。

2) 全自适应短波通信系统

短波通信中各种新技术的出现，特别是分组交换和自适应短波通信技术的发展，为短波数据网的发展打下了基础。频率自适应技术可与其他自适应功能综合构成全自适应通信系统，全自适应短波通信系统一般采用以下先进技术。

(1) 抗干扰技术，使用快速的伪随机跳频和先进的调制方式，特别是采用自适应跳频技术。

(2) 实时选频技术加上监视正在使用频率的通信质量，以实现自动换频。

(3) 先进的调制解调技术。

(4) 自动路由选择技术。

(5) 差错控制技术。

(6) 网络自适应(频率、抗干扰方式、码速、功率、优先级等自适应)技术。

总之，军事需求和国民经济的发展促进短波自适应系统正在向自适应技术综合化、数字化和网络化方向发展。

4.2　第二代短波自适应通信技术

第二代短波自适应通信技术通过实时信道估值(RTCE)技术选择最佳工作频率，在实时选频时，通常把干扰水平的高低作为选择频率的一个重要因素，因此通过自适应选频不仅能抗多径、抗多普勒频移，也能抗干扰。频率自适应技术是目前短波窄带通信系统抗多径和抗干扰的最有效措施，对提高短波通信的质量具有关键的意义，是现代短波通信的重要技术，很多短波通信新技术都建立在频率自适应技术的基础上。

4.2.1　工作原理

一般来讲，短波自适应通信系统的基本功能主要有链路质量分析、自动链路建立、信道自动切换、选择呼叫等。

1. 链路质量分析

链路质量分析(Link Quality Analysis，LQA)完成 RTCE 的功能，它在通信链路上完成信号质量测试的全过程。为了简化设备，降低成本，LQA 都是在通信前或通信间隙中进行的，并且把获得的数据存储在 LQA 矩阵中。通信时可根据 LQA 矩阵中各信道的排列次序，择优选取工作频率，因此严格地讲，已不是实时选频，从矩阵中取出的最优频率仍有可能无法沟通联络。考虑到设备不宜过于复杂，LQA 实验不在短波波段内所有信道上进行，而仅在有限的信道上进行。因为 LQA 实验一个循环所花费的时间太长，所以信道数不宜超过 50 个，一般为 10~20 个。

LQA 评价信号质量由误码率(Bit Error Rate，BER)、信纳德(SINAD)和多径(Multi-Path，MP)等评价参数来表征。这些参数被储存起来作为单向 ALE 判决或与其他台站交换后作为双向 ALE 判决。LQA 的评分标准是在被测信道上测量接收信号的信噪比(SINAD)和伪误码率(Pseudo Bit Error Rate，PBER)，二者加权平均。LQA 可以分为单向链路质量分析和双向链路质量分析。

1) 单向链路质量分析

单向链路质量分析(Sounding LQA)又称探测，是指发起呼叫的电台，在一组预置的信道上发送一个极简短的类似于信标的可识别的广播信号，对所选择的信道(传播路经)进行检验、测试，其他站可以利用该信号对信道的连通性、传播特性和可利用性进行评价，并为将来可能的通信或呼叫选择最佳的工作信道。这里，主呼台发射一种含有自身地址的、非常简短的、类似于信标的广播信号(即标准的 ALE 信令)。在选定的信道上，任何能收到这一探测信号的目标台都将暂停扫描，测量所收到信号的质量，对该信道的沟通能力、传播性能及可用性等进行评估，并将评估结果以分数的形式(LQA 分数取值为 0～30，数值越小越好)存储在各自的 LQA 矩阵中，为以后可能的通信或呼叫提供单向判据。

单向链路质量分析的基本过程是：使用自身地址，在已编入自身地址中的所有信道上，一次向目标台发送单向的、短的单路广播信息，目标台在相应的信道上接收信息，并对接收到的信号质量进行检测评分，再按评分的高低对各个信道按由好到坏的顺序排队，并存入相应的存储器中，如图 4-4 所示。

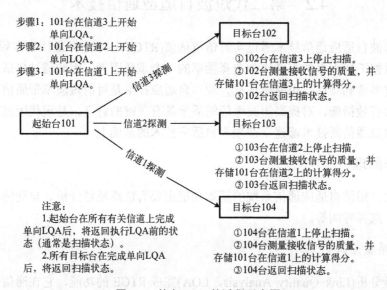

图 4-4 单向 LQA 的过程示意图

单向链路质量分析只是使目标台得知各个信道上接收质量的优劣顺序，而主叫台不能直接实时得知各信道的质量，因此意义不大，但其优点是执行速度快、时间短。

2) 双向链路质量分析

双向链路质量分析(Exchanging Link Quality Analysis，ELQA)，又称交换 LQA，是在主叫台和被叫目标台之间的所有信道上相互交换所接收的信号的质量。双向 LQA 因收发双方均要发射信号，所需时间较长，但对信道的评估更准确。

双向链路质量分析是在两个台或多个台(网络)之间，收、发信道均进行评估，并相互交换接收信号的质量信息，双方都进行信道优劣排队的链路质量分析。双向 LQA 分为单台间双向 LQA(Individual Link Quality Analysis，ILQA)和网络间双向 LQA(Net Link Quality Analysis，NLQA)，在此主要介绍单台间双向 LQA 的工作过程，如图 4-5 所示。其基本过程分为以下三步。

第一步，探测呼叫。

主叫台选取被叫目标台的地址号码，通过在某一信道上向目标台发出呼叫信号报头，随之发出一串探测信息(包括主叫台和被叫目标台识别地址的编码信号)；被叫目标台识别后，接收并测量其信号质量，进行评分，再予以存储和记录。

第二步，应答。

被叫目标台在同一信道上向主叫台发出应答信号，其中包含对来自主叫台探测信号的质量评分信息；主叫台接收并记录该信息，同时对接收的来自目标台的信号质量进行测量、评分和记录。这样主叫台就掌握了通过该信道双向传输信号的质量评分，从而得到该信道的质量总评分。

第三步，确认。

主叫台再次通过该信道向被叫目标台发出确认信号，其中包含对该信道的质量总评分信息，从而保证主叫台和被叫台对该信道的质量评分记录完全一致。

至此，对一个信道的双向链路质量分析过程结束，对其他信道的双向链路质量分析，同样按照"探测呼叫—应答—确认"这三个步骤进行。对所有的信道逐个进行双向链路质量分析，就可以得到每个信道的质量评分，然后，按照评分的高低顺序，将所有的信道由好到坏依次排队，存入存储器。

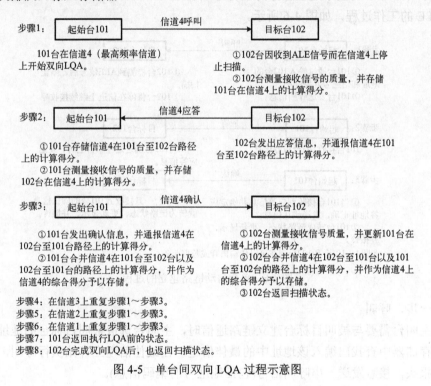

图 4-5　单台间双向 LQA 过程示意图

2. 自动链路建立

2G-ALE 通信系统能根据 LQA 矩阵全自动地建立通信链路，这种功能也称为自动链路建立(Automatic Link Establishment，ALE)。ALE 是基于自动扫描接收、选择呼叫和 LQA 综合运用的结果。这种信道估值和通信合为一体的特点，是第二代短波自适应通信技术区别于频率管理系统的重要标志。

在 LQA 的基础上，电台存储了关于与其他电台之间所有信道的质量及排序信息，从而为自动链路建立准备了必要条件。

1) 自动链路建立的概念

自动链路建立是指在链路质量分析的基础上，主叫台自动选择最佳可用信道与被叫目标台达成高质量通信的过程。最佳可用信道的选择主要取决于：一是主叫台和被叫目标台的距离；二是时间和日期；三是信道上的噪声及无线电干扰。

ALE 是指按短波自适应通信系统自动线路建立有关规程中所描述的内容自动建立台站间初始联系的方法，是第二代短波自适应电台的主要功能之一，是自适应电台最终要达到的目的。它是指通过呼叫，自动使两个或多个电台同时停留在一个公共信道上，并准备传输语音和数据业务的过程。

2) 自动链路建立的过程

电台进入自适应扫描状态后，发射机处于寂静状态，接收机则对已编入本台地址的全部信道和本台所属网络地址的信道集合进行循环扫描，以随时准备接收对本台的单台呼叫或网络呼叫。ALE 的基本过程也分为单台呼叫 ALE 和网络呼叫 ALE 两种，在此主要介绍单台 ALE 的工作过程，如图 4-6 所示。

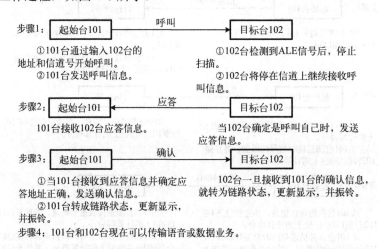

图 4-6　单台自动链路建立的过程

第一步，呼叫。

当主叫台需要与被叫目标台建立链路通信时，主叫台选取被叫目标台的地址号码，并从本台存储器中查找出编入该地址中的最佳信道，在最佳信道上开始执行呼叫，先发送一个信号报头，接着发送一串呼叫信号(包括地址号的编码信息)。

第二步，应答。

被叫目标台(包含其他台)在该信道上收到呼叫信号报头后，接收机停止扫描，接收呼叫信号，并进行判别。如果呼叫地址与本台地址不符，则继续扫描；如果呼叫地址是本台地址(或本台所属的网络地址)，则接收呼叫，并发出一个应答信号。

第三步，确认。

主叫台收到应答信号后，随即发出确认(链路建立)信号。至此，两台之间的链路建立完成，可以进行通信。

由此可见，自动链路建立也是通过"呼叫—应答—确认"三个步骤建立的，与执行双向链路质量分析的步骤基本相似。如果主叫台在最佳信道上呼叫不通，链路未能建立，则自动转入排序第二位的信道上执行呼叫，依次进行，直到链路建立；如果在所有的信道上都呼叫不通，则自动停止呼叫，回到自适应扫描状态。

例题 4.1　ALE 中一次呼叫持续时间为 592ms，假设扫描组内有 10 个信道，扫描速率为 2 信道/秒，则一次建链过程中呼叫重复次数最大为多少？

由于第二代自适应通信系统采用的是异步建链的方式，不知道任一时刻其他电台在哪个扫描信道。扫描完全部信道所花费的时间为 10/2=5s=5000ms，故一次建链呼叫重复次数最大为 $\lceil 5000/592 \rceil = 9$ 次。

3. 信道自动切换

第二代自适应通信技术能不断跟踪传输介质的变化，以保证通信链路的传输质量。通信链路一旦建立后，如何保证传输过程中链路的高质量就成了一个重要的问题。短波信道存在的随机干扰、选择性衰落、多径等都有可能使已建立的信道质量恶化，甚至达到不能工作的程度，所以高频自适应通信应具有信道自动切换的功能。也就是说，即使在通信过程中，碰到电波传播条件变坏，或遇到严重干扰，自适应系统应能做出切换信道的响应，使通信频率自动跳到 LQA 矩阵中次佳的频率上。

信道自动切换功能是指电台之间的通信链路在某一信道上建立之后，在进行通信的同时，电台仍在对该信道的通信质量实施监测。当该信道突然遭受到强烈的无线电干扰，以至于信道的通信质量下降到低于门限值时，通信双方将自动转入下一个信道工作。

4. 选择呼叫

在通信过程中，可能需要一部单台与不同方向的若干单台组网工作或建立专向通信链路。呼叫就是电台之间沟通联系的一种手段。对自适应电台而言，呼叫则可以在信道信息(如发射与接收频率及其相应的工作种类、功率等级、输入衰减、探测数据、网络地址编程等)已预先编程的一个(组)或多个(组)信道上进行。因此电台具备选择呼叫的功能，该功能可以进行呼叫方式选择和呼叫对象选择。

呼叫方式选择分为自动呼叫和人工呼叫两种。自动呼叫是由自动链路建立(ALE)功能选择最佳可用信道，执行呼叫；人工呼叫是由操作人员选择信道，执行呼叫；呼叫对象选择分为单台呼叫、网络呼叫、全呼和插入链路呼叫四种方式。

1) 单台呼叫

单台呼叫简称单呼，单呼是指主呼台对单个目标台发起的呼叫。其通信链路建立是通过自动链路建立而达成的。主呼台首先在目标的地址上发起呼叫，然后在规定的时间内等待目标台的应答；目标台收到呼叫后立即发出应答信号；主呼台在接收到应答信号后，立即向目标台发送确认信号；当目标台收到确认信号后，两台间的链路便建立了(两单台都停留在相同的信道上)。

2) 网络呼叫

网络呼叫简称网呼，是指网内成员台对本网内其他成员台发起的呼叫。其通信链路建立也是通过自动链路建立而达成的。主呼台首先在网络地址上发起网络呼叫，然后在规定的时间内等待其他各成员台的应答；在接收到应答信号，且应答时间结束后，给各成员台发送确认信号。各成员台收到网络呼叫后，按照先后顺序依次发出应答信号，并在规定的时间内等待主呼台的确认信号，当目标台收到确认信号后，网络内的通信链路便可建立。

若某成员台因各种原因未给出应答，主呼台仍然可以与其他应答的成员台建立通信链路。

3) 全呼

全呼是指一种广播式的呼叫，主呼台呼叫时不指向任何特定的地址，收到全呼的成员台也不需要对主呼台做出应答。主呼台发完呼叫后自动停留在呼叫信道上，收到全呼的成员台也自动停留在全呼信道上。

4) 插入链路呼叫

当两个台或多个台(网络)已经建立通信链路，另有电台想进入链路时，使用插入链路呼叫。其步骤是首先欲插入的电台向已在链路上的任意一个单台单呼，这时在链路上的任意一个单台不退出链路，向欲插入的电台呼叫，将其拉入链路。

5. 其他功能

第二代短波自适应通信系统还有其他功能，如迟入网、呼叫不明身份电台等功能。迟入网是指当一对单台或多个单台已建立通信链路、进行正常通信时，允许一个迟到的电台通过呼叫线路上的任一方加入网络，也可以由链路上的一方再呼叫一个单台加入；呼叫不明身份电台允许在信道扫描过程中，自动监测最新收到的不明身份电台，记录并保存其呼叫以及所占用的信道，并在必要时呼叫这些电台。

由于第二代短波自适应通信系统具备以上功能，故其能较好地跟踪短波传输介质的变化，即实现了频率自适应，从而大大提高了通信质量和可靠性。

4.2.2　关键技术

1. 实时信道估值技术

实时信道估值技术是各种第二代短波自适应通信系统的核心技术，就是实时测量一组信道参数，并利用测得的参数值定量描述该组信道的状态和传输某种通信业务能力的过程。测量信道参数是 RTCE 过程的一项主要任务，但 RTCE 的最终目的是实时描述在一组信号上传输某种通信业务的能力，从而为最佳工作频率的选择提供依据。

为了尽可能地提高对信道质量评估的准确性，一种短波自适应通信系统往往要同时测量多个信道参数。对于数字信号的传输，能直接反映数字信号传输质量的参数有信号功率(能量)、噪声功率(能量)、信噪比、多径时延(时延展宽)、多普勒频移、误码率等，其中，衡量数字通信系统传输质量的最主要的性能参数就是信道误码率(纠错之前的误码率)，因此对一个信道估算方案来讲，误码率的测量可为信道质量评估提供一个综合性的品质参数，这个参数能包含影响性能的全部因素。对误码率的测量虽然简单易行，但有其局限性，它测量的只是特定调制编码方案在信道上的性能，不具一般性。对于语音信号，能反映信号传输质量的测量参数有语音清晰度、基带频谱和失真系数。

需指出的是，在对信道展开实时估计工作时，并不需要了解电离层介质使传输信号产生畸变的物理原理和细节，只需测量能充分描述信道特性的某种合适的实时模式参数。一旦得到了这些信道模式数据，通信人员就可以针对有关的通信链路，利用这些数据来优化信号格式和信号处理算法。具体来说，实时信道估值的特点是，不考虑电离层结构和具体变化，从特定的通信模型出发，实时地处理到达接收端的不同频率的特定信号，并根据上述测量参数和不同质量的要求，选择通信使用的频率。因此，从广义上说，实时频率预测好像一种在高频信道上实时进行的同步扫描通信，只不过所传递的消息和对消息的解释是为了评价信道的质量，及时给出通信频率而已。显然，采用 RTCE 技术在高频通信中进行实时频率预报和选择，要比建立在统计学基础上的长期预测或短期预测来得准确。

概括起来说，实时信道估值技术的要点体现在三个方面：一是整个信道估计过程实际上是一个获得信道简化数学模型的过程；二是测量的信道参数是按照能得到与通信信号调制类型及信息速率相称的信道模型这一标准来选定的，且估算出来的信道通信能力，应该选用如数据通信的误码率(BER)、语音通信的信噪比(或可懂度)等系统操作人员易理解的这类术语表达；三是为了达到"实时"操作性，所测的信道参数值应每隔一定时段及时更新，并且此时段必须短于系统的有效响应时间。

能够实现 RTCE 的技术很多，不同的系统往往采用不同的 RTCE 技术，目前在高频自适应系统中使用的 RTCE 技术主要有电离层脉冲探测 RTCE 技术、电离层啁啾(Chirp)探测 RTCE 技术、单音或多音(导频)探测 RTCE 技术、8FSK 信号探测 RTCE 技术和 8PSK 信号探测 RTCE 技术等。这几种技术的性能比较如表 4-1 所示。

表 4-1 RTCE 技术的性能比较

类型	发射功率	信号带宽	抗干扰	隐蔽性	探测时间	探测参数	环境污染	复杂性
脉冲	大	大	差	差	短	S、M	大	中
啁啾	小	小	强	好	中	S、M、电离图	小	复杂
多音(导频)	小	小	强	差	长	S、M、D	中	简单
8FSK	中	中	中	差	较长	BER、SINAD	大	简单
8PSK	中	中	强	好	短	BER、M、SINAD	小	复杂

注：S 为信号能量，M 为多径展宽，D 为多普勒展宽，BER 为误码率，SINAD 为信纳比。

由表 4-1 可知，每种信道探测方法各有特点，从总体上来说，啁啾方式非常适用于军事上的需要，是频率管理系统的最佳探测体制；8FSK 简单易行，是目前广泛使用的高频自适应通信的标准探测体制；8PSK 是一种正在发展的新的高频自适应通信探测体制。

电离层啁啾探测是一种电离层探测方式，探测信号采用了调频连续波(FM/CW)，即频率扫描信号。

典型的啁啾探测信号是频率线性扫描信号，如图 4-7 所示，当然也可以采用频率对数扫描形式。Chirp 探测系统必须使收发在时间和频率扫描上精确同步。也就是说，探测发射机和探测接收机必须经过精确校时，以保证同时开始扫描。频率扫描信号的扫描范围和斜率应一致。满足上述条件后，发射机和接收机的本地扫描振荡器将同步地由低到高实施频率扫描。

1) Chirp 信号探测原理

若从发射端把 Chirp 探测信号传输到接收端，中间没有延时(即 $\tau_p = 0$)，即接收机收到的 Chirp 信号与本振扫频信号混频后，输出将是零频率的差拍信号。实际上，信号通过信道传输是有时间延迟(τ_p)的，如电波以表面波模式传播，τ_p 在扫描的频段内是固定的，若固定延迟用 τ_{p0} 表示，则在扫描一周内，收发频率就一直存在一个固定频率差 Δf_0。如图 4-8 所示，传播路径越长，τ_{p0} 越大，接收机输出的差频就越高。由此可见，只要收发都保证同步线性扫描，接收机输出的基带信号频率 Δf 就可以用来直接反映信号经信道传输后的延时 τ_p，这是 Chirp 探测信道电离图的依据。

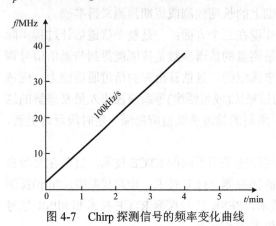

图 4-7　Chirp 探测信号的频率变化曲线　　　图 4-8　Chirp 探测中，用 Δf 来反映 τ_p 的示意图

2) 信道电离图的测量

在实际短波信道上存在许多传输模式，每种模式的延时随频率的分布不是一条水平线。若发射和接收的主振和本振信号的频率都按线性变化，则用式(4-1)和式(4-2)表示它们的频率随时间的变化，即

$$f_T = \left(f_0 + t\frac{df}{dt} \right)\Bigg|_{t=0}^{T'} \tag{4-1}$$

$$f_{LO} = \left(f_0 + t\frac{df}{dt} \right)\Bigg|_{t=0}^{T'} \tag{4-2}$$

式(4-1)和式(4-2)中，f_T 表示发射机主振信号频率；f_{LO} 表示接收机本振信号频率；f_0 表示扫描开始时 Chirp 信号频率；$\frac{df}{dt}$ 表示扫描速率，量纲为 kHz/s；T' 表示扫描一周所需的时间。

当有 n 个传输模式 (Mode1,Mode2,$\cdots$,Mode$n$) 出现时，由于不同模式有不同的传输时延 ($\tau_1,\tau_2,\cdots,\tau_n$)，所以接收端收到的 Chirp 信号 $f_R(t)$ 将具有 n 个频率分量(每一分量表示一种模式)。

$$\text{Mode1:} \left(f_0 + (t-\tau_1)t\frac{df}{dt} \right)\Bigg|_{t=\tau_1}^{T'+\tau_1}$$

$$\text{Mode2:} \left(f_0 + (t-\tau_2)t\frac{df}{dt} \right)\Bigg|_{t=\tau_2}^{T'+\tau_2} \tag{4-3}$$

$$\vdots$$

$$\text{Mode}n: \left(f_0 + (t-\tau_n)t\frac{df}{dt} \right)\Bigg|_{t=\tau_n}^{T'+\tau_n}$$

$f_R(t)$ 和接收机本振信号 $f_{LO}(t)$ 混频后，输出的差拍信号 $f_{LO}(t) - f_R(t)$ 将不再是单频信号，而是多频信号，其频率分量分别如下。

$$
\begin{aligned}
&\text{Mode1：} \quad \tau_1 \frac{\mathrm{d}f}{\mathrm{d}t} \\
&\text{Mode2：} \quad \tau_2 \frac{\mathrm{d}f}{\mathrm{d}t} \\
&\quad\quad\vdots \\
&\text{Mode}n：\quad \tau_n \frac{\mathrm{d}f}{\mathrm{d}t}
\end{aligned}
\tag{4-4}
$$

由此可见，各传输模式的传播延时被直接转换成频率偏移。由于线性扫频的频率偏移与各模式的传播延时成正比，所以通过对接收机混频后输出的差拍信号进行频谱分析，可以测量出信道的多径模式。将差拍信号的频率分量与扫描频率之间的对应关系绘制出来，就得到我们想要得到的电离图，如图 4-9 所示。从图中可以清楚地看到传播的各种模式，并在图中找出单模式传播的区域。

3) 信道衰耗频率特性的测量

在 Chirp 探测系统中，信号的衰耗频率特性是用接收信号的强度随频率变化的曲线来表示的。为了精确测量传播延时，送入频谱分析仪的接收机输出信号应具有固定的振幅电平。但实际收到的 Chirp 信号的电平是变化的，为此，在接收机内设有调整能力很强的自动增益控制

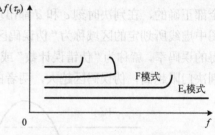

图 4-9　Chirp 探测系统形成的电离图

(Automatic Gain Control，AGC)电路，自动地调整高频增益，以供给频率分析仪固定振幅的多音信号。由于 AGC 电路提供的控制电压的大小和接收到的信号电平成正比，所以 AGC 电压随频率的变化曲线，实际上反映了接收到的信号强度随频率的变化，反映了信道的衰耗频率特性。

4) Chirp 探测系统最佳工作频段的确定

若不考虑短波波段内噪声干扰的分布，Chirp 探测系统确定最佳工作频段的原则是具有单模式传播、接近最高观测频率和具有较高的接收信号电平。

2. LQA 协议

在美国军标中规定 LQA 所测信道参数有 SINAD 和由伪误码率外推的误码率(BER)。因为信道参数为两项，就存在一个加权的问题，然后综合给被测信道打分。在军标中，信纳比为 0～30 分；伪误码率为 0～30 分。SINAD 值越高，分数越高，而 SINAD 越小，分数就越低。

1) SINAD 的测量

2G-ALE 规程规定 SINAD 的定义为

$$
\text{SINAD} = 20 \lg \frac{S + N + D}{N + D} (\text{dB})
\tag{4-5}
$$

式中，S 为信号分量；N 为噪声分量；D 为失真分量。

一般可采用数字信号处理的方法来实现 8FSK 信号的解调，因此在解调过程中很容易计算出 SINAD。其步骤是首先利用快速傅里叶变换(FFT)计算出各音频分量的频谱能量，再将有用信号频率分量的能量与无用信号的频率分量(噪声和失真分量)的能量进行比较，即可得出 SINAD 的数值。

2) 误码率的测量

由于直接按统计的方法测量短波信道的实际误码率需要花费较长的测量时间，难以满足目前探测与通信合为一体的自适应通信设备实时性的要求。因此，人们利用伪错误计数(Pseudo-Error Counting)来外推短波信道的实际误码率。

伪错误计数的基本思想是提高检测条件的标准，人为地加大错误计数值，以求缩短分析时间。

通过图 4-10 的分析，若判决门限预置在 V_0 电平，在每个码元的中央判决是"1"还是"0"，这就是错误计数的概念。按此准则(若 $V_p > V_0$，则判"1"，若 $V_p < V_0$，则判"0")，图中的四个判决时刻，全部正确。若人为地提高判决门限，例如，提高到 V_s，那么就不再是全部正确的，在判决时刻 c 和 d 都出现判决错误，从而达到了人为加大错误计数的目的，图中虚线所划定的区域称为"伪误码区"。以伪误码区作为检测门限进行错误计数以及所求得的误码率，就称为"伪错误计数"或"伪误码率"。显然，伪误码率 P_p 大于实际误码率 P_e。判决门限越高，伪误码区越大，两者的差别就越大。

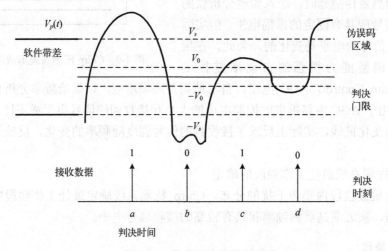

图 4-10　伪错误计数的原理图

设 $V_s = \alpha V_0$，α 称为判决门限的加权因子。P_p 和 $k = \log \alpha$ 的关系曲线近似呈线性关系，如图 4-11 所示，由此即可以导出由伪误码率 P_p 求实际误码率估值 $\hat{P}_e$ 的外推公式：

$$\log \hat{P}_e = \frac{k_2 \log P_p(k_1) - k_1 \log P_p(k_2)}{k_1 - k_2} \tag{4-6}$$

式中，$\hat{P}_e$ 为实际误码率的估值；$P_p(k_1)$ 为加权因子为 k_1 时的伪误码率；$P_p(k_2)$ 为加权因子为 k_2 时的伪误码率。

显然，加权因子取得越多，$\hat{P}_e$ 就越接近 P_e。伪错误计数方法不仅缩短了每频分析时间，而且测量误码率并不需要事前知道发送序列的样式，也就是说，这种方法不需要特殊的探测码组，只要在信道上有数据传输，就可以随时进行信道估值。

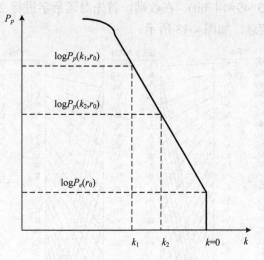

图 4-11　P_p 和 k 的关系曲线

3. ALE 协议

实现 ALE 必须满足四个条件：一是接收机应能自动扫描，即在规定的一组信道上循环扫描；二是必须是选址通信。根据规定的编号制度，编写用户地址。只有这样，才可实现选址呼叫；三是要有 ALE 协议，即握手协议，其中主要是单台握手协议和多台(网或群)握手协议；四是要以 LQA 为基础。

1) ALE 协议包含的内容

美国军标中除规定各种握手协议外，还包括：信令数字调制方式采用 8FSK；调制速率为 125Baud，码元宽度为 8ms；传输速率为 375bit/s。

ALE 信号的基本字结构由指定的最高有效位(MSB)到最低有效位(LSB)共 24bit 信息组成，字分为四个部分：一个 3bit 的报头和三个单独的 7bit 字符，各部分和整个字的最高有效位都是在最左边，并且最先发送，如图 4-12 所示。

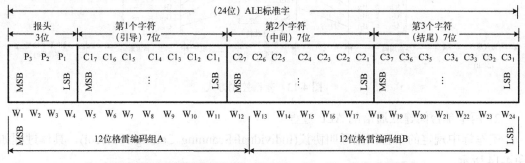

注：每字 3 个 7 位 ASCII 字符在数据区（$W_4 \sim W_{10}$、$W_{11} \sim W_{17}$、$W_{18} \sim W_{24}$）或任选 21 位
非格式化数据区（$W_4 \sim W_{24}$）中，最高有效位 W_1 首先被发送

图 4-12　ALE 信令结构

在发端，字长 24bit 的码组，分成两个码组后分别进行格雷编码(24,12,3)，然后交织形成 49bit 的发送字，发送时采用了三次重发，即每一个发送字连续发送 3 次。三次发送的 ALE 字，称为冗余字(3×49=147bit)。在收端，首先对冗余字进行 2/3 大数判决，然后去交织、译码恢复成原始信息，如图 4-13 所示。

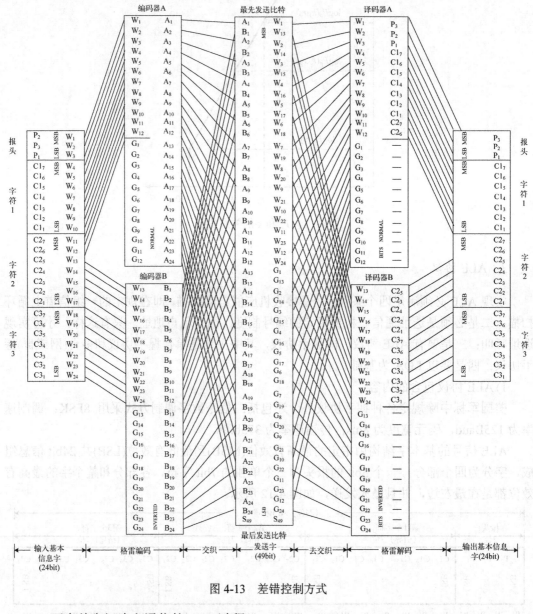

图 4-13 差错控制方式

2) 两个单台间建立通信的 ALE 过程

美军标中规定的单台扫描呼叫协议(Individual Scanning Calling Protocol)，具体过程如图 4-14 所示。

图 4-14 中 A 台为主呼叫台，B 台为被呼叫台。此例中假设有 5 个信道，B 台就在这 5 个信道上顺序进行扫描接收。扫描速率为每秒 5 个信道。即在每个信道上停留 200ms，收

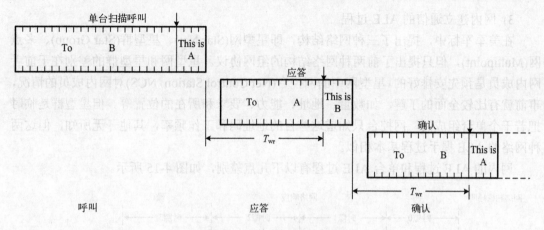

图 4-14　单台间 ALE 过程

听是否有呼叫信令。若在某个信道上 B 台检测到呼叫信令，则继续等待 Td_{wr} 时间，以便读出具体语句的内容。军标规定 $Td_{wr}=2T_{wr}=2×392ms=784ms$（$T_{wr}$ 为冗余字的周期，为 392ms）。若在 Td_{wr} 内检测不到具体内容，或者检测到的地址码并非呼叫 B 台，就应立即恢复扫描接收。所以对于被叫 B 台来讲，在扫描接收时，有两个停留时间，即最小停留时间 $Td_{min}=200ms$ 和最大停留时间 $Td_{max}=784ms$。

完整的 ALE 过程由三部分组成，即呼叫(Individual Scanning Call)、应答(Response)和确认(Acknowledgement)。

第一，呼叫。呼叫首先由 A 台向 B 台在第一个信道上发出呼叫信令，呼叫信令由两部分组成，第一部分是呼叫部分，第二部分是终结部分。为了能使正在扫描接收的 B 台收到呼叫信令，呼叫部分的周期 T_{cc} 必须足够长，至少大于或等于扫描接收的周期 T_s。已知 $T_s=$ 信道数×Td_{max}，对本例来讲，$T_{cc}≥10T_{wr}$（信道数为 5）。在呼叫部分应包括被叫的地址码和数据头，本例中在呼叫周期内连续发送"To B"的冗余字。终结部分应包括主叫的地址码和数据头，本例子中为"This is A"或"This was A"的冗余字。前者表示要求 B 台收到后作出响应，或者表示不要求 B 台响应。若 A 台终结部分为"This is A"，呼叫信令发送完毕后，在规定的等待响应时间内收不到 B 台的响应，则立即转换到第二个信道上再次发送呼叫信令。若转换到最后一个信道上仍然收不到 B 台的响应，则告警，通知操作员，握手失败。

第二，应答。被叫 B 台检测到呼叫信号后，若收到终结部分为"This is A"，则准备响应。若 B 台希望发出响应后，继续保持和 A 台握手，则需要设置"A 台应答时间"，以便响应后，在 T_{wr} 时间内，接收到 A 台的"确认"信号。并且在响应的终结部分用"This is B"。若在 T_{wr} 时间内，收不到"确认"信号，则立即转入扫描接收。若 B 台不要和 A 台保持握手，则用"This was B"，发出响应后，立即恢复扫描接收。

第三，确认。A 台在预置的等待响应时间内，收到 B 台的响应，在检测到"This is B"后，应立即发送"确认"信号，与此同时告警，操作员即可以准备发送电文。B 台收到"确认"信号后，告警，操作员准备接收电文。至此，完成了 A 台和 B 台的握手。ALE 过程宣告结束。

3) 网内建立通信的 ALE 过程

在美军军标中，提出了三种网络结构，即星型网(Star Net)、星型群(Star Group)、多点网(Multipoint)，但只提出了前两种网络结构的组网协议。星型网和星型群的差别在于前者网内成员是预先安排好的。星型网中的网控台(Net Control Station，NCS)对网内成员的情况，事前就有比较全面的了解，如数量、地址、能力、要求和所在的位置等。但星型群是临时把若干个单台组成网，网控台只知道这些台的地址码和工作频率，其他一无所知，但这两种网络的 ALE 握手过程基本相似。

网内的 ALE 过程和单台 ALE 过程有以下几点差别，如图 4-15 所示。

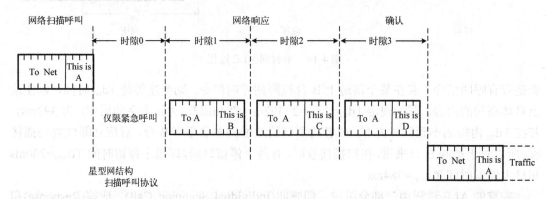

图 4-15　网内 ALE 过程

第一，单台扫描呼叫换成网络扫描呼叫。呼叫部分改为"To Net"。Net 为网地址码。网控台 A 发出 To Net 后，网内成员电台都能收到，并分别作出响应。

第二，在作出响应时，为了避免碰撞，事前已经规定好响应的顺序，它是由时隙(Slot)的划分来达到的。从图 4-15 中可以看出，网内除网控台 A 外，还有 B、C、D 三个属台，它们分别在规定的时隙 1、时隙 2、时隙 3 内对 A 台的呼叫作出响应。通常时隙 0 不常用，作为应急通信使用。军标中规定，均匀最小时隙为 $14T_{wr}(1829.66ms)$。

第三，网控台要等到收到所有属台的响应后，才发回"确认"信号。网内成员收到"确认"信号后，即进入等待接收电文状态。

4.2.3　主要缺点

第二代短波自适应通信技术主要存在以下四个方面的缺陷：

一是呼叫信道拥挤，并没有对呼叫信道和业务信道进行区分，呼叫信道与业务信道共用相同的信道，这样会导致在网内成员较多的情况下，某些成员成功建链通信后，其他成员在呼叫信道上呼叫会影响已建链成员的正常业务通信。

二是在第二代短波自适应通信系统中进行链路质量分析时，考虑到采用八阶的调制方式，可以提高信息传输速率，并且频移键控属于非平衡调制，探测信号容易被接收方接收到等因素，采用 8FSK 的探测波形。但是当 8FSK 信号的各频点间非正交时，抗干扰性能非常差，这样就会影响到实际链路质量分析的结果。

三是探测与业务波形不一致，在进行链路质量分析时，采用 8FSK 的探测波形，而在实际业务通信时，考虑到要提升业务波形的抗干扰性能，采用 8PSK 的业务波形。这样会导致链路质量分析的性能与实际业务通信性能有差异性，会对实际业务通信造成一定的影响。

四是在第二代短波自适应通信系统中，采用异步建链的方式，接收方并不知道具体的呼叫信道，一直处于自动扫描接收的状态，导致建链时间非常长。并且设置的信道数越多，建链所花费的时间越长。

4.3　第三代短波自适应通信技术

第三代短波自适应通信技术与第二代相比进行了许多改进，采用了许多新技术，主要表现为数字 8PSK 调制方式、BWx 系列突发波形、分组交换传输、呼叫信道的同步扫描、将网络内的电台划分为不同的驻留组、信道分离、驻留时间的时隙划分、发送前使用载波侦听技术避免冲突、提供与 Internet 协议的接口等。这些新技术的应用，使第三代短波自适应通信系统的性能有了很大的提高，如支持大数据量的高速传输、在低输入信噪比的情况下保证正常通信、通信效率高、速度快等。

4.3.1　技术改进

1. 链路建立的同步性

从根本上讲，第二代短波自适应通信的链路建立是异步的，呼叫台站并不知道目的台站在哪个信道上。当呼叫台站进行呼叫时，为了保证目的台站收到呼叫，只能延长呼叫时间。而第三代短波自适应通信的链路建立提供了异步和同步两种链路建立方式，同步方式下全网内的台站使用统一的网络时间，每个台站的扫描信道是确定的，相比异步方式，同步方式性能更优，时延更小，更能反映 3G-ALE 的特点。

2G-ALE 中的链路建立过程为三次握手，即呼叫方先发送呼叫，然后应答方发送握手，最后呼叫方再次发送确认。而 3G-ALE 中的同步链路建立过程中，呼叫方发出呼叫，应答方收到呼叫后发送应答，呼叫方收到应答则链路建立成功。

2. 驻留组的划分

3G-ALE 中引入驻留组的概念，这种技术将网络中的所有台站划分成多个组。同一时间，同一驻留组内的台站工作在同一信道上，而不同的组工作在不同的信道上，并且每经过一段驻留时间就更换一个扫描信道。而呼叫台站也能清楚地知道目的台站所在的信道，便于有针对性地呼叫，大大缩短了呼叫时间，减轻了网络拥挤。

3. 全新的地址结构

3G-ALE 中提出了全新的 11bit 地址结构，并采用地址分配和信道管理相结合的设计方式。11bit 地址由 5bit 的驻留组号和 6bit 的成员号组成，同一驻留组内所有台站的驻留组号相同。这样，一个网内最多有 32 个驻留组，每个驻留组最多有 64 个台站，其中 4 个成员号 111100～111111 为入网台站保留，因此一个网络最多可以容纳 32×60=1920 个台站。虽然每个驻留组可以容纳 60 个台站，但为了发挥 3G-ALE 的优势，应尽可能将台站分配到多个不同的驻留组中，以减轻呼叫信道的拥挤。

4. 信道分离技术

第三代短波通信把信道划分为呼叫信道和业务信道。呼叫信道是链路建立时使用的信道，也可以用于传播网络广播信息、网络维护信息等公共业务。业务信道是链路建立成功以后专门用于业务通信的信道。呼叫信道和业务信道的分离有利于缩短呼叫信道的占用时间，缓解呼叫信道的拥挤程度，提高同一驻留组内其他台站链路建立的成功率，从而提高整个通信网络的效率。

一般情况下，呼叫信道的旁边跟着几个业务信道，每个业务信道的频率和呼叫信道的频率很接近，这使得业务信道和呼叫信道的信道质量情况差不多。这样做是为了避免在呼叫信道上通信很好而在业务信道上通信却很差的情况发生。

5. 时隙结构的划分和发送前监听

另外一种减轻呼叫信道拥挤的方法是从时间上考虑的时隙划分技术。第三代短波通信系统把台站在每个信道上的驻留时间划分为多个时隙，不同的时隙有不同的作用。台站发送呼叫时，必须在前一个时隙进行信道监听，确认信道没有冲突时才呼叫。如果有冲突，则推迟呼叫，以便避免拥塞。

6. BWx 系列突发波形

第三代短波自适应通信在链路建立、业务管理和数据传输中使用突发波形来进行分组交换，从而提高了系统的灵活性。为了满足不同信令在白噪声、衰落和多径信道下，对载荷、持续时间、时间同步、捕获和解调性能的不同要求，141B 定义了 BW0～BW4 五种突发波形，如表 4-2 所示。

表 4-2　BWx 系列突发波形

波形	用途	周期	负载	前导语	前向纠错码	分层	数据格式	有效率
BW0	3G-ALE 协议数据单元(PDUS)	613.33ms 1472 个 PSK 符号	26bit	160.00ms 384 个 PSK 符号	Rate=1/2 k=7 卷积(无归零比特)	4×13 块	16 进制正交 Walsh 函数	1/96
BW1	数据流管理协议数据单元：HDL 确认协议数据单元	1～30667s 3136 个 PSK 符号	48bit	240.00ms 576 个 PSK 符号	Rate=1/3 k=9 卷积(无归零比特)	16×9 块	16 进制正交 Walsh 函数	1/144
BW2	HDL 数据流协议数据单元	640+(n×400)ms 1536+(n×960)个 PSK 符号 n=3, 6, 12, 24	N×1881bit	26.67ms 64 个 PSK 符号	Rate=1/4 k=8 卷积(7 个无归零比特)	无分层	32 未知/16 已知	1/1～1/4 可变

续表

波形	用途	周期	负载	前导语	前向纠错码	分层	数据格式	有效率
BW3	LDL 数据协议数据单元	373.33+(n×13.33)ms 32×n+896 个 PSK 符号 n=64，128，256，512	8×n+25 bit	266.67ms 640 个 PSK 符号	Rate=1/2 k=7 卷积(7个无归零比特)	24×24，32×34，44×48，64×65	32 未知/16 16 进制正交 Walsh 函数	1/12～1/24 可变
BW4	LDL 数据流协议数据单元	640ms 1536 个 PSK 符号	2 bit	无	无	无分层	4 进制正交 Walsh 函数	1/1920

其中，BW0 负责通信链路的建立，BW1 负责业务管理以及高速数据链路协议的拆链，BW2 负责高速数据传输，BW3 负责低速数据传输，BW4 负责低速数据链路协议的拆链。

所有的突发波形均用基本的八相相移键控(8PSK)调制，在频率为 1800Hz 的串行单音载波上进行调制，以 2400 符号/秒的速率传输。这种调制方式也用于 MIL-STD-188-110 串行单音 MODEM 中。这里所有的突发波形开始都有一个保护序列，用于发送方的发送电平控制(Transmission Level Control，TLC)和接收方的自动增益控制(AGC)。

4.3.2　关键技术

1. 同步管理技术

第二代短波自适应通信采用异步模式，第三代短波自适应通信有两种工作模式：同步模式和异步模式。同步模式中有两种情况：有外部同步源和无外部同步源。使用外部同步源是采用外部 GPS(全球定位系统)模块来实现同步。在没有外部同步源的情况下，则需要用同步管理协议来实现时钟同步。同步模式的使用使第三代短波自适应通信的建链速度比第二代短波自适应通信大大提高。

2. 频率管理技术

第三代短波自适应通信频率管理的关键技术包括短波频率的预规划、动态频率管理和通信建链过程中的实时选频。短波频率的预规划是指通过短波通信的网络拓扑结构等因素对频谱进行分配，但是由于电离层的不断变化，分配的频率并不一定总是最佳的通信频率。动态频率管理和建链过程中的实时选频就是在通信过程中选择最佳或者近似最佳的工作频率进行通信，频率自适应技术、跳频技术以及两者相结合的实时频率自适应跳频技术是行之有效的实现频率优化的技术。

1) 频率自适应技术

第三代短波自适应通信应用的频率自适应技术包括自适应频率管理和频率自适应系统两大类，它们的主要区别是能否自动完成信道建立，有各自的优缺点。

(1) 自适应频率管理。

其能在很短的时间内对短波全频段进行快速扫描及探测，不断预报各频率可用情况，供使用者参考。它速度较快，能给出实时的最佳频率或近似最佳频率，但不能自动完成信道建立。该类频率管理技术最大的缺点就是通信和检测是分别进行的，检测时的最佳频率不一定是通信时的最佳频率，并没有做到真正的"实时"选频。

(2) 频率自适应系统。

所用技术包括通信双方的 LQA、ALE 技术等。其优点是可以进行自动建链，系统局限性在于通信的效率不高，链路建立速度慢，可选的频率有限。

2) 跳频技术

短波跳频通信(Frequency Hopping，FH)是在收发双方约定的情况下不断地同步改变工作频率而进行的通信，具有很强的抗截获、抗窃听及抗干扰能力。自适应跳频技术能自适应地选择跳变的工作频率，避开干扰信道，实现数据可靠传输，其关键技术是实时信道监测、自适应选频、在线自动换频、自动链路建立等。短波自适应跳频通信就是将频率自适应技术与跳频技术相结合，通过频率自适应功能选出可用的频率，形成跳频频率表，从而避免了盲目性，提高了通信的成功率。

实时频率自适应跳频技术能在跳频通信过程中根据阻塞干扰的情况，实时动态地修改频率表，删除受干扰的频率，以提高跳频系统抗阻塞干扰的能力。为了提高抗干扰性能以及抗多径效应，提高跳频速率是一种有效方法。高速跳频系统的核心技术是相关跳频算法，跳频图案是由频率转移函数确定的，当前跳的频率与上一跳的频率和当前跳携带的数据信息有关时，差分跳频传输的信息反映在前后两个频点的相关性上。在接收端，基于宽带频率检测技术可以恢复发送端的信码。

3. 数据传输技术

第三代短波自适应通信网络提供两种数据业务传输协议：LDL 和 HDL。在信道条件较好时可进行高速的、较大规模的数据传输，在恶劣的高频信道条件下或在任何信道条件下传输较小规模的数据时可进行低速的数据传输。为了实现高速数据传输，在通信中应用了定频高速数据传输技术和高速跳频数据传输技术。高速跳频数据传输技术的核心是采用差分跳频算法，选择适当的跳速，能有效克服多径干扰效应，实现高速数据传输。第三代自动链路建立技术与极低速技术相结合，实现了恶劣环境下的低速数据传输，即最低限度通信，它具有较强的抗连续波、抗突发干扰的能力，实现了"可靠通"。

4. 物理层波形调制技术

物理层的任务就是响应链路层的命令，发送和接收各种突发波形，并将接收到的数据反馈给链路层。第三代短波自适应通信标准物理层规定了 5 种突发波形：BW0、BW1、BW2、BW3 和 BW4。每种波形有其特定的结构，用于通信的不同阶段。BW0 用于进行自动链路建立，BW1 用于业务管理，BW2 用于高速数据传输，BW3 用于低速数据传输，BW4 用于 ARQ(自动纠错重传)确认。将突发波形定义为系统中所需的各种类型的信号，以满足各自不同的要求，例如，在有噪声、衰落、多径的情况下，可以实现时钟同步、探测和解调等功能。

4.3.3　工作原理

第三代短波自适应通信中的自动链路建立(3G-ALE)协议的主要目的是为点到点之间

或多站点之间建立一条可靠的通信链路，需要实现信道质量分析、业务信道选择、链路建立/撤销等功能。3G-ALE 提供与 2G-ALE 相似的功能，但提高了信道的连接能力、连接速度和大型面向数据的网络的运作效率。

1. 协议数据单元

3G-ALE 中的协议数据单元(Protocol Data Unit，PDU)均包含 26bit 的数据，一共有七种不同类型的 PDU，每种 PDU 承担着不同的任务，分别负责完成不同类型的链路建立，图 4-16 是各种 PDU 的结构。

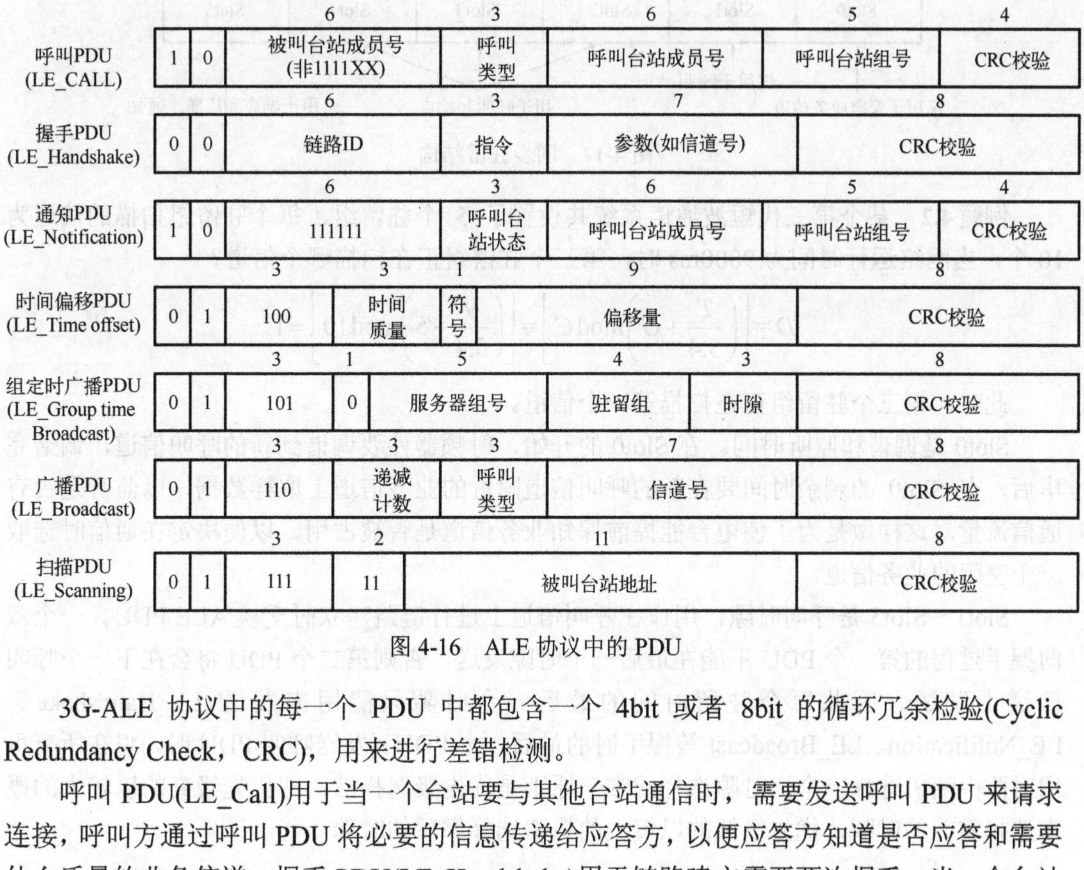

呼叫PDU (LE_CALL)

1	0	被叫台站成员号(非1111XX) (6)	呼叫类型 (3)	呼叫台站成员号 (6)	呼叫台站组号 (5)	CRC校验 (4)

握手PDU (LE_Handshake)

0	0	链路ID (6)	指令 (3)	参数(如信道号) (7)	CRC校验 (8)

通知PDU (LE_Notification)

1	0	111111 (6)	呼叫台站状态 (3)	呼叫台站成员号 (6)	呼叫台站组号 (5)	CRC校验 (4)

时间偏移PDU (LE_Time offset)

0	1	100 (3)	时间质量 (3)	符号 (1)	偏移量 (9)	CRC校验 (8)

组定时广播PDU (LE_Group time Broadcast)

0	1	101 (3)	0 (1)	服务器组号 (5)	驻留组 (4)	时隙 (3)	CRC校验 (8)

广播PDU (LE_Broadcast)

0	1	110 (3)	递减计数 (3)	呼叫类型 (3)	信道号 (7)	CRC校验 (8)

扫描PDU (LE_Scanning)

0	1	111 (3)	11 (2)	被叫台站地址 (11)	CRC校验 (8)

图 4-16 ALE 协议中的 PDU

3G-ALE 协议中的每一个 PDU 中都包含一个 4bit 或者 8bit 的循环冗余检验(Cyclic Redundancy Check，CRC)，用来进行差错检测。

呼叫 PDU(LE_Call)用于当一个台站要与其他台站通信时，需要发送呼叫 PDU 来请求连接，呼叫方通过呼叫 PDU 将必要的信息传递给应答方，以便应答方知道是否应答和需要什么质量的业务信道。握手 PDU(LE_Handshake)用于链路建立需要两次握手，当一个台站收到发送给自己的呼叫 PDU 之后，要发送握手 PDU 来进行应答，以便呼叫台站知道下一步该如何处理。通知 PDU(LE_Notification)用于网络管理台站通过使用通知协议来跟踪台站和信道的状态，通知 PDU 可以用台站状态通知和探测信号。广播 PDU(LE_Broadcast)用于工作在同步模式时使用广播 PDU 来进行广播呼叫。扫描 PDU(LE_Scanning)用于工作在异步模式时使用扫描 PDU 来协助链路的建立。

2. 同步驻留结构

工作在同步工作模式时，第三代短波自适应通信系统中的台站将按照信道列表的顺序

来扫描，在每个信道的驻留时间是 5.4s，同一个驻留组中的台站将扫描同一个信道，信道的计算方法是

$$D = \left\lfloor \left(\frac{T}{5.4} + G \right) \bmod C \right\rfloor \tag{4-7}$$

式中，D 是驻留信道号；T 是网络时间(从午夜 0：00 到当前的秒数)；G 是驻留组号；C 是扫描的信道总数。每个同步驻留时隙分为 6 个 900ms 的时隙，如图 4-17 所示。

图 4-17　同步驻留结构

例题 4.2　某个第三代短波通信系统共设置了 5 个驻留组，每个驻留组扫描的信道为 10 个，当网络运行时间为 9000ms 时，第三个驻留组正在扫描哪个信道？

$$D = \left\lfloor \left(\frac{T}{5.4} + G \right) \bmod C \right\rfloor = \left\lfloor \left(\frac{9}{5.4} + 5 \right) \bmod 10 \right\rfloor = 1$$

此时，第三个驻留组正在扫描第一个信道。

Slot0 是调谐和监听时间。在 Slot0 的开始，射频器件要调谐到新的呼叫信道，调谐完毕后，在 Slot0 的剩余时间要在新的呼叫信道附近的业务信道上取样数据，以监听是否有通信流量，这样做是为了使电台能提前探知业务信道是否被占用，以便决定在通信时选取一个空闲的业务信道。

Slot1～Slot5 是呼叫时隙，用作在呼叫信道上进行链路建立时交换 ALE PDU。一个双向握手过程的第一个 PDU 不能在最后一个时隙发送，否则第二个 PDU 将会在下一个呼叫信道上发送，因此每个驻留时间的最后一个时隙只能用来发送 LE_Handshake、LE_Notification、LE_Broadcast 等握手时的最后一个 PDU。发送呼叫 PDU 时，将在所有可用时隙中随机选择一个，时隙选择的唯一原则是优先级选择法，即优先级高的以较大的概率选择靠前的时隙，优先级低的以较大的概率选择靠后的时隙。

3. 链路建立过程

开始工作以后，系统中的台站会按照预先设置的信道列表顺序不断地扫描各个信道，等待 2G 或 3G 台站的呼叫，直到被叫或呼叫其他台站才会离开扫描状态。根据网络时间，台站在每个驻留时间的 Slot0 调谐到将要扫描的呼叫信道并监听业务信道的占用情况，在其他时隙等待呼叫或者呼叫其他台站。由于频率相近的信道有相似的信道质量，为保证在当前扫描频率不符合要求时，在下一个驻留时间能找到符合要求的扫描频率，扫描频率应该尽可能错开，按照非线性递增的方式对扫描频率排序，这样的目的也是提高链路建立的成功率。

呼叫台站在扫描状态下等待上层用户程序建立链路的请求，这个请求同时须给出建立链路的参数，包括要建立链路的类型、目的台站地址。收到请求后，台站马上开始建立链接：首先确认呼叫信道没有被占用，即监听；确认信道空闲以后，台站在呼叫信道上向目标台站发出呼叫 PDU，并等待目标台站的响应；收到目标台站的响应 PDU 后，遵照指令进行后继操作；链路建立完成，信息开始传输。总结起来，链路从开始到建立经过了四个过程：呼叫前监听信道；呼叫；二次握手；链路建立完成，信息传输。图 4-18 为整个自动链路建立过程的示意图。

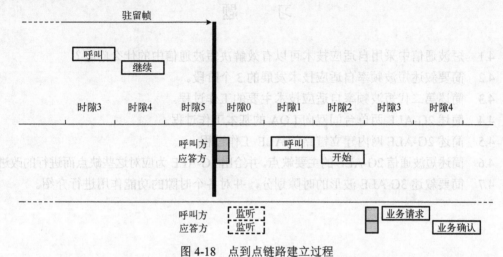

图 4-18　点到点链路建立过程

第一步，呼叫前监听信道。台站在收到上层用户的建链请求后，须判断当前呼叫信道上有没有来自其他台站的 2G 或 3G 呼叫。当收到上层用户程序传来的建链请求且没有其他呼叫，两个条件满足后，台站计算并调谐到目标台站将要扫描的呼叫信道。接着监听信道有没有被占用，如果信道被占用，暂时不发送呼叫，继续监听，直到信道空闲后发送呼叫。

第二步，呼叫。台站选择呼叫时隙中的某一个发送呼叫，然后就转入等待目标台站回应的状态，如果在规定的时间内目标台站没有做出回应，呼叫台站将等待下一个驻留时间的到来，同样在时隙 0 期间监听，然后选择合适的时隙继续发送呼叫 PDU。如果在所有的信道上发送呼叫都收不到回应(如对方没有开机)，则放弃呼叫返回扫描状态。

第三步，二次握手。被呼台站收到呼叫后，根据自己当前的状态发送回应，利用握手 PDU 中的指令来指示呼叫方自己的状态。被呼台站在双方进行业务传输之前会一直处于握手状态，除非发生以下两种情况：一是收到对方指示放弃的 PDU，返回扫描状态；二是在驻留期间一直没有收到呼叫台站的下一步回应，也将回到扫描状态。

呼叫台站收到目标台站的回应后，检查回应 PDU 中的指令，根据指令的不同来决定下一步的工作。例如，指令为“开始”意味着目标台站接收呼叫，立即调谐到回应 PDU 参数域中给出的业务信道开始业务传输；指令为“继续”意味着目标台站接收呼叫但暂时没有合适的业务信道，希望在下一个驻留时间内继续握手；指令为“放弃”意味着目标台站拒绝该次呼叫，拒绝原因在参数域中给出。

第四步，链路建立完成，信息开始传输。目标台站在发出包含“开始”指令的握手 PDU

之后，调谐到包含在握手 PDU 中指出的业务信道，等待呼叫台站传输信息，并启动定时器。如果在定时器计数到 0 的时间内都没有收到呼叫台站的信息，目标台站就返回扫描状态。当呼叫台站收到目标台站包含"开始"指令的握手 PDU 后，调谐到 PDU 参数域中给出的信道进行业务传输。

　　经过以上四个步骤以后，链路建立的工作结束，系统开始进入 TM 阶段，即业务传输阶段。

习　　题

4.1　短波通信中采用自适应技术可以有效解决短波通信中的什么问题？

4.2　简要叙述短波频率自适应技术发展的 3 个阶段。

4.3　简述第二代短波频率自适应技术主要的工作过程。

4.4　简述 2G-ALE 两单台间双向 LQA 的基本工作过程。

4.5　简述 2G-ALE 网内建立链路的 ALE 工作过程。

4.6　简述短波通信 2G-ALE 的主要缺点，并给出 3G-ALE 为应对这些缺点而进行的改进。

4.7　简要叙述 3G-ALE 波形的时隙划分，并对各个时隙的功能作用进行介绍。

第 5 章   短波扩频通信技术

5.1   引   言

短波通信信道具有时变色散的特性，同时短波通信容易被截获和干扰，这使得短波通信迫切需要采用技术途径来解决通信抗干扰的问题。扩展频谱通信(Spread Spectrum Communications)技术因其自身的优良抗干扰特性，自然而然地进入短波通信中。

扩展频谱通信技术是现代通信抗干扰的重要技术手段之一，简称扩频通信。它用特定的伪随机序列将待传送的信息信号频谱展宽，使传输信号带宽远大于信息信号本身带宽。采用频谱扩展传输，可具备普通窄带通信技术所不具备的特性，提高通信性能，特别是其抗干扰性能，这使得扩展频谱通信技术在现代军事通信中广泛应用。

5.1.1   理论基础

扩频通信的理论基础，可以用 Shannon 公式来解释：

$$C = B\log_2\left(1+\frac{S}{N}\right) \tag{5-1}$$

式中，C 为信道容量；B 为信道带宽；S 为信号的平均功率；N 为信道的高斯白噪声功率。

由 Shannon 公式可知，在高斯白噪声的信道条件下，当传输系统内信噪比 S/N 很小时，可用增大系统传输带宽 B 的办法使信道容量 C 保持不变，即在信噪比很小时，可以用足够大的传输带宽来获得给定传输速率的信息准确传输。扩频通信正是利用这一原理，用高速率的伪随机码使待传的消息信号带宽扩展，从而降低了对传输信噪比的要求，提高了通信系统的抗干扰能力。

由 Shannon 公式所确定的信道容量 C 是信道传输的极限速率。Shannon 证明：只要信息速率不超过信道容量，就能找到某种编码方法，在码周期相当长的条件下，使信息速率任意逼近信道容量 C，而传输的错误概率任意逼近零。反之，不存在任何一种编码方法，能够以高于信道容量 C 的传输速率和任意小的错误概率实现传输。Shannon 还指出，事实上任何有限长的编码都不可能达到以信道容量 C 的速率无差错地传输信息，但可以任意逼近。随着逼近程度的增加，信息传输速率逼近信道容量 C，错误概率逼近零。与此同时，发送信号的统计特性逼近白噪声的统计特性。也就是说，在带限平均功率的高斯白噪声信道中，实现有效和可靠通信的最佳信号形式，应是具有白噪声统计特性的信号，理想的白噪声信号具有无限宽频带。但理想的白噪声信号产生、加工和控制至今仍存在着许多技术困难，于是一种统计特性逼近高斯白噪声，易于产生、便于加工和控制的信号被设计出来，这就是伪随机码信号，或称伪噪声编码信号。采用伪随机码作为扩频码，使消息信号在扩频码的作用下带宽大为扩展。与一般通信体制相比,扩频通信在抗干扰能力方面有显著的优越性。

5.1.2 性能指标

扩频通信系统的性能通常有两个重要的衡量指标。

1. 处理增益

扩频通信系统在发送端扩展了信号频谱,在接收端解扩后恢复了所传信息,这给处理过程带来了信噪比上的好处,即接收机输出的信噪比相对于输入的信噪比大有改善,从而提高了系统的抗干扰能力,通常用处理增益表示。

处理增益 G_p 是指扩频系统接收机解扩器输出信噪比 SNR_{out} 与输入信噪比 SNR_{in} 的比值:

$$G_p = 10 \lg \frac{SNR_{out}}{SNR_{in}} (dB) \tag{5-2}$$

处理增益 G_p 表示扩频信号经过接收机处理后信噪比的改善程度。G_p 值越大,表示扩频通信系统的抗干扰能力越强。直扩系统的处理增益也可定义为伪随机码速率与信号速率之比,即直扩系统的扩频倍数。

通常,短波扩频通信系统的带宽不变,要提高其抗干扰能力,就必须提高系统的处理增益,也就是增加扩频码速率。当扩频码速率增加一倍时,系统处理增益增加 3dB。

2. 干扰容限

干扰容限是指保证扩频通信系统正常工作时,接收机能够承受的干扰信号功率比有用信号功率高出的分贝数。在接收机解扩器输出信噪比 SNR_{out} 不低于某一给定数值的前提下,接收机输入端能够允许的干扰功率高于信号功率的最大值,通常表示为

$$M_j = G_p - (L_s + SNR_{out}) \quad (dB) \tag{5-3}$$

式中,G_p 为扩频系统的处理增益;L_s 为扩频系统的损耗。

干扰容限 M_j 直接表示扩频接收机所能承受的极限干扰强度,反映了系统在干扰环境中正常工作的极限能力。只有当干扰机的干扰功率超过干扰容限后,才能对扩频系统形成有效干扰,因此相对于处理增益,干扰容限通常能更确切地反映扩频系统的抗干扰能力。

例如,某扩频系统接收信号输入解扩器端信噪比 SNR_{in} 为 $-20dB$,系统正确解调需要的最小输出信噪比 SNR_{out} 为 10dB,系统损耗 L_s 为 2dB,试计算系统的处理增益和干扰容限。

根据处理增益表达式可以得到,处理增益 $G_p = SNR_{out}(dB) - SNR_{in}(dB) = 30(dB)$,则干扰容限 $M_j = G_p - (L_s + SNR_{out}) = 30 - (2+10) = 18(dB)$。

此时表明,当干扰功率超过信号功率 18dB 时,系统不能正常工作,但当干扰功率和信号功率之间的差距小于 18dB 时,系统仍然可以正常工作,这也就意味着在干扰信号功率不大时,扩频通信信号仍然能够实现正常通信。

5.1.3　功能作用

扩频通信是在发送端利用特定序列将信号带宽进行扩展，之后进行传输，接收端利用相应的序列进行解扩，从而实现通信，这种工作机制使得其拥有一系列优越的性能，主要体现在抗干扰能力强、隐蔽性好、可以实现码分多址、抗多径干扰、精确定时和测距等方面。

1．抗干扰能力强

通常信号经过扩频通信系统扩展的频谱越宽，其抗干扰能力越强。扩频通信的工作原理保证了扩频通信能够实现低信噪比条件下的通信过程，因此能够将信号从噪声中提取出来。在扩展频谱过程中，当存在的干扰信号为单频信号、正弦脉冲信号，或多频信号，以及其他扩频调制的信号时，扩频通信系统都能够有效抑制，从而提高输出信噪比。这种抗干扰能力，在对抗敌方人为干扰方面具有重要的作用。通常，当信号频谱展宽，干扰方需要在展宽的频带范围内进行干扰，从而在一定程度上分散了干扰信号的功率，如果干扰信号的总功率不变，则其干扰强度降低，如果要保持原有的干扰强度，则必须加大干扰功率，如果信号频谱展宽数十倍甚至成千上百倍，在实际条件下，通常干扰信号功率很难满足需求。同时，扩频通信中由于收发双方采用相同的扩频码序列进行扩频和解扩，即使干扰信号是扩频信号，但由于干扰信号所采用的扩频码和通信信号的扩频码不同，不同扩频码序列之间也不相关，从而干扰信号无法在接收端影响通信信号的解扩过程，也就无法实现有效干扰。

扩频通信对于信道中通常存在的自然干扰，如加性干扰和乘性干扰，特别是多径衰落干扰，以及人为干扰，如宽带干扰、窄带瞄准干扰、中继转发式干扰等，都具有良好的抗干扰能力。

2．隐蔽性好

扩频信号利用扩频码序列对信号频谱进行了扩展，使得单位频带内的信号功率相对较小，即信号的功率谱密度较低，在信道噪声较大时，扩频通信系统仍然能够保证通信的正常进行。当信号淹没在噪声中时，敌方很难发现通信信号，更难检测通信信号参数，从而有利于防止通信信号被测向和截获，这使得扩频技术在军事通信中具有重要的应用价值，可以进行隐蔽通信。

3．可以实现码分多址

扩频通信系统采用扩展频谱的方式，使得信号传输过程中占用了较宽的频带，但由于其利用了扩频码优良的自相关和互相关特性，接收端解扩时能够根据不同的扩频码区分不同用户的信号，从而实现多个用户共用频带资源，提高了频带利用率。这种利用扩频码来区分用户，使得多个用户同时工作在相同频带范围内的方式，就称为码分多址。这种码分多址的通信方式，不同于利用频带或时间分割的多址通信方式，虽然某一用户占用较宽的频带资源，但是平均到每个用户，占用的频带资源并不多，因此频带利用率是很高的，并且采用码分多址还能够更加灵活地实现组网、选呼等，在一定程度上增加了用户信息的保密性，易于实现新用户随时入网。

4. 抗多径干扰

无线通信中广泛存在着多径干扰，这对通信过程存在严重影响，对抗多径干扰一直是无线通信中的难点及热点问题之一。扩频通信利用扩频码的相关特性，很容易在接收端将多径信号进行分离和提取，可以选取其中最强的信号作为接收信号，或者将来自同一信源的多径信号波形进行调整后合成接收信号，从而起到对抗多径干扰的作用。

5. 精确定时和测距

在实际中，两个物体之间的距离可以利用电磁波测量。考虑到电磁波在空间传播时传播速度为光速，通常固定不变，当测量出电磁波在两个物体之间的传播时间时，就可以得到两个物体之间的距离。扩频通信中采用高速扩频码扩展频谱，通常扩频码的每个码元占用时间较短。利用扩频信号进行距离测量时，只需要测算发送信号和接收信号中扩频码序列的相位差，就可以得到两个物体之间的距离。测量的精度取决于扩频码码片宽度，扩频码码片宽度越窄，测量精度越高。人们曾经利用扩频信号精确测量了地球和月球之间的距离。全球定位系统也利用了扩频码的特性进行精确定位和定时。因此扩频技术不仅在通信领域得到了广泛的应用，在导航、雷达、定位等领域也都有重要的应用。

5.1.4　分类

扩频通信按扩频方式可以分为直接序列(Direct Sequence，DS)扩频、跳频(Frequency Hopping，FH)、跳时(Time Hopping，TH)。

直接序列(DS)扩频系统采用高速扩频码序列在发送端进行扩频调制，在接收端采用相同的扩频码进行相关解扩。

跳频(FH)系统利用特定的伪随机序列控制频率跳变规律的方式进行扩频，也就是采用特定的伪随机序列控制的多频率频移键控。

跳时(TH)系统是使信号在时间轴上跳变，是采用特定的伪随机序列控制时间片的时移键控。

除了上面三种基本方式以外，还有这些扩频方式的组合方式，如 FH/DS、TH/DS、FH/TH等。目前，在短波通信系统中主要采用直接序列扩频技术和跳频通信方式。

5.2　短波直接序列扩频通信技术

直接序列扩频技术是目前应用较为广泛的一种扩频技术。所谓直接序列扩频是指用高速扩频码序列直接对消息信号进行扩频调制的方式。直接序列扩频技术是一种抗干扰能力强、抗截获能力强、抗多径能力强、频谱利用率高的技术，在卫星通信、移动通信等领域得到了广泛的应用。目前，在短波通信中，直接序列扩频技术也是一项有着广泛应用前景的通信技术。

短波通信采用天波传播实现远距离通信，不同频率的短波信号在传播过程中会受到自由空间传播损耗、电离层吸收损耗、地面发射损耗以及系统额外损耗，这些损耗具有"窗口效应"和"多孔性"等特点,通常短波通信"窗口"的带宽为 2MHz。因此,在短波通信中,采用扩频技术扩展频谱时,带宽通常不超过 2MHz。例如,美国 SICOM 公司研制的短波电台,其扩频带宽为 1.5MHz。

5.2.1　直接序列扩频通信基本原理

直接序列扩频是在发送端利用特定的高速伪随机序列,直接与待传输的信息信号进行扩频调制,以达到扩展信号频谱的目的,接收端则使用相同的高速伪随机序列实现解扩,恢复出原始信号。

一个典型的直接序列扩频通信系统的原理框图如图 5-1 所示。

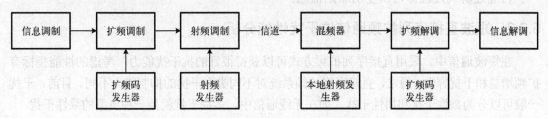

图 5-1　直接序列扩频通信系统原理框图

在发送端,通过伪噪声序列(Pseudo-Noise Sequence,PN)对发送信息数据进行调制,接收端将所接收到的信号与本地 PN 序列进行互相关运算,将 DS 信号解扩,恢复原始信息数据。对于干扰信号和噪声而言,由于与 PN 序列不相关,在相关解扩时其功率谱密度降低,这样就大大降低了干扰功率,从而提高了系统的抗干扰能力。直接序列扩频系统模型框图如图 5-2 所示。

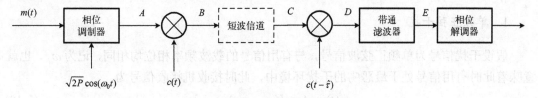

图 5-2　直接序列扩频系统模型框图

假设待传数据信息为 $m(t)$,经过载波相位调制后,得到 A 点的信号为

$$S_A(t) = \sqrt{2P}\cos[\omega_0 t + \varphi(t)] \tag{5-4}$$

式中, $\varphi(t)$ 为调制的相位; P 为已调载波信号的功率。

假设扩频码序列为 $c(t)$,经过扩频调制后 B 点的扩频信号为

$$S_B(t) = \sqrt{2P}c(t)\cos[\omega_0 t + \varphi(t)] \tag{5-5}$$

扩频调制后信号经过短波信道传输后,假设传输时延为 τ,载波相移为 ϕ,信道噪声为 $n(t)$,则接收端 C 处接收到信号为

$$S_C(t) = \sqrt{2P}c(t-\tau)\cos[\omega_0(t-\tau) + \varphi(t-\tau) + \phi] + n(t) \tag{5-6}$$

接收端收到信号后,进行解扩。此时接收端产生的本地扩频码序列为 $c(t-\hat{\tau})$,其变化规律与发送端扩频码一致,并且与接收的扩频信号同步。此时 D 点解扩后信号为

$$S_D(t) = \sqrt{2P}c(t-\tau)c(t-\hat{\tau})\cos[\omega_0(t-\tau)+\varphi(t-\tau)+\phi]+n(t)c(t-\hat{\tau}) \tag{5-7}$$

当本地扩频码完全同步时，$c(t-\tau)c(t-\hat{\tau})=1$，此时解扩后信号为

$$S_D(t) = \sqrt{2P}\cos[\omega_0(t-\tau)+\varphi(t-\tau)+\phi]+n(t)c(t-\hat{\tau}) \tag{5-8}$$

此时有用信息部分与发送端相位调制器输出信号同为窄带信号，可以通过带通滤波器，但是噪声项带宽却被进一步扩展，经过滤波器处理后，带内噪声减小，可以忽略不计，从而可以得到 E 点的输出信号为

$$S_E(t) = \sqrt{2P}\cos[\omega_0(t-\tau)+\varphi(t-\tau)+\phi] \tag{5-9}$$

再经过解调过程即可恢复出原始信息。

5.2.2 短波直接序列扩频通信抗干扰性能分析

在短波通信中，采用直接序列扩频方式可以获得很好的抗干扰能力，考虑的性能指标有扩频增益和干扰容限。通常，直接序列扩频系统对不同类型干扰的抑制能力不同。目前，干扰一般可以分为乘性干扰和加性干扰，如在无线通信中，多径干扰就是一种典型的乘性干扰。

在直接序列扩频通信系统中常见的干扰样式可以分为三类。

(1) 单频干扰，主要指频谱集中在很窄范围之内的窄带干扰，如窄带瞄准式人为干扰，非扩频的邻近电台信号干扰等。

(2) 其他扩频干扰，主要指同一扩频系统中发送给其他台站的扩频信号。

(3) 白噪声干扰，主要指热噪声、宇宙噪声等，也包含功率谱均匀分布的宽带干扰。

假设扩频系统与干扰信号之间相互独立，下面分析在不同干扰环境下直接序列扩频的抗干扰能力。

1. 单频正弦干扰

假设干扰信号为单频正弦波信号，与有用信号的载波频率相位均相同，记为 ω_d，也就意味着此时有用信号处于最恶劣的干扰环境中，此时接收机接收信号为

$$g(t) = A\cos[(\omega_0+\omega_d)t+\varphi_0] \tag{5-10}$$

经过射频滤波器处理后，在基带滤波器输出端响应为

$$v(u,t) = \int_{-\infty}^{+\infty} g(t)c^*(u,\alpha-\hat{\tau})\cos[(\omega_0-\hat{\omega}_d)\alpha+\hat{\varphi}]h(t-\alpha)\mathrm{d}\alpha \tag{5-11}$$

当环路锁定时，$\omega_d=\hat{\omega}_d, \varphi_0=\hat{\varphi}$，由此得到

$$v(u,t) = \int_{-\infty}^{+\infty} A\cos^2[(\omega_0+\hat{\omega}_d)\alpha+\hat{\varphi}]c^*(u,\alpha-\hat{\tau})h(t-\alpha)\mathrm{d}\alpha$$

$$= \frac{A}{2}\int_{-\infty}^{+\infty} h(t-\alpha)c^*(u,\alpha-\hat{\tau})\mathrm{d}\alpha + \frac{A}{2}\int_{-\infty}^{+\infty} h(t-\alpha)c^*(u,\alpha-\hat{\tau})\cos[2(\omega_0+\omega_d)\alpha+2\varphi]\mathrm{d}\alpha$$

其中，二次谐波分量可以滤除，因此得到

$$v(u,t) = \frac{A}{2}\int_{-\infty}^{+\infty} c^*(u,\alpha-\hat{\tau})h(t-\alpha)\mathrm{d}\alpha \tag{5-12}$$

求此时的自相关函数，最终得到

$$E\{v(u,t)v(u,t+\tau)\} = \frac{A^2}{4}\int_{-\infty}^{+\infty}\int_{-\infty}^{+\infty}h(\alpha)h^*(\beta)R_c(\tau+\alpha-\beta)\mathrm{d}\alpha\mathrm{d}\beta \tag{5-13}$$

式中，$R_c(\tau+\alpha-\beta)$ 表示本地扩频码的自相关函数。通常对于理想扩频码序列，有

$$R_c(\tau) = \begin{cases} 0, & |\tau| \geq T_c \\ \dfrac{A^2}{T_c}(T_c-|\tau|), & |\tau| < T_c \end{cases} \tag{5-14}$$

式中，T_c 表示扩频码码元宽度；A 表示扩频码振幅。

此时，对式(5-13)求傅里叶变换，得到功率谱为

$$S_R(\omega) = \frac{A^2}{4}S_c(\omega)|H(\omega)|^2 \tag{5-15}$$

式中，$S_c(\omega)$ 为 $R_c(\tau)$ 的傅里叶变换。$H(\omega)$ 表示基带滤波器传输函数的傅里叶变换。

假设扩频码序列幅度为 1，则

$$S_c(\omega) = \frac{A^2}{4}T_c\frac{\sin\dfrac{\omega}{2}T_c}{\dfrac{\omega}{2}T_c}|H(\omega)|^2 \tag{5-16}$$

因此当 $\omega = 0$ 时，扩频码序列功率谱幅度取最大值 AT_c。扩频码的主瓣宽度为 $B = 2f_c = \dfrac{2}{T_c}$。当 T_c 减小时，功率谱的最大值减小，主瓣宽度增加，此时功率谱被展宽且趋于平坦。经过基带滤波器后，单频干扰的功率随着 T_c 的减小而减小。

计算单频干扰在频带范围内的输出功率：

$$P_J = \frac{1}{2\pi}\int_{-\infty}^{+\infty}S_R(\omega)\mathrm{d}\omega = \frac{1}{2\pi}\cdot\frac{A^2}{4}\int_{-\infty}^{+\infty}T_c\frac{\sin\dfrac{\omega}{2}T_c}{\dfrac{\omega}{2}T_c}|H(\omega)|^2\mathrm{d}\omega \tag{5-17}$$

又因为 $\left(\dfrac{\sin\dfrac{\omega}{2}T_c}{\dfrac{\omega}{2}T_c}\right)^2$ 的频带宽度远大于 $H(\omega)$，由此可得到

$$T_c \approx T_c\left(\frac{\sin\dfrac{\omega}{2}T_c}{\dfrac{\omega}{2}T_c}\right)^2$$

所以

$$P_J = \frac{1}{2\pi}\cdot\frac{A^2}{4}\int_{-\infty}^{+\infty}T_c|H(\omega)|^2\mathrm{d}\omega = \frac{1}{2\pi}\int_{-\omega_b}^{\omega_b}\frac{A^2}{4}T_c\mathrm{d}\omega \approx \frac{A^2}{2}T_cf_b \tag{5-18}$$

式中，$\omega_b = 2\pi f_b$；f_b 为基带滤波器带宽。

假设单频干扰的输入功率为 $\dfrac{A^2}{2}$，发送信号的功率为 P_s，则在理想相关解扩时，直接序列扩频系统抑制单频干扰的能力为

$$\frac{P_s\Big/\dfrac{A^2}{2}}{\dfrac{P_s}{\dfrac{A^2}{2}T_c f_b}}=\frac{1}{T_c f_b}=\frac{f_c}{f_b}=G_p \tag{5-19}$$

分析式(5-19)，可以发现直接序列扩频对抗单频干扰能力为扩频系统的处理增益。可以从频域上直观分析单频干扰信号对扩频通信系统的影响，如图 5-3 所示。

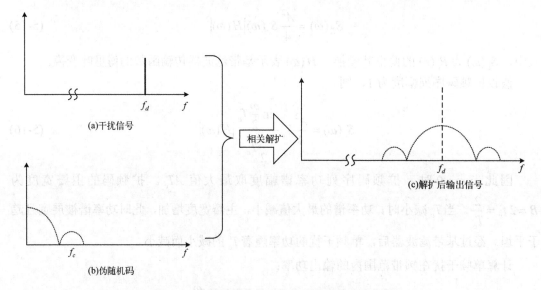

图 5-3　单频干扰信号对直扩系统的影响示意图

容易看出，对于单频窄带干扰信号，在接收端采用高速扩频码 $c(t)$ 对正弦波干扰 $\cos(\omega_d t)$ 进行扩频调制。此时干扰信号的频谱表现与扩频码序列频谱类似，只是中心频率为 f_d，此时干扰信号的带宽由伪随机码带宽决定。当单频干扰进入直扩系统后，经过扩频码作用后，频谱展宽，因此干扰信号的功率谱密度降低。而此时有用信号经过解扩后，恢复为窄带信号，此时功率集中分布在 f_d 附近。当采用中心频率为 f_d 的窄带滤波器进行滤波处理后，干扰信号留在窄带滤波器带宽内的信号能量很小，绝大部分被滤除，从而实现了干扰信号和有用信号之间的功率比大幅度改善。这就是直接序列扩频系统能够抵抗窄带单频干扰的原因所在。对于其他的窄带干扰，其作用效果一致。

2. 广义平稳干扰

假设广义平稳干扰信号为

$$J(u,t)=n(u,t)\cos\{[\omega_0+\hat{\omega}_d(u)]t+\hat{\varphi}(u)\} \tag{5-20}$$

其中，$n(u,t)$ 表示基带干扰，为一个零均值的高斯噪声。

对式(5-20)进行傅里叶变换后得到

$$S_J(f) = \frac{1}{2}\{S_n[f-(f_0+\hat{f}_d)] + S_n[f+(f_0+\hat{f}_d)]\} \tag{5-21}$$

式中，$f_0 = \frac{\omega_0}{2\pi}$ 为信号的中心频率；$\hat{f}_d = \frac{\hat{\omega}_d}{2\pi}$ 为多普勒频移。

当基带干扰信号的带宽不超过射频带宽时，假定干扰信号和有用信号之间相互独立，其单边功率谱密度为 N_0，假设直接序列扩频系统中干扰信号和有用信号之间满足线性关系，则可以对干扰信号进行归一化，使得干扰信号具有单位功率，即

$$E\{|n(u,t)|^2\} = \int_{-\infty}^{\infty} S_n(f)\mathrm{d}f = 1 \tag{5-22}$$

假设基带滤波器的冲激响应 $h(t)$ 的带宽与有用数字信息带宽相同，则干扰信号经过基带滤波器后输出干扰为

$$v(u,t) = 2\int_{-\infty}^{\infty} J(u,\alpha)c^*(u,\alpha-\hat{\tau})\cos[(\omega_0+\hat{\omega}_d(u))\alpha+\hat{\varphi}(u)]h(t-\alpha)\mathrm{d}\alpha$$
$$= 2\int_{-\infty}^{\infty} n(u,\alpha)\cos^2[(\omega_0-\hat{\omega}_d(u))\alpha+\hat{\varphi}(u)]c^*(u,\alpha-\hat{\tau})h(t-\alpha)\mathrm{d}\alpha \tag{5-23}$$

式中，二次谐波成分被滤除，且接收端同步，因此式(5-23)可以化简为

$$v(u,t) = 2\int_{-\infty}^{\infty} n(u,\alpha)c^*(u,\alpha-\hat{\tau})h(t-\alpha)\mathrm{d}\alpha \tag{5-24}$$

又因为 $n(u,t)$ 为平稳干扰信号，且和扩频码序列之间相互独立，所以可以得到

$$E[v(u,t)] = \int_{-\infty}^{\infty} E[n(u,\alpha)]E[c^*(u,\alpha-\hat{\tau})]h(t-\alpha)\mathrm{d}\alpha \tag{5-25}$$

又假设 $n(u,t)$ 为均值为零的平稳过程，则 $E[v(u,t)] = 0$，且

$$E[|v(u,t)|^2] = \int_{-\infty}^{\infty}\int_{-\infty}^{\infty} E[n(u,\alpha)n(u,\beta)]h(t-\alpha)h(t-\beta)E\{c^*(u,\alpha-\hat{\tau})c(u,\beta-\hat{\tau})\}\mathrm{d}\alpha\mathrm{d}\beta \tag{5-26}$$

令 $R_n(t) = E[n(u,\alpha)n(u,\beta)]$，考虑到式中 $E\{c^*(u,\alpha-\hat{\tau})c(u,\beta-\hat{\tau})\}$ 为非平稳过程，因此干扰信号经过基带滤波后输出功率 $E[|v(u,t)|^2]$ 为时间 t 的周期函数，且周期与扩频码周期一致。进一步对式(5-26)取时间平均得到

$$P_v = \int_{-\infty}^{\infty}\int_{-\infty}^{\infty} h(\alpha)h^*(\beta)R_n(\beta-\alpha)R_c(\alpha-\beta)\mathrm{d}\alpha\mathrm{d}\beta \tag{5-27}$$

式中，$R_c(\tau)$ 表示本地扩频码的相关函数，与时间 t 无关，设其功率谱密度为 $S_c(f)$，则

$$P_v = \int_{-\infty}^{\infty} |H(f)|^2 S_c(f) * S_n(f)\mathrm{d}f \tag{5-28}$$

式中，$S_c(f) * S_n(f)$ 为卷积；$H(f)$ 为基带滤波器传递函数；P_v 为干扰信号的平均功率。

分析式(5-28)可以发现，干扰信号的功率谱密度函数与扩频码功率谱密度函数卷积后，导致其带宽扩展，但是又由于基带滤波器的带宽限制，从而使得带宽范围内的干扰信号功率大幅度降低。

又因为扩频码的自相关函数式(5-14)，所以得到其功率谱为

$$S_c(f) = A^2 T_c \left(\frac{\sin \frac{2\pi f}{2} T_c}{\frac{2\pi f}{2} T_c} \right)^2 \tag{5-29}$$

假设扩频码速率足够高，则此时满足 $\frac{\sin x}{x} \leqslant 1$，因此可以得到 $S_c(f) \leqslant A^2 T_c$，表明在扩频带宽内近似平坦。

进一步将卷积打开，由式(5-28)得到

$$\begin{aligned}
P_v &= \int_{-\infty}^{\infty} |H(f)|^2 S_c(f) * S_n(f) \mathrm{d}f \\
&= \int_{-\infty}^{\infty} S_n(F) \int_{-\infty}^{\infty} |H(f)|^2 S_c(f-F) \mathrm{d}f \mathrm{d}F \\
&\leqslant \int_{-\infty}^{\infty} S_n(F) \int_{-f_b}^{f_b} A^2 T_c |H(f)|^2 \mathrm{d}f \mathrm{d}F
\end{aligned} \tag{5-30}$$

式中，f_b 为基带滤波器的单边带宽。

假设基带滤波器传递函数是理想的，并对振幅特性进行归一化，得到

$$\int_0^{f_b} T_c |H(f)|^2 \mathrm{d}f = \frac{f_b}{f_c} \tag{5-31}$$

将式(5-31)代入式(5-30)得到

$$P_v = \int_{-\infty}^{\infty} S_n(F) \mathrm{d}F \frac{f_b}{f_c} \tag{5-32}$$

进一步将干扰信号的功率谱函数式(5-22)代入，即

$$P_v = \frac{f_b}{f_c} = G_p \tag{5-33}$$

分析式(5-33)，对于广义平稳干扰信号，直接序列扩频通信系统的抗干扰能力与系统的处理增益一致。

3. 其他扩频干扰

这里的扩频干扰主要是短波电台对邻台的扩频通信信号。仿照对单频干扰的分析方法，可以假设接收信号中包含采用另一扩频码 $c'(t)$ 扩频调制的信号，其码速与本地扩频码码速相同，此时接收到的干扰信号 $J(t)$ 为

$$J(t) = m'(t)c'(t)\cos\omega_0 t \tag{5-34}$$

式中，$m'(t)$ 为发送给邻台的信息信号；ω_0 为载波频率。

可以采用与上面类似的方法具体分析接收有用信号和干扰信号的功率，进而从理论上分析其关系，这部分分析方法与上面的过程类似，这里不再重复。

从频域上直观分析干扰信号对直扩系统产生的影响。当接收到干扰信号 $J(t)$ 后，与本地扩频码序列 $c(t)$ 进行扩频，由于本地扩频码序列 $c(t)$ 与干扰信号的扩频码序列 $c'(t)$ 之间

不相关，此时干扰信号将会因为 $c(t)$ 的作用而再次进行扩频调制，进一步扩展频谱，从而其功率谱密度进一步降低，而有用信号因为本地扩频码 $c(t)$ 的解扩作用，恢复成窄带信号，功率集中在 ω_0 附近，经过窄带滤波器后，在系统带宽内的干扰信号功率进一步降低，起到有效抑制宽带干扰的作用。因此，直扩系统对宽带干扰并不敏感。

正因为上述原因，直接序列扩频可以通过设置不同的扩频码序列实现码分多址，只需要其中的扩频码序列互不相关或互相关性很弱即可区分不同用户。

4. 抗白噪声干扰

白噪声干扰理论上的带宽为无限大，其功率谱密度为常数 n_0，从频域上理解，相当于全频段阻塞干扰。可以通过分析证明，白噪声信号通过直接序列扩频通信系统的相关解扩器后，功率谱密度基本保持不变。当通过窄带滤波器进行滤波处理后，白噪声保留带宽内的噪声信号，其功率谱密度保持不变。可以说，对于白噪声干扰信号，在直扩系统接收前后，对信号的作用基本一致，直扩系统不具备对白噪声干扰信号的抑制能力。

5. 多径干扰

多径干扰在无线通信中会对通信效果产生严重的影响，对于短波通信系统，其传播介质决定了传播模式不同，信号传输过程中必然存在严重的多径效应，因此需要考虑直接序列扩频系统对多径干扰的作用效果。

从前面章节分析中，可以发现，当多径时延小于扩频码序列码元宽度时，多径信号影响程度较小，因此考虑多径时延大于扩频码序列码元宽度，此时接收多径干扰信号为

$$J(t) = \sum_{i=1}^{l} A_i m(t + \tau_i) c(t + \tau_i) \cos[\omega_0(t + \tau_i)] \tag{5-35}$$

式中，τ_i 为第 i 路多径接收信号的传输时延；A_i 为第 i 路多径接收信号的幅度变化情况。由于扩频码序列具有良好的自相关特性而互相关性弱，因此很显然，此时接收端本地扩频码 $c(t)$ 与 $c(t + \tau_i)$ 之间不相关，经过相关解扩器时，多径干扰的影响类似于不相关的扩频宽带干扰信号的影响，在解扩时，频谱将进一步展宽，进而通过窄带滤波器后，其功率将进一步受到抑制。所以说，直扩技术在技术原理上保证了它可以有效抑制多径干扰。

值得一提的是，对于多径干扰信号，可以采用不同时延扩频码序列进行分离，将分离后的多径信号的相位对齐后进行叠加，可以起到增强接收信号的作用。这种处理方法的思想就是分集接收处理的基本思想。

虽然直接序列扩频技术具有很好的抗干扰性能，但是在短波通信中，由于扩频带宽受到限制，通常在 2MHz 以内，短波扩频通信的处理增益也受到了限制。当需要保证数据传输速率的情况下，很难提高扩频处理增益，因此短波直接序列扩频的抗干扰性能有限。如果需要进一步提高其抗干扰能力，可以采用降低数据传输速率或者进行数据压缩等方法，使得短波直接序列扩频能够更好地应用于实际中。

5.2.3 短波窄带扩频技术

目前短波电台通信带宽一般不超过 3400Hz，当采用扩频技术时，数据传输速率较低，但是此时却能够获得很好的抗干扰能力，因此在短波电台中可以采用传输低速率数据的窄带扩频技术，通常扩频带宽为 3kHz 左右。

扩频通信是以牺牲带宽为代价来获取抗干扰能力的。在窄带扩频中，由于带宽受限，如果扩频码码片速率为 2400bit/s，扩频码周期为 15，则数据速率不大于 160bit/s；如果扩频码周期为 31，则数据速率不大于 80bit/s。因此如果想获得一定的抗干扰能力，直接采用常规的扩频方法进行扩频调制，就会使得数据速率急剧降低，甚至无法忍受。

为了解决上述问题，可以采用多进制正交扩频技术。这种技术利用了多个正交扩频码，每个扩频码传输多个数据信息，从而提高扩频增益。这一技术目前广泛应用于各国的军事通信中，如美军的 JTIDS、挪威军队的新一代战地网等。

对于 M 进制正交扩频技术，选择相互正交的伪随机序列，进行扩频调制，其发送过程和接收过程的原理框图如图 5-4 所示。

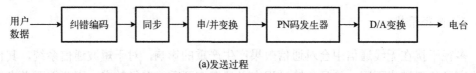

(a)发送过程

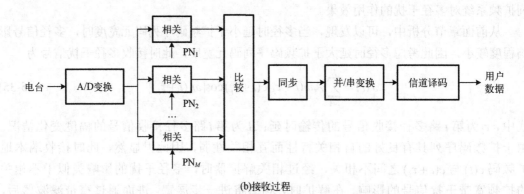

(b)接收过程

图 5-4　M 进制正交扩频原理框图

发送端需要首先将用户数据进行信道编码并添加同步信号，通过串/并变换，使得用户数据长度转化为 $\log_2 M$，由此与 M 组正交 PN 码进行并行处理，之后进行数/模变换处理后，数据输入短波电台接口，利用短波电台进行传输。接收端接收到短波电台发送的信号后，与发送端相同的 M 组 PN 码进行相关处理，进而设置判决门限比较后，获取同步信息，并将比较处理后的结果进行并/串变换，进一步通过信道译码获得用户发送数据。

在采用正交扩频时，扩频码通常为 M 组相互正交的 PN 码或 Walsh 序列，扩频码的码长 L 可以依据数据速率 η、扩频增益 G_p 以及 M 进制数的要求来确定：

$$L = \eta \times \frac{M}{G_p} \tag{5-36}$$

其中，扩频增益 G_p 为倍数表示。

采用直接序列扩频通信技术，使得短波电台能够获得一定的抗干扰能力，但是由于带宽受限，虽然采用多进制正交扩频能够在一定程度上改善性能，但有时仍然无法获得较好的抗干扰能力。跳频技术作为扩频通信的一种重要形式，特别适用于短波频段，在军事短波通信中得到了广泛应用。

5.3　短波跳频通信技术

在现代军事通信中，为了有效提高短波通信的抗干扰能力，短波扩展频谱技术特别是跳频技术得到了迅速的发展和广泛的应用。

跳频是指收发双方通过不断改变载波频率而进行的通信，为了能够保证正常通信，要求收发双方共享频率跳变的相关参数。通常将载波频率跳变规律称为跳频图案，频率跳变规律一般是通过伪随机序列控制的，通信频率跳变使得跳频通信不同于定频通信，可以有效躲避窄带定频干扰，并且由于通信频率跳变具有伪随机性，所以对其截获也较为困难，因此跳频通信具有较强的抗截获、抗窃听及抗干扰能力。

5.3.1　跳频通信基本原理

跳频通信通常是在多个射频信道上，按照跳频图案和一定的跳频速率进行载波频率的跳变，其中跳频图案按照伪随机序列进行跳变，跳频速率的快慢很大程度上影响着跳频的抗干扰、抗截获等能力。

在跳频通信开始时，收发双方通常首先通过发送同步信息，建立同步链路。发送端首先通过伪随机码发生器产生跳频图案，控制频率合成器输出射频载波频率按照跳频图案变化，将信息数据按照跳频图案变化的载波频率进行调制，经过功率放大器后发送。接收方接收到跳频信号后，使用与发送方相同的伪随机码控制的跳频图案控制频率合成器，对接收信号进行解跳，之后解调至基带信号，从而获取信息数据。跳频通信系统的一般原理框图如图 5-5 所示。

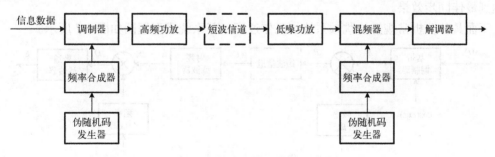

图 5-5　跳频通信系统原理框图

通常跳频通信系统中，可以用跳频速率、跳频带宽、跳频频率集、跳频图案、处理增益等性能指标来衡量其性能。

跳频速率是跳频频率每秒跳变的次数，一般表示为 Hop/s。如果跳频频率变化时间间隔小于码元间隔，也就是一个码元间隔内频率跳变多次，则称为快速跳频，如果跳频频率变化时间间隔超过码元间隔，则称为慢速跳频。在实际应用中，习惯上也可以将跳频速率分为慢速、中速和快速，通常跳频速率低于 100Hop/s 为慢速跳频，高于 100Hop/s 但低于 1000Hop/s 为中速跳频，超过 1000Hop/s 为快速跳频。目前，短波电台中使用跳频时的跳频速率一般为 5～50Hop/s。

跳频带宽表示跳频工作时最高频率与最低频率之间的频带宽度。对于短波电台，采用跳频时的跳频带宽一般为 64kHz/128kHz/256kHz。

跳频频率集表示跳频的载波频率点的集合，其中跳频的载波频率点的个数称为跳频频率点数。目前短波电台采用跳频通信时的频率点数一般为 32 个或 64 个。

跳频图案是跳频通信系统的重要参数，是指跳频频率按伪随机序列跳变的规律，这里的伪随机序列也称为跳频密钥，利用其控制频率合成器实现跳频通信。跳频图案的好坏对跳频通信的抗干扰性能优劣影响很大，通常跳频序列周期越长，随机性越好，运算越复杂，跳频图案越好。一般用时域和频域组成的时频矩阵图来表示跳频图案，每个频率持续时间为 T，如图 5-6 所示。

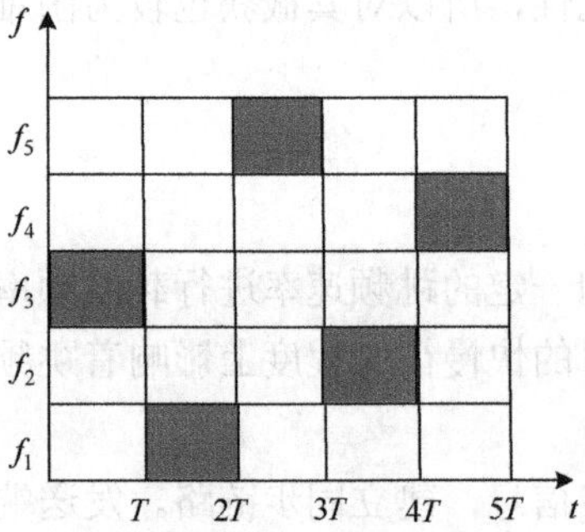

处理增益和扩频通信系统中含义一致。在跳频过程中为使相邻跳频频点间互不干扰，必须使得相邻频点的信号频谱无交集。跳频的处理增益通常等于系统的跳频频点数，跳频点数越多，系统的处理增益越大。

收发双方除了需要相同跳频图案外，还需要保持同步，才能实现跳频通信。这里的跳频同步主要是指跳频图案相同，跳频频率表相同，跳变的起止时刻相同，所以，在进行跳频通信时，首先收发双方必须进行同步，除了需要知道跳频图案、跳频频率集、跳频起止时间等参数外，还需要保持收发双方的时钟一致。通常，跳频同步方式可以根据接收方获得发送方同步信息和校对时钟的方法进行分类，主要包括独立信道法、前置同步法或同步字头法、自同步法。实际中，短波电台使用跳频通信时常采用多种同步方法组合使用以达到最佳同步效果。

图 5-6　跳频时频矩阵图

下面具体分析常规短波跳频系统的工作过程，其系统模型框图如图 5-7 所示。

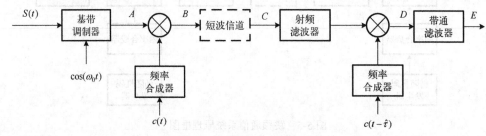

图 5-7　常规短波跳频系统模型

如果假设传输信号 $S(t)$ 经过基带调制后的信号为

$$S_A(t) = S(t)\cos(\omega t) \tag{5-37}$$

假设伪随机码为 $c(t)$，跳频频率点数为 N，跳频频率合成器的中心频率为 ω_0，跳变最小间隔为 $\Delta\omega$，第 $n(n=0,1,\cdots,N-1)$ 个载波频率的初始相位为 φ_n，则 B 点处的发送信号为

$$S_B(t)=S_A(t)\cos[(\omega_0+n\Delta\omega)t+\varphi_n] \tag{5-38}$$

发送信号经过短波信道传输后，由于受到各种噪声的干扰，此时接收端 C 点的接收信号为

$$S_C(t)=S_A(t+\tau)\cos[(\omega_0+n\Delta\omega)(t+\tau)+\varphi_n]+n(t) \tag{5-39}$$

式中，τ 为传播时延；$n(t)$ 为噪声。

如果存在干扰信号 $J(t)$，且干扰信号的中心频率与跳频信号一致，则此时

$$S_C(t)=S_A(t+\tau)\cos[(\omega_0+n\Delta\omega)(t+\tau)+\varphi_n]+J(t)\cos(\omega_0t+\varphi_J)+n(t) \tag{5-40}$$

经过接收端滤波处理后，再进行解跳处理，与频率合成器产生的频率进行处理，得到 D 点的信号为

$$\begin{aligned}
S_D(t)=&\int_{\omega_{n0}-\frac{B}{2}}^{\omega_{n0}+\frac{B}{2}}\frac{1}{2}S_A(\alpha+\tau)\cos(\omega_{n0}t)h(t-\alpha)\mathrm{d}\alpha\\
&+\int_{\omega_{n0}-\frac{B}{2}}^{\omega_{n0}+\frac{B}{2}}\frac{1}{2}J(\alpha)\sum_{n=0}^{N-1}\frac{1}{2}\{\cos[(\omega_{n0}+n\Delta\omega)\alpha+\varphi]\\
&+\cos[(\omega_n+\omega_0+n\Delta\omega)\alpha+\varphi_n]\}h(t-\alpha)\mathrm{d}\alpha+n'(t)
\end{aligned} \tag{5-41}$$

式中，ω_n 为当前产生的本地载波；$\omega_{n0}=\omega_0-\omega_n$；$B$ 为中频滤波器带宽；$n'(t)$ 为解调后带宽内的窄带噪声。通常情况下，信号解跳后，经过滤波，其中干扰项部分留在滤波器带宽范围内的较少。

常规短波跳频通信受到传输环境、元器件性能等因素的影响，存在跳速低、可用跳频频率集小、跳频带宽窄、信息传输速率低等问题。常规跳频系统初期采用锁相环(Phase Locking Loop，PLL)频率合成技术，而该技术的频率转换速度较低，从而使得系统的跳速不高。随着数字处理技术的发展，采用直接数字频率合成器(Direct Digital Frequency Synthesis，DDS)有效缩短了跳频频率转换时间，在一定程度上提高了跳速。但是，由于常规跳频系统首先需要进行同步，因此接收端需要跟踪捕获同步信息，对于高速跳频信号，其同步是较难实现的，因此也制约了跳频系统的跳速。考虑到短波通信有"窗口"，再考虑相邻频点之间尽量减小干扰，短波跳频系统可用跳频频率集小，跳频带宽窄。又因为其跳频带宽有限，系统无法采用高阶调制方式，根据香农公式可知，其信息传输速率低。

随着短波通信的不断发展，短波跳频技术将会出现更大的飞跃，将会朝着数字化、高速化、智能化的方向飞速发展。数字化是现代通信的发展总趋势，短波跳频通信也必然要向数字化的方向发展。高速化是为了满足日益增长的抗干扰以及抗多径效应、抗衰落的能力需求，提高跳频速率成为最可行的途径之一。智能化处理成为下一代短波通信需要具备的能力，从而进一步提升了短波通信的隐蔽性、抗干扰性以及自动化程度。

5.3.2　短波自适应跳频

各种技术的快速发展，促使短波通信中采用各种技术来解决常规跳频通信中存在的一

些问题。其中一种典型的应用就是频率自适应技术与跳频技术的结合，这使得短波跳频通信过程中可以自主选择可靠通信频率，从而提升系统性能。

自适应跳频通常可分为三种类型：一是跳频技术与频率自适应功能相结合，在跳频同步建立前，通信双方首先在预定的频率集中，通过自适应功能选出"好频率"作为跳频中心频率，然后在该频率附近跳变；二是跳频技术与频率自适应功能相结合，在跳频同步建立前，通信双方首先在预定的频率集中，通过自适应功能选出适应跳频用的"好频率"作为跳频频率表；三是跳频通信过程中，自动进行频谱分析，不断将"坏频率"从跳频频率表中剔除，将"好频率"增加到频率表中，自适应地改变跳频图案，以提高通信系统的抗干扰性能并尽可能增加系统的隐蔽性。目前，短波跳频通信装备主要是第一种类型。

与常规跳频体制相比，自适应跳频有以下特点。

(1) 智能化程度高，避免了"坏频率"的重复出现，抗干扰性能更好，传输数据时，误码率更低，提高了系统的可通率；

(2) 可以进一步与宽带跳频相结合，大大提高了其抗干扰性能；

(3) 跳频频点数越多，则需要搜索的信道越多，时间开销越大；

(4) 多部电台组网时，操作过程相对复杂，确定可用频率的时间较长。

虽然自适应跳频较常规跳频抗干扰能力进一步增强，但是这种抗干扰体制仍存在着一些缺陷。

(1) 频率易暴露。自适应跳频电台按照 LQA 技术，在指定的信道上按一定的图案进行探测，实际上为敌人提供了自己使用频率的信息，暴露了自己在一定时期的工作频率，所以对于军事通信来说，这一点是比较严重的问题。

(2) 信道搜索时间过长。收发双方保持通信良好的必要条件是：双方都工作在自己的好频率点上，同时工作频率又都能保证良好的电离层传播特性。一般的自适应选频技术要做到以上两点非常不易。

例如，美军的 ALE 方法要在 100 个频率点上联机呼叫，每一个点上都要进行链路质量分析(LQA)，选择其中最好的作为工作频率，双向通信需要选择不同频率，建立信道时间开销大，通常需要 8～12s，且频率大量暴露，还容易造成干扰。自称目前是世界上最好战术电台的法国 TRC-3500，有先进的 SKYHOPPER 自适应跳频系统，选频时间也需要 6～8s，如果用 AN/TLQ-17A 干扰机(美国干扰机，1～60MHz，2.5kW，能在 1s 内对 256 个预存频率点之一进行干扰)干扰这些"先进通信系统"，在它们联机呼叫时就存储频率，一旦信道建立，在 1s 内立即施放干扰，这些"先进通信系统"都将瘫痪。

目前，宽带跳频的相关技术仍然处于研究之中，因此阻塞式干扰仍然是自适应跳频系统有效工作的重大威胁之一。

5.3.3　短波高速跳频

常规跳频系统已经无法满足人们对高跳速、高信息速率以及高可靠性的要求，一种新型的短波跳频系统渐渐地得到更多人的关注，该系统不仅具有很强的抗干扰、抗截获等常规短波跳频系统所拥有的特点，且具备高跳速、高信息速率以及异步接收等常规短波跳频不具备的特点。这种新型的短波跳频系统即短波高速跳频系统。

　　短波高速跳频与常规跳频的主要区别在于跳频速率，通常达到上千跳。例如，美国研制的 HF2000 短波数据系统，其跳速可达 2560Hop/s，数据传输速率达 2400bit/s。之后，美国进一步研制了跳速更高的相关跳频增强型扩频(Correlated Hopping Enhanced Spread Spectrum)无线电台，简称 CHESS，跳频速率为 5000 Hop/s，其中 200 跳用于信道探测，4800 跳用于数据传输。

　　短波高速跳频之所以能够实现远高于常规跳频的跳速，主要原因在于其充分利用了相关跳频技术。下面详细介绍短波高速跳频的工作原理。

　　1. 系统模型

　　常规跳频系统中，通信信息一般经过两次调制解调：一是对信息进行调制解调，二是采用跳频调制解调频点。高速跳频不同于常规跳频，需要利用相关跳频技术实现数据信息与跳频频率之间的映射关系，其系统数学模型如图 5-8 所示。

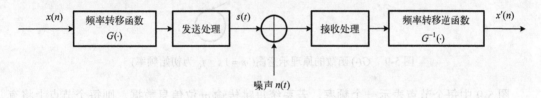

图 5-8　高速跳频的系统数学模型示意图

　　假设发送信息为 $x(n)$，跳频频点集为 $(f_0, f_1, \cdots, f_{N-1})$，每个时刻仅能发送其中某一频率，因此可以用矢量表示 $\boldsymbol{F}(\lambda_0, \lambda_1, \cdots, \lambda_{N-1})$，其中 $\lambda_i \in \{0,1\}, i = 0, 1, \cdots, N-1$，且 $\sum_{i=0}^{N-1} \lambda_i = 1$，$\lambda_i = 1$ 表示发送第 i 个跳频频点 f_i，其余 $\lambda_j = 0(j \neq i)$。这种关系可以利用频率转移函数 $G(\cdot)$ 表示。

　　接收处理部分对接收到的信号进行傅里叶变换后得到接收信号的频域信息，分析接收到的频点矢量 $\boldsymbol{F}'(\lambda_0', \lambda_1', \cdots, \lambda_{N-1}')$，由于噪声等影响，$0 \leq \lambda_i' \leq 1(i = 0, 1, \cdots, N-1)$，也表示第 i 个跳频频点的归一化能量。进一步通过频率转移逆函数 $G^{-1}(\cdot)$ 可以恢复出信息的估计值 $x'(n)$。

　　在高速跳频中，最为关键的就是频率转移函数及其逆函数，通过跳频频率点之间的相关性对信息进行处理并解调，从而实现信息传输，也称为相关跳频。对于每一时刻，跳频信息由相关跳频算法控制其转移到有限的频点。如果在通信过程中，干扰信号正好位于该有限频点集中，就会对通信产生干扰；如果不在该有限频点集中，就在逆变换过程中被去除。同时，高速跳频系统可以实现高速数据传输率，如果每跳携带的比特数一定，跳速越高，数据传输率越高；如果跳速不变，每跳携带的比特数越多，数据传输率越高。

　　2. 相关跳频原理

　　相关跳频指当前跳的频点 f_n 与上一跳的频点 f_{n-1} 以及当前时刻输入的信息符号序列 $x(n)$ (或 x_n)有关，这与差分处理类似，所以也称为差分跳频(Differential Frequency Hopping, DFH)，可以表示为

$$f_n = G(f_{n-1}, x_n) \tag{5-42}$$

其中，$G(\cdot)$ 表示特定的频率转移函数。$G(\cdot)$ 函数的好坏直接影响高速跳频系统的性能，通常将其看成有向图案，如图 5-9 所示。

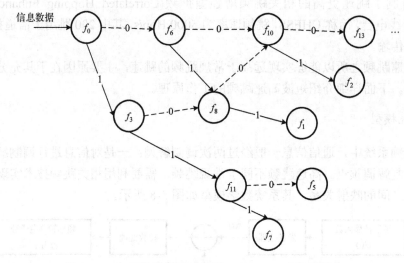

图 5-9　$G(\cdot)$ 函数的原理示意图($m=1$，f_0 为初始频率)

图 5-9 中每个节点表示一个频率，若系统每跳传输 m 位信息数据，则每个节点上将有 $f = 2^m$ 个边输出。图中为每个跳频信号传输 1 个信息位，其中实线箭头表示传输信息符号 "1"，虚线箭头表示传输 "0"。发送端将待传送数据按照每 m 个进行分组，选择初始节点后，按照图中关系进行频率变换。例如，当传输信息码为 1001 时，该系统的频率跳变规律为 $f_0 \rightarrow f_3 \rightarrow f_8 \rightarrow f_{10} \rightarrow f_2$。接收端通过逆变换解跳出信息数据，因此 $G(\cdot)$ 函数应具有可逆性，即

$$x_n = G^{-1}(f_{n-1}, f_n) \tag{5-43}$$

设计 $G(\cdot)$ 函数时，要求频率分布具有遍历性、均匀性、随机性，且要求满足：

(1) 每个频率节点的转入路径数和转出路径数一样；

(2) 除整个频率状态空间外，不存在任意一个频率状态组成的闭集；

(3) 相邻跳频点应不同，具有非自反性。

常见的 $G(\cdot)$ 函数设计方法主要有基于同余理论的 $G(\cdot)$ 函数构造方案、基于移位寄存器状态的 $G(\cdot)$ 函数构造方案、基于 m 序列的 $G(\cdot)$ 函数构造方案等。

1) 基于同余理论的 $G(\cdot)$ 函数构造方案

同余是指多个被除数被同一个除数去除时余数相同，也就是它们对于该除数同余。此时，有

$$f_n = G(f_{n-1}, x_n) = [f_{n-1} + g(x_n)] \bmod N \tag{5-44}$$

其中，$g(x_n)$ 表示一个自变量为 $\{0,1,\cdots,2^m-1\}$ 的一一映射函数，需要满足其取值为 $\{1,\cdots,N\}$ 的整数，且互不相等，其中至少有一个与 N 互质，同时其中有两个元素的差与 N 互质。该构造方案中 $G(\cdot)$ 函数能够获得较高的复杂度，并且具有较强的保密性，但是其纠错性能较差。

2) 基于移位寄存器状态的 $G(\cdot)$ 函数构造方案

基于移位寄存器状态的 $G(\cdot)$ 函数构造方案是利用寄存器状态直接映射得到频率值，如图 5-10 所示。

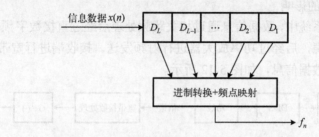

图 5-10　基于移位寄存器的 $G(\cdot)$ 函数构造示意图

图 5-10 中 $L = \log_2 N$ ，此时寄存器也可以是具有反馈特性的反馈移位寄存器。

该方案构造的 $G(\cdot)$ 函数能够产生具有较好均匀性和遍历性的频率序列，纠错性能也要优于基于同余理论的方案。但是该方案在信息序列分组长度大于 4，即 $m > 4$ 时，会产生反馈混乱，从而影响系统产生频率序列的性能。

3) 基于 m 序列的 $G(\cdot)$ 函数构造方案

基于 m 序列的 $G(\cdot)$ 函数构造方案是将 m 序列通过一种函数映射关系，与 f_{n-1} 和 x_n 共同作用得到当前频率值 f_n ，通常表示为

$$f_n = G(f_{n-1}, x_n, m(k)) \tag{5-45}$$

图 5-11 为基于 m 序列的 $G(\cdot)$ 函数构造方案示意图，该方案能够产生具有良好随机性和均匀性的跳频频率序列，纠错能力也较好，并且 m 序列易于控制和产生，具有较好的性能。

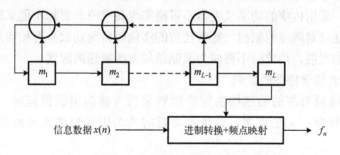

图 5-11　基于 m 序列的 $G(\cdot)$ 函数构造示意图

3. 最高跳速

当跳频频率变化时间间隔小于最小的路径时延差，并且小于跟踪式干扰机所能达到的有效干扰的时间时，短波跳频通信能够获得良好的抗多径干扰以及抗跟踪式干扰的性能。这也就意味着，跳速越高，短波跳频通信抗干扰性能越好。

常规跳频通信中制约跳速的因素有多个方面，主要包括系统设备的性能、同步方案等。高速跳频采用新的技术体制实现高跳速、异步跳频等，这使得一些制约常规跳频跳速提高

的因素不会对高速跳频产生影响，如同步方案。但是仍然有一些因素会对高速跳频的跳速产生影响，如信道机响应时间、频率合成器换频时间等系统设备的性能。此外，短波信道的传输特性也会对高速跳频的跳速产生较大的影响。

1) 系统设备性能的影响

在短波高速跳频系统中，数据信息通过相关跳频处理后经过直接数字频率合成器(DDS)处理后生成发射信号源，后经过功率放大器进行射频发送。接收端进行宽带接收处理后，进行解跳处理，恢复数据信息，如图 5-12 所示。

图 5-12　短波高速跳频系统框图

分析高速跳频处理过程，在系统处理过程中会对跳速产生影响的系统设备主要有 DDS 和功放。DDS 具有跳速可任意设定、频率步进值较小、噪声性能极好等优点，而且电路结构简单，体积小，调试方便。它的不足之处在于输出杂散丰富，最高输出频率受限。目前，一般的 DDS 芯片的最高输出频率可达 40MHz，杂散抑制比可达 60~65dB，性能较好的芯片最高输出频率还可达到 120MHz，杂散抑制比可达 70dB。相关跳频系统要求有更高的杂散抑制比，为此可以在 DDS 外围增加杂散抑制电路。这虽然会使系统的跳速受到一定影响，但随着 DDS 技术的发展，这一点是可以解决的。因此 DDS 虽然是系统跳速的一个制约因素，但不是相关跳频系统最高跳速的决定性因素。

在常规跳频中，功率放大器的功率上升和下降处理时间一直是制约跳速的重要因素。一般地，当功率放大器达到 100W 功率输出时，功率上升和下降的时间之和通常为毫秒数量级，如果仅仅考虑功放的响应时间，跳频系统的跳速将限制在每秒几十跳范围内。因此，在高速跳频中，采用传统的功率放大器不可能实现高跳速。要想实现高跳速，需要采用宽带功放，减小功放对跳速的制约。宽带功放的实现较传统功放具有相当的难度，随着短波宽带功放技术的发展，功放将不再成为限制跳频系统跳速的因素。

2) 短波天波信道特性的影响

影响高速跳频系统的跳速的决定性因素来自天波信道的群延时。群延时是短波信道的一种固有现象，无法克服，这也是群延时成为限制短波高速跳频系统最高跳速的主要原因。

在电磁场理论中，群延时通常描述含有多个频谱成分的窄带频谱沿同一条路径的传播延时。短波高速跳频通信中，短波信号利用电离层反射，理论上，信道中传输的高速跳频信号由一系列的脉冲信号组成，在频域上为一根根谱线，但实际中，通常发送信息在频域上具有一定的带宽，假设为 $\Delta\omega$，此时形成的跳频信号的频域如图 5-13 所示，每个跳频频点的信号以 ω_i 为中心频率，通常 $\Delta\omega \ll \omega_i$，$i=0,1,\cdots,N-1$，$N$ 表示跳频频点数。

群延时的表达式为

$$\tau=\frac{\mathrm{d}\phi(\omega)}{\mathrm{d}\omega} \tag{5-46}$$

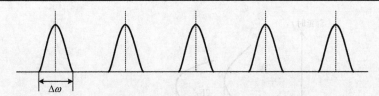

图 5-13　高速跳频信号频域示意图

式中，ϕ 为相位；ω 为角频率。在短波通信系统中，考虑到短波信号利用电离层折射，因此通过分析可以发现群延时可以表示为

$$\tau = \frac{\displaystyle\int \frac{\mathrm{d}(\omega n)}{\mathrm{d}\omega} \mathrm{d}z}{c} \tag{5-47}$$

式中，n 为折射率。很显然，群延时与折射率和信号频率有关。

考虑到对于各向同性的无吸收介质时，电离层的折射率可以表示为

$$n = \sqrt{1 - 80.7 \times 10^6 \frac{N_e}{f^2}} \tag{5-48}$$

式中，N_e 为电子密度，单位为个$/ m^3$；f 为频率，单位为 Hz，$f = \dfrac{\omega}{2\pi}$。电离层对于不同频率信号的折射率不同，也就是折射率与频率有关，这使得群延时也成为频率的函数。这也就意味着，当发送信号具有不同的频率分量时，虽然信号沿同一条路径到达接收端，但是不同频率的信号延时不同。在高速跳频系统中体现为发送的跳频信号，在接收端会因为频率不同造成跳频信号到达时间差不同，甚至顺序变化，所以电离层是具有色散特性的介质，短波通信中的群延时将引起高速跳频信号的畸变。

通常工程应用中衡量信道传播特性时更有意义的是群延时差，即不同群延时的差别。考虑到电离层是时变介质，因此群延时差可以表示为

$$\Delta\tau = B \frac{\mathrm{d}\tau}{\mathrm{d}f} \tag{5-49}$$

式中，B 为信号带宽，通常情况下 B 已知。

理想情况下，电离层中 τ 与 f 具有图 5-14 中的曲线关系，图中曲线表示通过 F_2 层反射后分别经过一跳、两跳和三跳时的情况，其中 f_{MUF} 表示最高可用频率。群延时差表达式中的 $\dfrac{\mathrm{d}\tau}{\mathrm{d}f}$ 表示图中曲线的斜率。

分析图 5-14 可以发现：

(1) 当频率 f 趋向于 f_{MUF} 时，其群延时差增加。

(2) 随着反射次数增加，群延时增加，群延时差也增加，这主要是因为电磁波随着跳数增加，在电离层中传播路径增长。

(3) 最高可用频率 f_{MUF} 增大，则群延时差变小。

表 5-1 为中纬度地区晚间典型群延时差的测试数值。

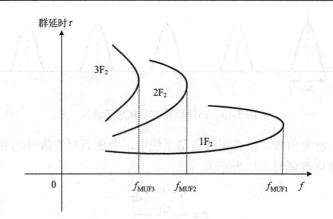

图 5-14　电离层群延时与频率之间的关系

表 5-1　中纬度地区晚间典型群延时差在不同条件下的测试值

路径长度/km	太阳黑子数	夏季				冬季			
		f_{MUF} /MHz	模式	$d\tau/df$ /(μs/MHz)		f_{MUF} /MHz	模式	$d\tau/df$ /(μs/MHz)	
				f 占 f_{MUF} 的百分比				f 占 f_{MUF} 的百分比	
				70%	85%			70%	85%
500	0	4.3	1F_2	120	430	3.4	1F_2	170	1000
	100	6.9	1F_2	160	460	3.7	1F_2	530	1000
1500	0	7.0	1F_2	20	45	5.4	1F_2	27	30
	100	11.0	1F_2	18	50	5.5	1F_2	60	130

从表 5-1 中可以发现：

(1) 短波通信所用频率越靠近最高可用频率 f_{MUF}，群延时差越大。

(2) 所用频率 f 越高，群延时差越小。

并且结合图 5-14，可以发现频率 f 和电离层传播路径的长短都对群延时差产生影响，但频率的影响相对更大。

3) 群延时决定最高跳速

虽然每跳跳频脉冲信号具有一定的带宽，但通常远小于跳频频率间隔，此时电离层对每跳跳频脉冲信号内产生群延时差可以忽略不计，此时需要重点考虑的是每跳信号之间的群延时差。如果该群延时差使得前后跳频率之间发生混叠，那么就会导致接收机无法有效处理每跳信号，如图 5-15 所示，两条虚线之间的间隔表示一跳时间间隔。

群延时使沿同一路径传播的不同频率信号传播速度不同，造成前后跳频率发生部分重叠，从而对接收信号的处理产生影响。当群延时使前后两跳完全重叠，甚至后一跳比前一跳先到达时，将完全改变跳频信号的时序关系，接收端无法正确解跳识别。在短波高速跳频中，采用的相关跳频技术需要利用前后频率的相关性来携带信息，如果前后跳频率发生大量重叠，将使系统陷于瘫痪，无法正常工作。通常，前后跳频率的重叠部分如果达到跳频脉冲宽度的一半以上，高速跳频系统将无法区分，此时通信将中断。因此，群延时可能会对高速跳频通信系统产生致命性的影响，是必须考虑的因素。

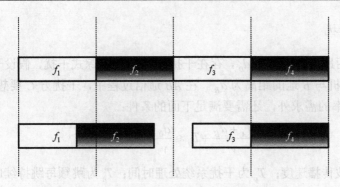

图 5-15　群延时影响跳频信号传播速度示意图

假设高速跳频系统的跳速为 R_h，每一跳时间间隔为 $1/R_h$，前后跳频频率之间重叠程度为 ξ，若要保证系统正常工作，要求 $\xi \le 1/2$，即

$$\xi = \frac{\Delta \tau}{\dfrac{1}{R_h}} = R_h \cdot \Delta \tau \le \frac{1}{2} \tag{5-50}$$

在上述要求下，当群延时差 $\Delta \tau$ 确定时，最高跳速就可以确定。

例如，在短波高速跳频系统中，跳频带宽为 $B = 2\text{MHz}$，$\dfrac{\mathrm{d}\tau}{\mathrm{d}f} = 50\mu\text{s/MHz}$，试计算该跳频系统的跳速。

系统群延时差 $\Delta \tau = B \dfrac{\mathrm{d}\tau}{\mathrm{d}f} = 100\mu\text{s}$，若要保证系统正常工作，要求前后跳频频率之间重叠程度 $\xi \le \dfrac{1}{2}$，则系统跳速 $R_h \le 5000\text{Hop/s}$，也就是此时高速跳频系统的最高跳速为 5000Hop/s。

在短波跳频通信中，考虑到天波传播特点，通常跳频带宽在 2MHz 左右，因此在设计短波高速跳频系统时，跳速最高为 5000Hop/s。

注意到在常规跳频系统中，每跳时间间隔远超过信道群延时差，所以通常短波天波信道产生的群延时对跳频信号产生的前后抖动及脉冲的展宽现象可忽略不计，此时的群延时主要考虑由系统设备引起。但是，在高速跳频系统中，跳速高，每跳持续时间短，此时就需要重点考虑短波电离层传播产生的群延时对跳频信号的影响，而接收机因采用宽带接收方式，常规跳频系统中设备引起的群延时不需要考虑。

5.3.4　短波跳频通信抗干扰性能分析

短波跳频通信如果需要获得很好的抗干扰、抗截获性能，就需要随机性好的伪随机序列、足够宽的跳频带宽、足够多的跳频点数以及足够快的跳频速率等，同时也因为跳频通信的工作方式能够较好地对抗窄带定频干扰，并且跳速越高，其对抗跟踪式干扰的能力越强。

1. 跟踪式干扰

假设在 AB 两地通信距离为 d_0，存在干扰方 C 进行跟踪式干扰，假设干扰机与 A 地的距离为 d_A，干扰机与 B 地的距离为 d_B。在 AB 通信过程中，干扰方 C 要想达成有效干扰，除了需要满足功率的需求外，还需要满足下面的条件：

$$\frac{d_A + d_B}{v} + T_p \leqslant \frac{d_0}{v} + \eta(T_h - T_c) \tag{5-51}$$

式中，v 为电磁波传播速度；T_p 为干扰系统处理时间；T_h 为跳频每跳持续时间；T_c 为调频频率切换时间间隔；η 为抗干扰容限系数，$0 \leqslant \eta \leqslant 1$。式(5-51)左边表示干扰机首先接收到发送方发送的跳频所需时间为 d_A/v，干扰机进行处理产生干扰信号，处理时间为 T_p，干扰信号从干扰机到达接收方时间为 d_B/v。如果干扰信号到达接收机时，跳频信号已经跳变到下一个频率点，则无法在该频率形成有效干扰。

式(5-51)也可以写成：

$$d_A + d_B \leqslant d_0 + \frac{\eta(T_h - T_c) - T_p}{v} \tag{5-52}$$

对于给定短波通信系统，通信距离 d_0 确定，其抗干扰容限系数 η 确定，每跳持续时间 T_h 以及频率切换时间间隔 T_c 都确定，干扰机的系统处理时间通常也确定，此时不等式右边为一确定值，这也就意味着干扰机要起到干扰作用，则其位置通常需要刚好在以收发位置为焦点的椭圆上，如图 5-16 所示。

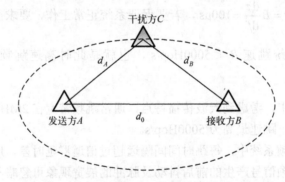

图 5-16　干扰机与通信双方的相对位置关系示意图

令 $T_{AB} = \dfrac{d_A + d_B}{v}$，$T_0 = \dfrac{d_0}{v}$，则每跳内被干扰时间为

$$T_J = \begin{cases} T_h - T_c - (T_{AB} + T_p - T_0), & T_h - T_c - (T_{AB} + T_p - T_0) > 0 \\ 0, & \text{其他} \end{cases} \tag{5-53}$$

定义干扰比为

$$\xi = \frac{T_J}{T_h - T_c} = 1 - \frac{T_{AB} + T_p - T_0}{T_h - T_c} \tag{5-54}$$

当干扰机位于收发双方为焦点的椭圆上时，干扰比 $\xi = 1 - \eta$。一般地，$T_h \geqslant T_c$，则当

干扰位置距离通信双方距离较近时，有

$$\xi \approx 1 - T_p f_h \tag{5-55}$$

式中，f_h 为跳频速率。

跳频系统的处理增益为

$$G_p = \frac{1}{\xi} \approx \frac{1}{1 - T_p f_h} \tag{5-56}$$

所以，跳频速率越高，跳频通信系统的抗跟踪干扰的能力越强。

2. 频带干扰

假设发送信号的带宽为 B_s，跳频带宽为 B_h，则系统的处理增益为

$$G_p = \frac{B_h}{B_s} \tag{5-57}$$

对于给定信号源，其信号带宽一定，此时跳频带宽越宽，则系统处理增益越大。

对于短波通信，由于其天波传播特性，其存在"窗口"效应，因此为了获得稳定可靠的通信质量，通常通信带宽应在"窗口"范围内，因此跳频带宽有限造成常规跳频的系统处理增益有限。而短波高速跳频采用相关跳频技术，一方面将发送信号带宽尽量压缩为单频信号，使得 B_s 足够小，另一方面增大跳频带宽至 2.56MHz，从而得到具有较高处理增益的跳频通信系统。

3. 多频点定频干扰

接收到信号功率为 P_s，当干扰信号为多频点定频信号时，频点数为 q，假设其功率为 P_J，且在 q 个频点上均匀分布，则每个频点上的功率为 $P_{J_q} = P_J / q$。如果要达到有效干扰，则至少要满足 $P_{J_q} \geq P_s$。

如果干扰信号功率一定，则干扰频点数越多，对跳频系统的干扰效果越差。如果不考虑功率受限，当干扰所有跳频信号频点时，干扰频点数 q 与跳频频点数 N 一致，此时干扰信号功率 $P_J \geq N P_s$，此时跳频系统处理增益为

$$G_p = \frac{P_s / P_{J_q}}{P_s / P_J} = q = N \tag{5-58}$$

对于跳频系统而言，跳频点数越多，则系统的抗干扰能力越强。在实际短波通信中，由于需要考虑邻近频点的干扰以及系统处理的分辨率等问题，在本就受限的跳频带宽范围内，跳频频点数取值不可能过多。在高速跳频通信系统中，只要分辨率允许，可以增加跳频点数，从而提高系统抗定频干扰的能力。

4. 广义平稳干扰

跳频通信系统能够很好地对抗定频干扰，对于广义平稳干扰也能够获得较好的性能。分析方法与直接序列扩频类似。

对于常规跳频系统，干扰信号经过中频滤波后，可以得到其相关函数为

$$R_J(\tau) = \int_{-\infty}^{\infty} R_j(\tau + \alpha - \beta) \left[\frac{1}{4}\cos^2(\varphi_n - \varphi) + \frac{1}{4}\sum_{n=0}^{N-1}\cos(\omega_{n0} + n\Delta\omega)(\tau + \alpha - \beta) \right] h(\alpha)h^*(\beta)\mathrm{d}\alpha\mathrm{d}\beta$$

(5-59)

功率谱函数为

$$S_J(\omega) = \frac{1}{4}\cos^2(\varphi_n - \varphi)S_j(\omega)|H(\omega)|^2 + \frac{1}{4}\sum_{n=0}^{N-1}S_j(\omega + \omega_{n0} + n\Delta\omega)|H(\omega)|^2$$

(5-60)

分析式(5-60)可见，此时干扰信号的频谱展宽。若中频滤波器带宽为 B，假设干扰信号有频率点落入带宽范围内，其余频点超过带宽范围，无法通过中频滤波器，此时输出的干扰信号功率为

$$P_{j_{\text{out}}} = \frac{1}{4}\cos^2(\varphi_n - \varphi)P_j$$

(5-61)

式中，$P_j = \int_0^B S_j(\omega)|H(\omega)|^2\mathrm{d}\omega$。因此，当 $\varphi_n - \varphi = \pi/2$ 时，此时干扰功率最大，为 $P_{j_{\text{out}}} = P_j / 4$。

考虑一个跳频周期内，干扰信号的平均功率为

$$\overline{P}_{j_{\text{out}}} = \frac{P_j}{4N}$$

(5-62)

假设接收端的跳频频率生成器和发送端同步，并且系统处理中各种元器件性能理想，则最终可以得到常规跳频系统的处理增益为

$$G_p = N$$

(5-63)

所以跳频系统的处理增益与跳频频率点数直接相关，若跳频频率点数越多，则跳频系统的处理增益越高。

5. 多径干扰

短波通信过程中，主要依赖天波传播实现远距离通信，在进行天波传播时，通过电离层反射，而电离层的反射特性会随着时间的变化而产生变化，属于典型的时变信道，短波信号在通过电离层传播过程中，存在多径时延、衰落以及多普勒效应等现象，这将导致通信质量不够稳定可靠。为了提高短波通信系统的可靠性，高速跳频技术可以有效克服多径干扰。

当短波通信中存在多条路径或不同传播模式达到接收端的信号时，由于信号在不同信道环境中传播，其传播距离不同，衰落特性不同，从而造成接收端接收到的多径信号之间存在时间、幅度等方面的差别，其中多径时延是衡量多径干扰的重要参数。多径时延是同一信号源不同路径信号之间的到达时间差。

假设发送信号 $s(t)$ 为理想冲激信号 $\delta(t)$，经过多径传播后，接收端会形成一串脉冲信号：

$$r(t) = \sum_n a_n(t)\mathrm{e}^{-\mathrm{j}2\pi f_c\tau_n(t)}\delta[t - \tau_n(t)]$$

(5-64)

式中，$a_n(t)$ 为第 n 路多径信号的幅度；$\tau_n(t)$ 为第 n 路多径信号的时延；f_c 为载波频率。

在高速跳频系统中，$\delta(t)=1$，所以

$$r(t) = \sum_n a_n(t)\mathrm{e}^{-\mathrm{j}2\pi f_c \tau_n(t)} \tag{5-65}$$

此时，接收信号取决于各路信号的多径时延。考虑到多径时延通常不同且难以预计，并且具有时变特性，接收信号的幅度产生起伏变化，这就是衰落现象。通常 τ_n 是一个很小的值，在高速跳频系统中，接收的多径信号合成时变化相互削减，使得高速跳频系统能够对抗多径干扰。

5.4　短波扩频通信技术的应用

扩频通信因其良好的抗干扰性能，在军事通信中得到了广泛的应用。短波通信作为军事通信中不可或缺的手段之一，具有重要的地位和意义。面对短波通信过程中存在的易被干扰截获等诸多问题，自然而然地将扩频通信引入，在一定程度上提升短波通信的抗干扰能力和通信性能。随着扩频技术特别是跳频在短波通信中的广泛应用，各种研究也逐渐深入，使得扩频技术得到了更加迅速的发展。

扩频通信是对抗无线电干扰的有效手段之一，特别是跳频在短波通信中的应用，极大地提高了短波通信的抗干扰能力。正因为跳频通信的各种优点，自其问世至今的短短几十年间，它在军事通信中备受各国关注，成为保障通信性能的"重要武器"。例如，美军的联合战术信息分发系统(Joint Tactical Information Distribution System，JTIDS)，它为海、陆、空三军的战术无线网，提供海、陆、空三军间的通信，并且提供与机载预警控制系统间以及与远距离司令部指挥所的通信，为地面部队提供位置信息，包括本部队和友邻部队的位置，甚至敌方部队的位置。JTIDS 是时分多址系统，主要采用直接序列扩频和跳频技术来获得抗干扰能力，因此是一种 DS/FH 混合扩频系统。特别地，该系统的测距定位能力也利用了直接序列扩频技术。

20 世纪 70 年代末，第一部短波跳频电台诞生以来，扩频技术特别是跳频在无线电台中得到了广泛的应用。到 80 年代，世界各国军队普遍装备了短波跳频电台。到 90 年代，跳频通信技术研究更加成熟完善，在军事通信装备中应用也更加普遍，总体上，短波跳频通信经历了常规跳频、自适应跳频和高速跳频三个阶段，例如，美国 Harris 公司研制的 RF-5000 电台，工作频带范围为 1.6～30MHz，采用了跳频技术，跳速为 20Hop/s，跳频带宽为 1MHz，且跳频频点可在全频段内任选。跳频图案采用伪随机序列生成，可以组织 10 个跳频网，跳频指令码周期大于 5 年，同步方式采用突发同步。此外，该电台还具备频率自适应功能，具有较高的自动化程度。表 5-2 列举了部分国外典型短波跳频电台。

表 5-2　国外典型短波跳频电台

电台名称	国家	跳频带宽	跳速/(Hop/s)	方法
SCIMITAR-H 短波跳频电台	英国	500kHz	20	常规跳频
JAGUAR-H 短波跳频电台	英国	400kHz	10～15	常规跳频

续表

电台名称	国家	跳频带宽	跳速/(Hop/s)	方法
SOUTHCOM 电台	美国		10	常规跳频
RF-5000 系列电台	美国	最宽 1MHz	10	常规跳频
HF2000 短波数据系统	美国		2560	高速跳频
CHESS 电台	美国	2.56MHz	5000	高速跳频

目前各国使用的短波通信装备中，基本都添加了跳频工作方式，大部分仍然使用常规跳频技术，因此短波跳频电台均存在跳速低、带宽窄、抗干扰能力有限等缺点。随着 DSP、短波全频段天线等各种技术的不断发展成熟，短波高速跳频以及基于软件无线电的短波电台正在快速发展，例如，美国休斯公司设计和研制了高数据率抗干扰 HF2000 系统，其跳频速度高达 2560Hop/s，具有很强的抗干扰能力，并可在短波天波信道上，具有很强的抗多径、抗衰落能力，在不用自适应均衡情况下，提供可靠传输 2400bit/s 数据的能力。1995 年，美国 Lockhead Sanders 公司又研制了一种相关跳频增强型扩频(Correlated Hopping Enhanced Spread Spectrum，CHESS)无线电台，跳频速率为 5000Hop/s，其中 200 跳用于信道探测，4800 跳用于数据传输，每跳传输 1~4bit 数据，数据传输速率为 4.8~19.2Kbit/s。CHESS 把冗余度插入电台的跳频图案，以 4800bit/s 的速率传输数据时，误码串为 $1×10^{-5}$。跳频带宽为 2.56MHz，跳频点数 512 个，跳频最小间隔 5kHz。虽然目前美军已有短波高速跳频电台，但在使用中仍然存在制约因素，无法获得良好效果。

我军短波通信装备既包含固定短波通信系统，也包含机动短波通信系统。为了提高短波通信的抗干扰、抗截获能力，扩频通信技术得到了广泛应用，目前我军短波电台、双频段电台均采用了跳频以及直接序列扩频技术。虽然这些电台目前仍然使用常规跳频技术，但其跳速不高，抗干扰能力有限，相信在不远的将来，在技术不断革新的基础上，短波高速跳频电台必将成为下一代短波通信的神兵利器，进一步提升我军短波通信的抗干扰、抗截获能力。

习　　题

5.1　扩频通信中衡量系统性能的参数主要有哪些？含义分别是什么？

5.2　简述直接序列扩频的工作原理，并解释其抗干扰能力。

5.3　简述跳频的工作原理，并解释其抗干扰能力。

5.4　短波常规跳频通信的跳速有什么限制？为什么？

5.5　短波高速跳频采用什么方法提高跳速？

5.6　假设某短波高速跳频系统，跳频带宽为 $B=1.5MHz$，群延时差约 200μs，试计算该跳频系统的最高跳速。

第6章　短波通信网

　　短波通信主要通过电离层作为中继系统实现中远距离通信,且其受地形影响小、抗毁性强、易用且经济而成为应急、保底通信中重要的手段之一。但是,短波通信也存在其固有缺陷,信道时变、多径干扰严重、频率资源少等,使得现实中的短波通信面临诸多的挑战。通过组网方式进行短波通信,能够较为有效地解决短波信道等带来的问题,大大提高短波通信的可靠性,从而满足不同业务需求下的通信。本章主要介绍在不同情况下,为提高短波通信可靠性而常用的几种组网方式。

6.1　传统组网形式

　　本节首先介绍传统短波通信组网模式。传统短波通信网通常是以点对点或者点对多点通信方式为基础构成的无中心网络,组网后分布各处的短波用户可以实现全连接,即其之间均可建立直达通信,而无须任何集中交换控制系统的参与。对网络的控制管理主要通过频率的规划来实现。按照组织运用形式,可划分为专向通信和网路通信两种模式,下面分别进行介绍。

6.1.1　专向通信

　　专向通信是两个短波电台通过预先设定的相同的联络规定,建立通信联络的一种方式,类似于有线通信中的专线,点对点展开,用于保障两个短波通信对象之间通信的网络,其组网示意图如图6-1所示。

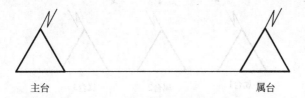

主台　　　　　　　　　属台

图6-1　专向通信组网示意图

　　专向通信网络建立简单、通联迅速、实时性好、效率高,是短波通信中最简单的一种组网方式,但如果各通信站点均采用这种模式进行通信,占用的人员、设备和频率资源等都会比较多。因此,其在实际中应用范围较小,可以用于建立专线,或者业务传输量需求较大的场合中。而在军事通信中,其通常用于指挥所与通信容量大、通信实时性要求高的主要作战方向和单独执行特殊任务的部(分)队之间的通信联络。通常情况下,专向通信的两个短波电台需要区分为主台和属台,主台一般由上级用户台担任,在通信联络过程中承担下发任务、作出指示命令等,属台服从主台指挥,完成各项指示任务。

6.1.2　网路通信

网路通信是三部及以上短波电台之间，使用相同的联络规定建立相互间联络，保障相应用户间通信的网络，组网示意图如图 6-2 所示。

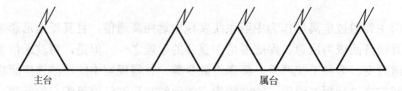

主台　　　　　　　　　　　　　　　　属台

图 6-2　网路通信组网示意图

网路通信组网灵活、形式多样，便于建立通播通信、各台之间的相互联络和实施转信，与专向通信相比，具有占用人员、器材和频率少的优点，是目前广泛采用的一种组网形式。网路通信通常需要设置一个主台，主台由上级用户台担任，属台应服从主台指挥，因此，沟通联络时容易暴露指挥关系，而且其通信时效性较低，工作方法也相对复杂。

网路通信按网内联络关系的不同，可分为纵式网、横式网和纵横式网三种形式的网路，在通信时可根据实际需要灵活运用。

纵式网由一部主台和多部属台组成，是以主台为中心的节点类型网络。纵式网只允许主台与各属台之间进行通信，即主台可以与任一属台之间相互联络，或者只由主台发信，各属台收信，而各属台之间不能相互联络，组网示意图如图 6-3 所示。

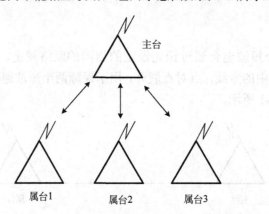

主台

属台1　　　　　属台2　　　　　属台3

图 6-3　纵式网组网示意图

纵式网的组网主要是通过短波电台的收发异频来实现的，其主属台关系明确，组织有序。纵式网中，属台只能与主台进行信息交互，若需要与其他属台进行通信，则必须要由主台进行中转，因此，所有的业务信息都会汇聚到主台，业务量大，容易暴露指挥关系。而且信号暴露的时间长，容易被侦察定位，一旦主台(中心节点)遭遇干扰，则会影响整个纵式网路，抗毁性差。这种组网形式可以用于建立指挥通信或者通报情况的报知通信等。

横式网由多部电台组成，分布网内各处电台之间均可相互联络，实现一跳直达，没有主属台之分，组网示意图如图 6-4 所示。

　　横式网中各电台的地位平等，不存在中心节点，抗毁性较强。但是如果多部电台同时进行发信，则容易出现通信拥塞的情况。横式网适于建立友邻之间的协同通信。在实际运用中，上级为了便于了解网内用户的通信情况，通常会另设电台进行旁听(旁抄)。

　　纵横式网由一部主台和多部属台组成，网内各主属电台之间均可相互联络，即主台同属台、属台同属台之间均可进行信息交互。纵横式网本质上也是一种横式网，组网示意图如图 6-5 所示。

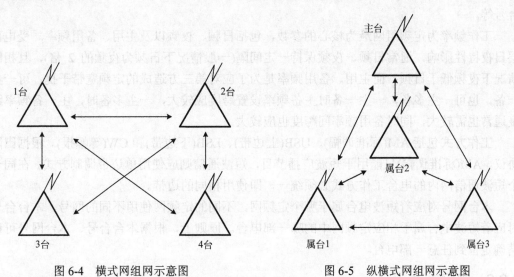

　　　　图 6-4　横式网组网示意图　　　　　　　　图 6-5　纵横式网组网示意图

　　纵横式网通信方式灵活，通信过程中，一旦发现主台通信受到影响，可以进行灵活变更，重新设立主台，抗毁性高。但是若主属台所设的位置彼此相距较远，天候、时间等条件相差较大会影响电离层特性，使得不同方向上的链路质量得不到保证。在实际应用中，纵横式网可多用于指挥兼协同通信等。

6.2　定频组网

　　传统短波通信网由于采用点对点或者点对多点方式进行通信，存在其固有的局限性，主要表现为短波信道时变、多径效应严重、传输带宽窄、网络拓扑变化快等。随着信息化技术的发展，短波通信组网技术不断提升，出现了以定频组网为首的更加融合与灵活的新型组网方式，通信抗干扰能力得到了有效增强，网络性能也更加稳定，能够满足短波通信下多种业务需求。

　　定频组网即在固定频率下进行组网通信，各短波电台在固定频率下开展通信，可进行话音、数据等通信业务。定频组网方式与传统通信中的广播型通信网类似，由单一节点传播向多个方向/节点传播转变。其组网方式较为简单，易于实现，也是最先出现的一种组网方式。但是受信道时变的影响，其稳定性较差，并且由于频率固定，在通信过程中较易受干扰。目前定频组网主要应用在军事领域、公益通信领域以及应急救灾领域。

　　按照组网时使用的频率是否相同，定频组网可以分为收发同频网和收发异频网。收发同频网包含专向网、横式网、纵横式网等。收发异频网包含纵式网。其组网方式与传统组网形式较为相似，具体实现如下。

6.2.1　组网参数

在定频组网前，网络中的短波电台通常会提前约定通信的参数，然后在这些固定参数下建立通信网络。短波电台定频组网参数主要包括工作频率、工作方式、本台网号、本台台号等。

工作频率为定频组网最为核心的参数，包括日频、夜频以及主用、备用频率。受电离层日夜特性影响，通常日频、夜频保持一定间隔(一般情况下日频为夜频的 2 倍)，且相同情况下夜频低于日频；而主用、备用频率是为了应对第三方造成的定频宽带干扰，可一主一备，也可一主多备，一主一备时主备频率设置跨度应较大，一主多备时，主、备频率跨度通常也需较大，同时备用频率间跨度也应较大。

工作方式包括 AM(标准调幅)、USB(上边带)、LSB(下边带)和 CW(等幅报)。根据国际协议，AM(标准调幅)只能用于短波广播节目，短波通信则应使用单边带调制方式。在同一个短波通信网内的电台工作方式必须统一，即使用相同的边带。

本台网号对应着短波电台属于哪个定频网，不同的定频网使用不同的网号。本台台号对应着短波电台属于相应定频网中的哪一部电台。原则上，根据本台台号、本台网号可以精确定位到任意一部电台。

6.2.2　组网方法

1. 收发同频的组网

收发同频的组网即网内的各短波电台使用相同的发射频率和接收频率进行通信。在进行组网时，除了考虑到频率一致外，网内各短波电台的工作方式也需一致，而各电台需要设置各自的台号。收发同频组网可以组传统的专向网、横式网和纵横式网三种基本类型，也可以根据需要灵活地使用三种基本组网类型，构建专向、指挥和协同等多业务短波定频通信网。收发同频网组网方式灵活，时效性较高，但工作易被发现和截获，通信稳定性比较差。

2. 收发异频的组网

收发异频网内短波电台的接收频率和发射频率不同，组网时设置主台的发射频率与各属台的接收频率相同，主台的接收频率与各属台的发射频率相同。除了考虑到频率外，主台与属台的工作方式也需一致，而网内各台需要设置各自的台号。收发异频的组网有纵式网一种基本类型。收发异频网中主属关系明确，适用于中心明确的指挥通信，但是中心节点易暴露，抗毁性较差。

6.2.3　注意事项

定频组网方式下的固定频率并不是随意选取的，应选取最低可用频率与最高可用频率之间的某一频率。最低可用频率是短波通信中，满足通信必需信噪比最低需求的频率。若频率太低，在电离层中吸收过多，则通信信噪比降低，不能保证通信质量。最高可用频率是当通信距离一定时，能够被电离层反射回来的最高频率。由于电离层中的电子密度是时变的，当电子密度降低时，最高可用频率则无法可靠反射，因此实际应用中，工作频率应低于最高可用频率。而通常情况下选取最高可用频率的85%，称为最佳可用频率。

考虑到电离层的日夜特性，定频组网时设有日频和夜频。日频和夜频的切换时间通常选择在电离层中电离浓度变化急剧的黎明和黄昏时刻适时进行，如早上6～8时、傍晚8～10时。

6.3　跳频组网

短波跳频组网通信区别于定频组网通信，是建立于短波电台的跳频技术下实现的通信组网方式。该组网方式下，通信信号的载频在一定范围内依据伪随机序列快速跳变带动通信信号的频率进行相应的随机性变换，以此来躲避短波窄带定频、跟踪、转发等干扰，实现可靠通信。短波跳频通信网具有较强的抗多径、抗衰落、抗干扰能力和良好的隐蔽性能，在军事通信等对保密要求较高的领域中应用较为广泛。

跳频组网即利用跳频的技术原理进行组网，按照所用频率是否正交可以正交组网和非正交组网。如果多个跳频网所用的跳频图案在时域上不重叠(形成正交)，则组成的网络为跳频正交网，如图6-6所示。如果多个网所用的跳频图案在时域上发生重叠，则为非正交网，如图6-7所示。

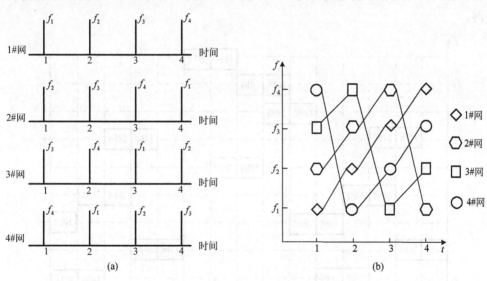

图 6-6　跳频正交网组网示意图

按照同步方式可以同步组网和异步组网。不同的跳频网使用同一张频率表和相同的密钥，在统一的时钟下实施同步跳频，并且任一时刻的各网瞬时频率正交的组网方式为同步组网，如图6-8所示。跳频同步网组网具有频率利用率高、网间干扰小等优点，因为理论上 N 个频率可组成 N 个正交跳频网，而且在任一时刻网间不会发生频率碰撞。实际跳频

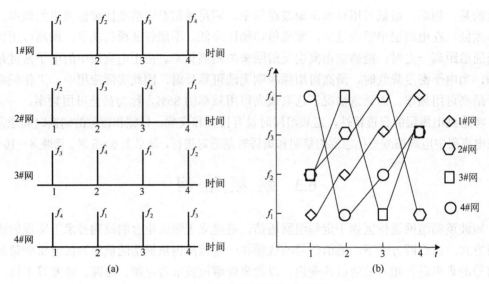

图 6-7　跳频非正交网组网示意图

同步组网效率为 50%～60%，最高≥80%。但是跳频同步网也存在其不足：一是建网复杂，速度较慢。通常情况下，同步组网是建立在各个跳频子网的基础上的一个大的群网，而建网时所有网内的短波电台都需要应答同步信号，使得各电台的跳频图案严格同步，建网较为复杂且速度较慢。二是网络安全性能较差。由于同步组网时，群网中各子网使用的跳频频率表、密钥、时间等参数是统一的，一旦被侦听截获，则跳频图案暴露，影响整个跳频同步网。

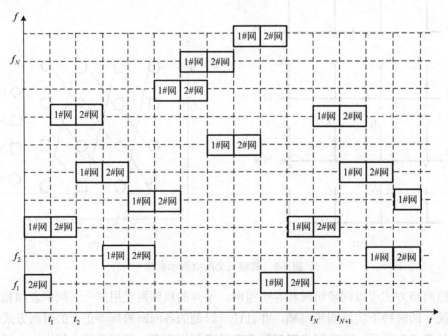

图 6-8　同步组网时间-频率图

　　不同的跳频网按照各自的频率表、密钥、时间参数进行跳频，相互独立，没有关系的组网方式为异步跳频网，如图 6-9 所示。异步跳频网有组网灵活、入网方便、不需要全网定时同步、对于定时精度要求降低、容易实现等优点。其缺点：一是易受干扰，如果多个跳频网采用了相同的频率表，频率不正交，容易产生频率碰撞现象，而且随着网络数量的增加，频率碰撞的概率也增高，造成自相干扰，严重时甚至无法通信。二是组网效率低，理论上效率在 50% 左右，而实际组网效率则在 10%～30%。一般来说，异步网的效率为同步网效率的 1/3。

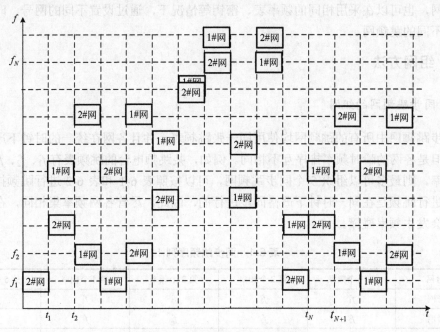

图 6-9　异步组网时间-频率图

　　正交跳频网为了使跳频图案不发生重叠，要求全网做到严格定时，故一般采用同步组网方式。从严格意义上讲，正交跳频网是同步正交跳频网，一般简称同步网。非正交跳频网的跳频图案可能会发生重叠，即网与网之间在某一时刻跳频可能会发生碰撞(重合)，因而可能会产生网间干扰。不过，这种网间干扰通过精心选择跳频图案和采用异步组网方式，是完全可以减少到最低限度的。因此，非正交跳频网常采用异步组网方式。异步非正交跳频网一般简称异步网。

6.3.1　组网参数

　　跳频组网参数主要包括本台网号、本台台号、跳频频率表、跳频速率、时间参数、跳频密钥号等。

　　本台网号和本台台号分别对应着电台属于哪一个网里的哪一部电台，在综合组网中通过本台网号可以精确定位任意一部电台。

　　跳频频率表由跳频点数、跳频最小带宽以及中心频率共同确定。跳频点数也称跳频频率数，即跳频载波的频率数。跳频最小带宽也称跳频带宽，是相邻频点间的频率差，在短波电台中不同频段不一样。跳频中心频率可以是电台进入跳频前的定频频率，也可在电台中自行设置。

跳频速率为载波频率跳变的速率，单位为跳/秒(Hop/s)。时间参数为决定跳频电台时钟的参数。跳频密钥是产生伪随机码的重要参数，决定了跳频的跳变规律。

短波电台跳频组网参数决定了跳频通信系统的跳频组网能力，改变跳频的网号、频率表、时间、密钥等任何一个参数均会组成不同的跳频网。因此，在组织跳频电台组网通信时，需要根据实际情况灵活设置跳频参数。既可采用不同的跳频频率表、密钥等组成不同的跳频网，也可以在采用相同的频率表、密钥等情况下，通过设置不同的网号、时间等参数组成不同的跳频网。

6.3.2　组网方法

1. 同步跳频网的组网

同步跳频网中所有的跳频网均使用同一张跳频表，并且各网在统一的时钟下严格同步跳频，但是各网的瞬时频率排序互不相同。例如，某跳频电台的跳频表有 f_1、f_2、f_3、f_4、f_5 五个频率，则最多可以组织 5 个同步跳频网，可以按照表 6-1 和表 6-2 进行跳频排序。因为各网进行跳频是在同一时钟下严格同步进行的，因此，尽管各网频率集相同，在任一瞬时也不会发生频率碰撞。

表 6-1　同步跳频序列 1

电台网	第 1 个频率	第 2 个频率	第 3 个频率	第 4 个频率	第 5 个频率
1 号网	f_1	f_2	f_3	f_4	f_5
2 号网	f_2	f_3	f_4	f_5	f_1
3 号网	f_3	f_4	f_5	f_1	f_2
4 号网	f_4	f_5	f_1	f_2	f_3
5 号网	f_5	f_1	f_2	f_3	f_4

表 6-2　同步跳频序列 2

电台网	第 1 个频率	第 2 个频率	第 3 个频率	第 4 个频率	第 5 个频率
1 号网	f_1	f_3	f_2	f_5	f_4
2 号网	f_2	f_4	f_3	f_1	f_5
3 号网	f_3	f_5	f_4	f_2	f_1
4 号网	f_4	f_1	f_5	f_3	f_2
5 号网	f_5	f_2	f_1	f_4	f_3

2. 异步跳频网的组网

异步跳频网中各网之间彼此独立、互不同步，跳频的时间不统一，在通信过程中出现频率碰撞的概率较大，轻者通话断断续续，重者出现数据丢失误码的情况。但是通过精心选择跳频图案和采用异步方式组网，可以减小网间频率重叠的概率。如表 6-3 所示，网中各用户的频率通过依次平移一个时隙后进行排序，由于时间不同步，如延迟一个时隙，可能会产生严重的相互干扰。对跳频图案重新排序，如表 6-4 所示，此时，不管时间如何延迟，任意两个用户只能有一个频率点发生碰撞，产生相互干扰，概率大为降低。

表 6-3　异步跳频序列 1

电台网	第 1 个频率	第 2 个频率	第 3 个频率	第 4 个频率
1 号网	f_1	f_3	f_2	f_5
2 号网	f_2	f_4	f_3	f_1
3 号网	f_3	f_5	f_4	f_2
4 号网	f_4	f_1	f_5	f_3
5 号网	f_5	f_2	f_1	f_4

表 6-4　异步跳频序列 2

电台网	第 1 个频率	第 2 个频率	第 3 个频率
1 号网	f_1	f_3	f_2
2 号网	f_2	f_4	f_3
3 号网	f_3	f_5	f_4
4 号网	f_4	f_1	f_5
5 号网	f_5	f_2	f_1

为了解决互相碰撞引起的通信质量下降问题，常见的组网方法有：

(1) 各网选择不同的频率表，使之互不重叠。

(2) 不同的网络采用不同的跳速或不同的频段。

(3) 若网络和电台的数量不多，则可考虑采用同一频率集组网，通过设置不同的密钥号或不同的时钟进行组网。

6.3.3　组网步骤

跳频电台组网程序主要是指利用跳频通信装备进行跳频组网的一般过程，主要包括确定跳频参数需求、获得所需的跳频参数资源、跳频参数规划、跳频网络规划、跳频参数分配与使用、跳频通信状态的建立等。

1. 确定跳频参数需求

对跳频参数的需求是根据跳频通信方的需要决定的。因此必须从理论与实践的结合上，很好地判断需求，决定所用跳频通信装备的技术性能和数量，以及网络数目和网络之间的关系等。了解、判断并满足这些需求，对制订最大限度无冲突跳频参数使用方案是很重要的。跳频参数需求的准确性，影响执行任务的成败。负责跳频参数管理的各层级，都必须提交准确完整的跳频参数需求报告。在管理过程中若有不准确或不完整的参数需求报告，必然会给整个跳频通信网的参数管理带来不利影响。

2. 获得所需的跳频参数资源

为了获得所需的跳频参数资源，通常需要取得频谱管理系统、频率探测系统、电子战系统和上级参数管理系统的支持。通过频谱管理系统，可以确定跳频参数管理的频率资源；通过频率探测系统，可以确定跳频参数管理的优质频率或频段；通过电子战系统，可以确定跳频参数管理的无干扰频率资源；通过上级参数管理系统，可以确定本级跳频参数管理的资源。

3. 跳频参数规划

跳频参数规划是在网络规划的基础上，根据网络的数量和规模、任务要求、网络之间的关系，合理地组织各网(群)的跳频参数。在跳频进行之前，首先应该对跳频电台的密钥号、频率表号、呼叫地址、跳频速率、网号和台号等跳频参数进行编程，可编程多组不同的跳频参数。其中，密钥号、频率表号、呼叫地址、跳频速率四个参数的集合称为信道参数，不同的信道参数以信道号加以区别。使用同一信道号的电台的集合，称为一个群网，信道号即网号。在同一群网内，相同网号电台的集合称为子网，不同网号的电台属于不同的子网，同一群网内可设置多个子网，每个子网又可设置多个电台，以台号加以区别。

4. 跳频网络规划

根据跳频参数需求、参数资源和任务条件，构思一种想定。围绕想定，完成网络规划，即确定组网规模、网络数量、网系关系等内容，并进行参数编制。例如，以最多 360 部电台组成的网络为例，其组网关系示意情况如表 6-5 所示。可组成 8 个群网，每个群网内可容纳 3 个子网，每个子网下可容纳 15 个单台。编程中的网号和台号决定了本电台的自身网号和台号。

表 6-5　组网关系

群网	信道号	子网	网号	台号
群网 1	1	子网 0	0	01~15
		子网 1	1	01~15
		子网 2	2	01~15
群网 2	2.	子网 0	0	01~15
		子网 1	1	01~15
		子网 2	2	01~15
⋮	⋮	⋮	⋮	⋮
群网 8	8	子网 0	0	01~15
		子网 1	1	01~15
		子网 2	2	01~15

短波跳频网通常情况下采用树状拓扑结构，以群网 1 为例，如图 6-10 所示。

5. 跳频参数分配与使用

跳频参数分配与使用，是将组织好的参数，以编制说明、表格、协议、联络文件或其他形式分发给用户，并对参数的使用进行说明，规定操作与使用方法及程序。在使用过

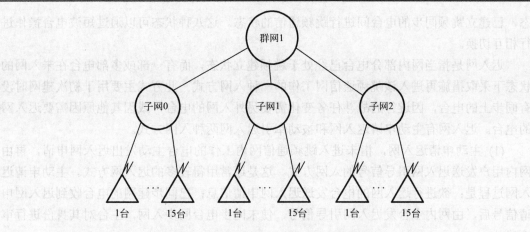

图 6-10　短波跳频网树状拓扑结构示意图

程中，应继续执行上级管理系统的指令，使本级所管理的跳频通信装备服从上级的管理，并加入上级规划的整体跳频通信网络。如果发现有不妥之处，应及时更改跳频参数，注入新的参数，以刷新、覆盖原有的参数。

　　电台在相同群网中工作时，同一子网内电台可直接进行选呼；不同子网时，一个子网内的任一单台可对另一子网内所有电台进行网呼连通，如图 6-11 所示。不同群网内的电台，如果设置的信道参数不同，不能进行呼叫。

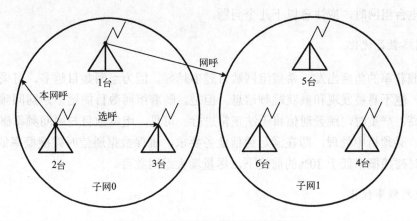

图 6-11　相同群网电台网呼示意图

6. 跳频通信状态的建立

　　跳频通信共有八个工作状态：扫描状态，这是电台在跳频工作时的初始状态，在该状态下，电台搜索监听同步信道，等待接收其他电台对本网的网呼或对本台的选呼。呼叫设置状态，设置与呼叫有关的信息(呼叫地址与跳速)的状态。发送呼叫状态，向被叫电台发送呼叫信息的状态。定呼状态，在保持跳频同步的同时，进行定频通信的状态。请求迟入网状态，向网内用户发送迟入网请求的状态。收到迟入网状态，收到网外用户迟入网请求时的状态。发送迟入网引导状态，向网外用户发送迟入网引导信息时的状态。跳频通信状态，已建立跳频同步的电台间进行跳频通信的状态。这八种状态可以通过短波电台操作进行相互切换。

迟入网是指当网内部分电台已经处于跳频建立状态，而有一部或多部电台在未入网的状态下采取措施再进入该跳频通信网工作的一种入网方式。此方式主要用于初次建网时没有同步上的电台，因遂行的战斗任务变化需要另外入网的电台，或因其他原因需要迟入网的电台。迟入网有主动申请迟入网和被动牵引迟入网两种入网方式。

(1) 主动申请迟入网，指未进入跳频通信网内工作的电台主动发出迟入网申请，再由网内用户发送迟入网引导信号的入网方式。这是通常用得较多的迟入网方式。主动申请迟入网过程是：欲进行迟入网的电台发送迟入网申请信息；已同步建网的电台收到迟入网申请信号后，由网内主台发迟入网引导信号，使未同步电台同步入网，主台对其身份进行审查确认。

(2) 被动牵引迟入网，指网内电台在组网后通过点名方式发现有未入网电台，通过迟入网功能引导其入网的方式。被动牵引式迟入网过程是：未入网电台处于跳频扫描状态，网内电台在跳频建立状态下直接发送迟入网引导信号(按"迟入网"键)，未入网电台被牵引进入跳频通信网。采用被动牵引入网方式时，只需网内任一单台发迟入网引导信息，当未入网电台处于扫描状态时，就可以被牵引入网。

6.3.4　注意事项

跳频电台组网时，应注意以下几个问题。

1．网络数目优化

从抗截获率的角度出发，希望组网数目越多越好。因为组网数目越多，可采用的伴动网也越多，越不易被发现和截获跳频信息。但是，随着组网数目的增多，网间频率碰撞概率也将提高，严重时，跳频通信将无法正常进行。可见，组网数目与网间频率碰撞概率是一对矛盾，必须折中处理，即在满足通信业务要求，确保数据通信时碰撞概率低于 5%、话音通信时碰撞概率低于30%的前提下，尽量增大组网数目。

2．组网频率优化

组网频率优化应注意：一是剔除禁用频率。禁用频率主要有当地电台、电视台的频率，与友邻台形成中频干扰、镜像干扰或谐波关系的频率。二是同址多部电台同时工作时，频率间隔应大于最高工作频率的10%。三是在军事应用中，应尽可能选用敌台通信频段，将我方频率隐蔽在敌方频率之中。当敌方施放宽带干扰时，由于距离我方远，距离敌方近，首先受干扰的是敌方；如果敌方施放窄带干扰，我方则可用跳频通信避开。这样就可避开敌方实施的全波段或分波段跳频干扰，完成通信联络。

3．加强跳频参数管理

跳频参数是保证跳频通信装备正常工作所需要的频率资源、密钥资源、网络关系、工作状态、跳频图案控制等数据或指令的总称。不同的跳频通信装备，其参数设置的种类、数量不完全一样，对其进行跳频参数管理的内容也不完全相同。加强跳频参数的管理，可以合理地分配参数资源，设计和规划跳频通信网络、克服网间工作频率的干扰，便于短波跳频通信的灵活应用，真正发挥跳频通信的抗干扰能力，实现跳频通信装备大面积、多网络、高密度的使用。

6.4　自适应组网

短波自适应组网是以自适应技术(ALE)为核心，由数部短波电台参与构建的一种无中心、自组织通信网。通常情况下，短波自适应网采用的是频率自适应技术，短波自适应网则是利用短波频率自适应技术进行组网通信，是指网内自适应电台通过链路质量分析、自动选择呼叫及预置信道扫描，能够自动在预先设置的频率矩阵中选择最佳频率建立短波通信，并且在通信过程中，实时监测当前信道传输质量，确保短波通信链路始终处在当前质量最佳的信道上。与普通短波电台网相比，短波自适应网可靠性更高，运用更为灵活。

6.4.1　组网参数

短波自适应网主要是为了应对短波通信中日频、夜频以及宽带定频干扰等问题而采取的一种技术，其本质上是频率自适应，关键技术为链路质量分析(LQA)技术。其组网参数包括信道参数编程和自适应编程。

信道参数编程主要是对不同信道设置不同收发频率，包含日频、夜频、主用频率、备用频率和信道数目(频率数目)。设置日频和夜频要在所在地区的最低可用频率(Lowest Usable Frequency，LUF)和最高可用频率(Maximum Usable Frequency，MUF)范围内，覆盖日频、夜频的最佳工作频率。在基本满足日频、夜频的前提条件下，为了有效应对宽带定频干扰，主用频率、备用频率间应保持较大频率间隔。信道数目设置通常不超过50 个，10～20 个为宜；信道频率可以收发同频，也可收发异频，频率应均匀分布在高、中、低端频点。

自适应编程主要是对信道组、信道频率进行划分，包含本址设置、网址设置和信道组设置。本址为电台的识别地址，通常一个网内电台的本址是唯一的。网址包含网络地址及相应的成员(电台地址)，通常要求同一个网内网址成员相同。信道组设置是将使用的信道设置到具体的分组下，通常同一分组下的信道需要相同。

6.4.2　组网方法

自适应电台组网有专向网、星型网、网状网和通播网四种基本类型，其他自适应电台通信网都是以四种基本类型为基础构成的。

1. 专向网

专向网是指由两单台建立自适应通信专用线路。在实际应用中，无线通信距离较远且方向也不同，对于一个单一的信道，在某一方向和距离上，通信质量可能很好，而在另一方向和距离上可能存在不能互通的现象，因此，可以以不同的信道，在不同方向上组成自适应专向网来保证通信，如图 6-12 所示。与短波定频专向网不同的是，短波自适应专向网需要进行单台呼叫实现通信，定频专向网则直接按 PPT 键即可进行通信。

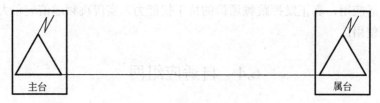

图 6-12　专向通信示意图

2. 星型网

星型网为"一点对多点"的网络结构，其本质上是一个纵式网，网内规定一个主台为中心站，一般由主台发起呼叫，各属台处于扫描接收状态，建立主台与各属台间的自适应通信网，如图 6-13 所示。

星型网是一个预先排列好的台站的集合体。该集合体中的各台站，都与一个单独的主

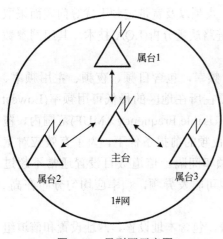

图 6-13　星型网示意图

台建立链路并进行通信。在大多数情况下，该主台有着独立的网络控制站的功能。主台组织和管理一个星型网时，对其网内成员的情况通常都有相当程度的了解，包括它们的数量、识别标志、容量和需求，还有它们所处的位置及必要的连通信息。像任何网络呼叫一样，星型网呼叫的目的是通过使用一个单一的网络地址，迅速有效地与多个预先排列好的台站同时或近乎同时地建立起联系，这一网络地址对网内所有的网络成员都是相同的。每个台站还必须存储与此网络地址相连的有关正确响应顺序和定时信息，主台根据需要选择统一的时隙宽度，以便各成员在各自的时隙内顺序应答，避免碰撞，提高建网效率。

3. 网状网

网状网又称多点网，为"多点对多点"的网络结构，也是一个预先排列好的台站的集合体。该集合体中的任何台站都可以发起呼叫，建立各台站之间的互通链路并进行通信，如图 6-14 所示。每个台站都有网络控制功能，对网内的成员站都有相当程度的了解，网络任一台站都可以通过使用一个单一的网络地址呼叫，迅速有效地与多个预先排列好的台站同时或近乎同时地建立起链路，这一网络地址对所有网络成员都是相同的。每个台站还必须存储与此网络地址相连的有关正确响应顺序和定时的信息。如果网内不规定某一个台站行使网络控制权(即主台)，各台站都是平等的，这种网状网就是一个横式网，如图 6-14(a)所示；如果规定某一个台站行使网络控制权，那就是一个纵横式网，如图 6-14(b)所示。

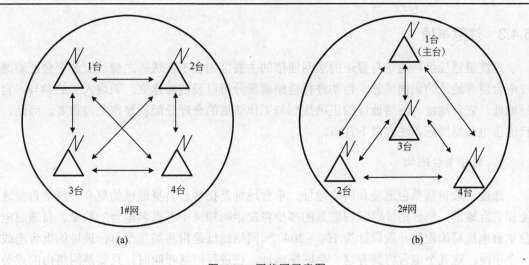

图 6-14　网状网示意图

4. 通播网

通播网同样为"一点对多点"的网络结构，其实质上是一个纵式网，但与星型网不同，通播网是一个非预先排列好的台站的集合。在大多数情况下，通播网是依靠全网控制中心台(一般为级别最高电台)的全呼性能来建立链路并进行通信的。通播网呼叫的目的是通过使用分配给各站的地址，构成紧凑的全呼地址，与多个未预先安排好的台站迅速而有效地同时建立联系，如图 6-15 所示。因此，通播网是通过全呼地址呼叫实现组网的。这种呼叫权限一般授予网络中级别较高的台站。当需要利用通播网呼叫的功能时，各站应根据通播网(扫描)呼叫协议，进行单信道和多信道的呼叫、轮询和互通操作。与星型网呼叫不同，通播网不能预置时隙，不需要守听台给予响应，不管是附加有网络地址的台站，还是没有附加网络地址的台站，在某一信道收到这种呼叫时都应停止扫描，并迅速与主呼台建立链路。通播网具有时效性高、用户数量不限等优点，但是其通信效果不能保证。

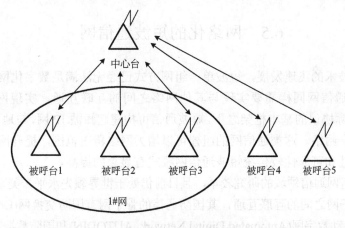

图 6-15　通播网示意图

6.4.3　注意事项

短波自适应组网通信与普通的组网通信的主要区别在于在通信之前，短波电台能够通过电台自身地址的识别区分，自动进行链路质量分析以及链路建立，无须人工的参与。自身地址、它台地址、网络地址的正确规划与工作信道的合理分配就显得尤为重要。因此，自适应电台组网应该注意以下几点。

1. 划分电台地址

地址一般包括单台地址和网络地址，单台地址是指各台自身地址的集合，包括自身地址和它台地址，单台地址可编程数量的多少将决定同频网中不重名电台的数量。自适应电台单台地址可编程数一般设计为 100～200 个。网络地址是指将某几个单台地址的电台组成一个小网，这几个电台将拥有这一个网络地址，在进行网络呼叫时，只要是网络内的成员都将有应答。网络地址可编程数量的多少将决定采用同类协议的电台组网的数量，一般自适应电台网地址可编程数为 10～20 个。

2. 进行信道分配

工作频率和工作种类是支持自适应电台探测和呼叫的前提条件，无论是单台地址还是网地址，必须有信道(频率、工种)支持。所以，自适应电台组网一定是建立在信道基础上的。信道分配时，既要考虑到信道的频率，又要考虑到该信道的工作方式，同一个信道频率值相同但工作方式不同，在该信道上也不能达到互通。在一个电台地址下的信道频率，高、中、低端频率点都要有，这样可以满足不同方向、不同距离上的通信对象的通信需求。自适应电台可编程信道数设计一般为 100～200 个。

3. 确定网内成员的数目

组网规模越大，即网内成员数量越多，自适应建链的时间越长，建链难度也越大，甚至达不到全网建链的要求。因此，在满足组网要求的条件下，应尽量减少预定信道和网络成员。

6.5　网络化的短波通信网

随着信息化技术的飞速发展，短波单一组网方式已经无法满足数字化网络时代的实际应用需求。短波通信网同样需要实现与其他网络之间的互联互通，实现网络 IP(Internet Protocol)化。在网际协议的基本框架之下，短波通信可构建起短波 IP 网，与地面有线 Internet 相互连通形成综合网络。这类通信网的组建可以增大网络覆盖范围，提升网络能力，使得短波通信的有效性和可靠性较传统短波通信网模式有显著的提高。

美国在短波组网通信领域的研究较早，且目前仍处于世界领先水平。美军将短波网作为接入网与地面骨干网之间的互联互通，其国防通信的骨干网有国防交换网(Defense Switched Network, DSN)、自动数字网(Automated Digital Network, AUTODIN)和国防数据网(Defense Data Network, DDN)，短波通信网作为接入网使用，信息一旦进入国防骨干网就可以自由交换，包括普通话音、保密电话、各类数据业务，有相应的高频入网接口站。与此同时，美国也强调短波通信网络的标准化制定，于 20 世纪 80 年代末 90 年代初开始制定了一系列关于短波通信网络技术的标准，如 MIL-STS-188-141A、MIL-STD-187-721C 等。1996 年，美军对上述两种技术标准进行修订，并于 1998 年发布 MIL-STS-188-141B、MIL-STD-187-721D。修订后的标准支持大范围的短波网络以及数字化战场和其他网络的互操作性，加入由 SNMP 改进的短波网络管理协议 HNMP 和短波邮件传输协议 HMTP 等一系列有关的内容。如图 6-16 所示为依据 MIL-STD-188-141B 和 MIL-STD-187-721D 进行短波组网的网络内部通信示意图。

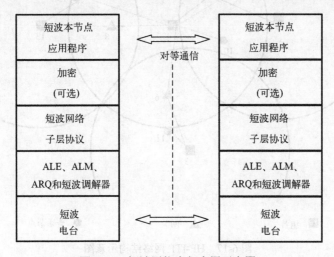

图 6-16　短波网络内部应用示意图

　　我国短波通信网的研究起步较晚，对第二代短波通信网的应用较多，虽然已经进入第三代短波通信网的发展阶段，但在整体深度上与国外尚有一定的差距。下面将介绍国外发展成熟且比较典型的短波通信网络。

6.5.1　典型网络化短波通信网

1. 美国海军的 HF-ITF 网络和短波舰/岸网络

　　HF-ITF 网络和短波舰/岸网络(High Frequency Ship-to-Shore，HFSS)是 20 世纪 80 年代初期由美国海军研究实验室(Naval Research Laboratory，NRL)提出的。其中，HF-ITF 网络为海军特遣部队内部军舰、飞机和潜艇间进行短波通信的网络实验系统，其频率范围为 2～30MHz，采用地波传播方式、扩频通信模式，可以为海军提供 50～1000km 的超视距通信手段。HF-ITF 网络是利用节点间分散的链接算法组织网络适应不断变化的短波网络拓扑；采用灵活的分布式自组织网络技术来提高网络的抗毁和抗干扰性能。网络结构采用了点-群-网的三层组织方式，首先对网络内的所有节点进行分组，任一节点至少属于其中一个组；每个组设有一个组首，管理和控制该组；多个组首通过网关连接，从而实现整个网络的互联互通，如图 6-17 所示。所有组首、网关通过链路相连，构成 HF-ITF 的骨干网络(图中实线相连部分)。每一组首下属的普通节点与各自的组首相连(图中以虚线表示)。网络内的组首、网关、普通节点和实际的连接，以及通信信道访问均由分布算法进行控制。

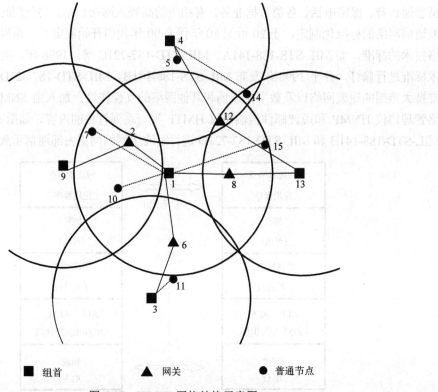

图 6-17　HF-ITF 网络结构示意图

　　HF-ITF 通过自组织和自适应改变连接能力灵活适应短波网络拓扑变化。若网络受干扰，组首丢失，可以自动重新组织构建新的网络，保证网络的联通，如图 6-18 所示。

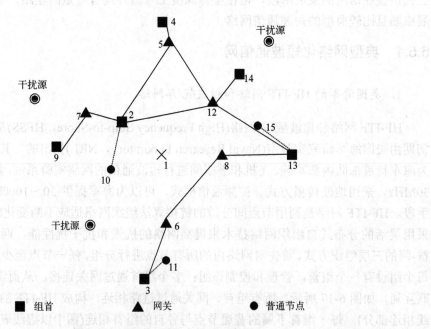

图 6-18　HF-ITF 网络自组织示意图

　　HFSS 网络是短波无线岸-船远程通信网络，由岸站和大量水面舰船节点构成。网络采用中心节点集中网控机制，一般将岸站设为中心节点，控制管理网络中的所有业务。网内节点依靠天波传播与中心节点进行业务通信，中心节点根据自己的缓存链路序列来建立网络内部某一条双向链路。

　　北美对 HF-ITF 网络和 HFSS 网络进行了实验改进，将这两种网络进行综合，混合天波传播和地波传播两种模式，形成了范围较大的短波无线通信网络系统。

　　2. 澳大利亚的 LONGFISH 网络

　　澳大利亚于 20 世纪 90 年代中期也开始着手对数字化短波通信系统进行研究，第一个系统为 MHFCS 移动短波通信网络系统，该系统旨在为澳大利亚的战区军事指挥互联网 ADMI 构建远距离的移动通信网络，而现存在各类短波通信网则一并纳入 MHFCS 进行升级，使得 MHFCS 具有较好的兼容性。LONGFISH 网络是澳大利亚防御科学与技术组织 (Defense Science and Technology Organization，DSTO) 为 MHFCS 的实施所研制的短波实验网络平台。LONGFISH 网络的设计上参照了 GSM 系统，例如，其网络结构采用了分层结构，网络拓扑是多星状，与 GSM 系统类似。网络由四个在澳大利亚本土上的基站和多个分布在岛屿、舰艇等处的移动站组成，基站之间用光缆或卫星宽带链路相连。LONGFISH 网络物理层上采用 TCM-16MODEM 和 PARQ 协议，采用 IP 协议和 UDP 的文件传输协议实现网络互联。而为在较差信道上传输信息，LONGFISH 网络在传送层使用了新的协议 FITFEEL。在应用层，利用 TCP/IP 协议执行多种任务，在短波信道上发送电子邮件，完成文件传输、遥控终端，通过网络传送电视分辨率的图像，实现计算机中的执行代码与移动站的同步等。

　　LONGFISH 网络内部算法包括自动节点选择算法(路由)(NSA)、频率选择算法(FSA)、链路释放算法(LSA)和带宽释放算法(BSA)等。LONGFISH 网络示意图如图 6-19 所示，其中 B(Base)为基站，M(Mobile)是移动站。

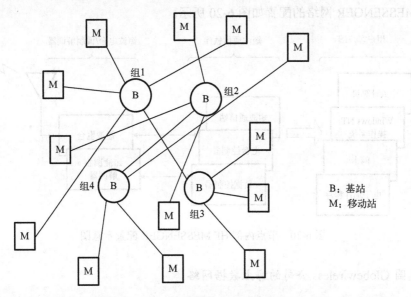

图 6-19　LONGFISH 网络示意图

　　NSA 使网络能够根据短波信道的时变以及不同的业务进行相应的调整，例如，在网络负载较轻时提供最好的链路给移动站，负载较重时提供最好的链路给优先级高的业务以保证其链路的有效维护和频率的合理分配。网络维护并定期更新链路数据库，该数据库为二维不规则的矩阵，以基站号和频率号为索引，并按照信噪比进行排序。内部元素包括频率值、频率使用指示、移动站号和链路平均信噪比。

　　FSA 在协路数据库升级时使用，以为基站和移动站之间提供一条最好的传输链路。每一基站和移动站之间有一组频率，相互之间可以有或没有共同的频率，以便网络可以作为一个网络或几个独立或共同的子网络存在。

　　LSA 允许链路将低优先级的业务释放掉以适应高优先级的业务。当网络中没有空闲的收发信机和现存的链路时执行 LSA，候选链路的选择根据业务类型、业务优先级、信噪比、可用收发信机和频率决定。

　　BSA 能够应用简单的算法抑制分组的传送，以便使高优先级的分组能利用节省下的时间片。

3. Collins 公司的 HF MESSENGER 网络

　　Collins 公司开发了一种名为 HF MESSENGER 的数据通信产品，这种网络提供一种服务器，帮助用户使用短波调解器和电台传送各种数据，并控制 HF 网络中各种设备，将 HF 链路连接到个人计算机网络中。

　　HF MESSENGER 具有多种应用，可以为广播或多点通话提供无连接的服务，为点对点通信提供 ARQ 的服务，还可以在一条 HF 链路上提供特殊的委托业务，将该链路配置为独占或共享的短波链路。HF MESSENGER 可以根据用户需求选配各种电台，调解器的驱动和 SMTP、Z_MODEM、PPP 协议等。通过 HF 网络与其他网络的互联互通互操作，短波网络不仅在军事通信中大有用武之地，在民用系统中完全也能够起到其应有的作用。节点内部 HF MESSENGER 网络的配置如图 6-20 所示。

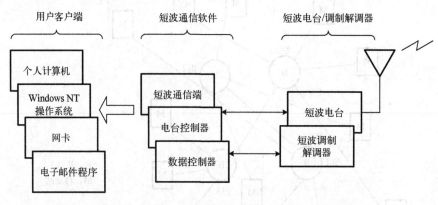

图 6-20　节点内部 HF MESSENGER 配置示意图

4. 美国 Globewireless 公司的海上数据网络

　　美国加利福尼亚的 Globewireless(GW)公司的海上数据网络(Maritime Data Network)，

通过短波通信为全球的海上舰船提供廉价的通信和广播服务。公司通过在全球设立多个中继站，通过短波 24h 为全球的海上舰船提供气象、新闻等多种广播服务，提供岸到舰和舰到岸的双向邮件、文件传输等数据通信服务。

每个岸站划分成三个区域站：发射站、接收站和控制站。发射站有 6～20 部发射机，工作频率线性分布，带宽为 3kHz，发射功率一般为 3～5kW，一单一频率工作，每台发射机使用一个信道。调制解调器产生的话音带宽内的模拟信号通过模拟或标准数字电话线或微波线路传送到发射机。每部发射机使用一副天线。

接收站每个信道配备一台 TenTech 数字接收，所有接收机一般都连接到一部宽带全向天线上。接收机的频率由控制站的计算机程序控制。这个程序检测船上发来信号的精度。如果信号有频率偏差，接收机通过调整来匹配发来的信号，以便提供最有效的连接，即使船上设备没有精确校准也能接收。接收的话音信号通过高品质的话音或数字电话线发送到控制站。

控制站可设在发射站、接收站或单独设置的地点。控制站配备几台提供报文分配功能的计算机。两台或更多计算机运行一种称为 REMOTE 的程序，控制 GL-400 型无线电调制解调器，来自接收机的话音信号由无线电调制解调器转化为数据，使数据可以通过计算机和网络技术发送到岸基目的地。无线电调制解调器也将发到船上的数据转换为话音信号，传送到发射站，由发射机发射。连接到中国用户电报网络的一台计算机运行一种 LandlineServer 的程序。这台计算机将接收到的船上报文发送到岸上的目的地。它也接收来自岸上其他地点发往这种计算机程序对应的本地区电报用户的电报。另外一台计算机运行称为 Router 的一系列程序，这台计算机连接到加利福尼亚的 GW 中央控制站(GW Central)，一般通过 Internet 进行连接，还可以是 Frame Relay、X.25、租用电话线，甚至采用电话拨号方式。控制站的所有计算机通过局域网连接在一起，以便相互传送报文和指令。

船舶收听一个网络岸站的一台发信机发出的示闲信号，网络岸站将数据呼叫放到符合国际电联推荐的无线电传规程的一个频率上发送。船台接收机收到这个射频信号，就将音频信号送 GL4000 无线调解器，解调器将指定射频收到的所有信号译码，检测网络岸站的选择呼叫。无线调解器一旦收到岸站的选择呼叫，就响应建链请求。岸站调解器和船站调解器将建立链路。岸站调解器将音频信号送发射机广播发送网络报头。调解器还将此信号送给 Remote 程序，通知它链路正在建立过程中，并最终完成建链。

Remote 程序将调解器经由岸站局域网发来的数据通过路由器和以上通信链路送给正在选择呼叫船舶的 GW 中心的 ART 程序，ART 则访问 GW 中心的数据库。这将验明该船是否注册过，是否有报文等待发送给这条船。如果有报文要发送，ART 就返回信息给遥控程序 Remote，指示调解器送音频信号给发射机，广播通告报文有效。

船舶则使用标准的 ITU 有效命令，请求它所需要的服务。岸站将所接收到的来自船上的需求以及还要转发的报文都存储到主报文数据库中。然后该数据库触发一个分析报文处理程序，这个程序分析报文，确定用恰当的手段将它送达岸端目的盘 1，进行一些为分析报文和记账所必需的计算；如果报文一直没有经本地路上通信线路服务器传送，就将它放到岸端分配队列中去。

由岸站客户指定发往船舶的报文可通过多种通信媒介传送到 GW 中心，该报文经计算机分析摘取船舶的呼号，还要分离出发送者的标识，用于跟踪和记账。呼号对照船舶数据库进行检查，报文头对照岸端分配数据库进行检查。报文则被存入报文数据库。然后报文被放在业务表中，从网络中所有海岸站逐小时地广播出去。一般情况下，所有的岸站都广播同样的业务表。

当船舶呼叫岸站时，发送船舶呼叫信号。话音信号转化为数据。Remote 程序通过局域网将数据传送到 Router，然后传送到 GW Central 的 Router，再传送到位于 GW Central 中称为 ART 的程序。ART 查询船舶信息的全球数据库来确定船上设备的特性及为该船舶通信付费的机构。如果船舶是已知的，ART 将进一步查询主数据库来确定是否有向该船发送的信息。利用来自 ART 的信息，如果船舶是未知的，Remote 程序将要求提供船舶注册信息。

如果船舶已注册并有信息，Remote 将通知船舶。船舶将请求接收信息、发送信息或发出其他指令。如果船舶请求发送信息，ART 将从中央数据库检索出信息，通过主干线传送给 Router，然后传送到 Remote，发往船上。

船上计算机控制无线电台扫描接收所有网站的示闲信号，进行评估并把最好的几个台站标识存起来。当船上收到岸站呼叫时，计算机就让收发信机与最强的一个岸站建立链路(不是已经在使用的岸站)并且传送报文。GlobeEmail 系统每天一次送一份系统报文给 GW Central，这份报文列出了最近 24h 当中每小时该船最好用的 5 个频率。

6.5.2　系统结构

1.　网络拓扑结构

一般来说，网络的拓扑结构有星型、树型、环型、网状和总线型五种类型，如图 6-21 所示，而其中的网型又可分为全互联、超立方、区组、不规则形等多种类型。

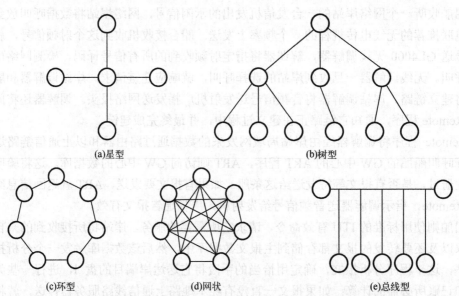

(a)星型　　　　　　　　　　　　(b)树型

(c)环型　　　　　　(d)网状　　　　　　(e)总线型

图 6-21　短波网络拓扑结构示意图

星型(图 6-21(a))中心节点为控制节点，任意两个节点间的通信最多只要两跳。星型网传输平均延时小，结构简单，建网容易，但通信线路用得较多，网络可靠性差，中心节点容易成为网络的"瓶颈"，一旦发生故障会导致整个网络瘫痪，安全性和抗毁性都比较差。适用于集中控制系统。

树型(图 6-21(b))是天然的分级结构。与星型相比，通信线路总长度短，成本较低，节点扩充灵活，寻径比较方便。但除叶节点及其相连的线路外，非主节点或其相连的线路故障都会使网络局部受到影响，且一旦主节点发生故障会导致整个网络瘫痪。树型结构适用于分级控制系统。

环型(图 6-21(c))结构类似一个封闭的环，各节点通过中继器接入网内，沿着单一方向首尾相连形成闭合的环型通信链路。环型结构具有单向性，信息在链路上单方向传输，即两个节点之间的通路是确定且唯一的，传输控制简单；而且传输的信号每到一个节点都会再生，可靠性较好；环型结构中节点的数量是固定的，即信息在网内传输的总时长是固定的，实时性较好。但是，通信时信息逐节点传输，当某一节点或者中继器发生故障时，会导致网络瘫痪，并且难以对故障定位。

网状(图 6-21(d))结构又称为全可联形或分布式结构，可以将其看成由环型结构和星型结构结合在一起形成的网络结构，它既可以弥补环型结构中节点数量固定的缺点，又可以弥补星型结构中传输距离受限的缺点。网状结构中，节点之间有多条路径可供选择，当某一节点或者链路出现故障时，可以自行切换至可用链路，具有较高的可靠性。但由于各个节点通常都需要另外多个节点互连，各个节点都应具有路由和流控功能，增加了网络管理的复杂度，同时硬件成本较高。而且通常情况下，网状结构的可靠性越高，相应的网络越复杂，成本越高。所以在采用网状拓扑结构时，往往要进行综合考量，寻求可靠性与经济性的最大化。

总线型(图 6-21(e))结构简单，网中各节点连在一条总线上，各节点平等，无中心节点，节点扩展灵活方便。总线型结构通常用无源工作方式，因此任一节点故障不会造成整个网络瘫痪，但网络对总线故障比较敏感，一旦总线某部位开路，可造成整个网络瘫痪。

在短波通信网中，通常采用树型和网状两种拓扑结构。因为星型和环型拓扑结构的抗毁性能较差，容易导致网络瘫痪，造成通信中断，一般在短波通信网中较少应用。而短波通信通常采用无线传输，短波信道容量也较小，通常也不采用总线型网络拓扑结构。

短波通信网络拓扑结构按网络控制的方式又可分为分布控制、集中控制以及二者结合的混合控制式网络结构。集中控制是某个或某些节点作为网络中央节点，充当网络控制中心，其他节点属于从属地位。该网络的优点是网络管理效率较高，缺点是抗毁性差，一旦中心节点被摧毁，全网将瘫痪。分布控制网络多个节点独立对网络进行控制，无明显的中心节点，各个节点地位相等。其优点是网络具有自组织、自恢复能力，抗毁性较强；缺点是网络管理较难，所需的技术复杂。混合控制网络介于二者之间，即网络控制同时存在两种形式。

2. 短波通信网络协议结构

短波信道时变且带宽较窄，合理的网络协议可以使得短波通信网络功能更为高效。以第三代短波通信网络为例，它采用的是分层设计，其本质上源于 ISO 制定的 OSI 七层模型。

美军标 MIL-STS-188-141B 对第三代短波通信网的网络协议结构进行定义，如图 4-3 所示，主要划分为五层。

物理层进行波形的调制解调，第三代短波通信网将突发波形应用于自动链路建立和数据传输，提高了系统的灵活性。突发波形是短波通信中所需要的各种类型的信号，在存在衰落、多径和白噪声信道下，MIL-STS-188-141B 定义了五种突发波形，即 BW0~BW4，以实现不同信令对时间同步、持续时间、解调性能、载荷以及捕获的不同要求。各波形主要的用途如表 6-6 所示。

表 6-6　突发波形的主要用途

波形	主要用途
BW0	3G-ALE 短波自动链路建立信道质量分析
BW1	业务信道管理，高速数据链路拆链
BW2	高速数据分组传输
BW3	低速数据分组传输
BW4	低速数据链路拆链

数据链路层在第三代短波通信网协议结构中较为重要，包含了 4 个并行协议：自动链路建立(3G-ALE)协议、业务管理(TM)协议、数据链路(HDL、LDL)协议和电路链接管理(CLC)协议。各个协议协同工作，完成短波通信系统中的不同功能。自动链路建立有同步建链和异步建链两种方式，3G-ALE 系统在同步建链工作方式下，其工作性能最佳。当需要进行分组通信时，系统首先启动 ALE 协议，经过多次握手建立一条可靠的通信链路，此时 ALE 协议即完成。链路建立完成后，系统启动 TM 协议，进入业务管理阶段。这个阶段，TM 协议需要完成业务链路的建立和维护，主要是根据呼叫链路建立一个适合具体业务(话音业务还是数据分组业务)进行传输的链路。当具体通信业务链路创建成功并完成初始化后，跳出 TM 协议，开始使用 HDL 协议或者是 LDL 协议进行数据传输。HDL 为高速数据链路协议，适合短波信道条件较好时，完成较长数据包的传输。LDL 为低速数据链路协议，可以在短波信道条件较为恶劣的条件下可靠地传输所有长度的数据信息，LDL 每次传输数据量较小，因此，该协议也可用于用户信道条件较好时的少量信息传输。电路链路建立完成后，CLC 协议提供发前监听、信道控制机制来监控业务的传输与协调。

6.5.3　功能特点

网络化的短波通信网系统结构发生了很大的变化，功能更加全面、强大，能够很好地满足信息化条件下对短波通信提出的新需求。系统功能主要包括随机接入功能、综合业务功能、管理控制功能、安全保密功能等。

1. 随机接入功能

网络化的短波通信网采用了动态频率优选、自动链路建立、同步正交组网等技术，具有随时、随域、随频的接入功能，实现了短波通信全自动化，提高了通信的时效性。移动电台的接入方式有主动接入和被动接入两种方式。用户可选择通信质量最好的节点建链，实现和接入网的通信建立。采用多点覆盖、选优建链的机制，可以有效地避开短波通信固有的盲区效应，提高了短波业务传输的有效性和可靠性；同时可以降低对移动电台的功率要求，即小功率电台也可以实现远距离通信。

2. 综合业务功能

网络化的短波通信网将无线网与有线网有机融合起来。通过构建一个数字化的短波通信平台，采用统一的数据报文格式和建链通信协议，完成了建链系统、通信系统和网络平台的数字化连接；实现了信息处理过程数字化，节点到节点、端到端的报文信息不落地传输处理；提供了多种数据通信业务，包括数字话音、电子邮件、文本短信、寻呼和窄带 IP 连接等；增强了网络综合业务能力。

3. 管理控制功能

网络化的短波通信网通过数据库管理系统实现了网络运行监控管理、地址管理、报文管理等功能；通过频率规划管理系统实现了短波信道实时监测、短波频率动态优选等功能；通过综合网管系统实现了短波通信网络运行情况实时监视、短波通信设备远程控制管理等功能。管理控制功能使得拥挤且受干扰严重的短波信道资源得到最大化利用，此外强大的管理功能简化了通信联络的操作过程，有效地减轻了短波通信设备操作人员的训练难度，为高质量短波业务通信和网络化运用提供了有效的技术支持。

4. 安全保密功能

网络化的短波通信网通过在通信网络的各层进行安全防护和加密处理，可以具有更高的安全保密功能。在物理层，通过使用专业保密装置，可以实现链路的一次一密；在传输层，通过安全认证保证用户注册和传输信息的合法性；在网络层，通过实现用户终端与网络核心的隔离，降低网络攻击风险；在应用层，通过规划设定用户权限，防止未授权用户的非法操作。在网络运行全过程，对网络事件进行记录，为发现解决网络安全问题提供依据。

习　题

6.1　根据组网形式的不同，短波网络通信可以进一步分成哪几类？简述各类组网形式的应用场合。

6.2　短波电台自适应组网时需要注意哪些问题？为什么？

6.3　简述短波电台自适应通播网的特点。

6.4　在某一作战地域，陆军某旅、空军某地导旅和火箭军某旅共同执行任务，若采用短波电台进行通信保障，请简要分析应采用哪种组网方式。试述该种网络通信方式的基本特点和适应时机。

第7章 短波通信链路设计

短波频段电磁波主要有地波传播和天波传播两种传播方式，地波传播性能稳定，但是由于地面吸收损耗的影响，短波地波通信距离通常仅为几十千米以内；天波传播是利用电离层对电磁波的反射特性而呈现的一种传播方式，因其传播损耗相对较小，可以实现几百、上千千米的中远距离通信。在实际应用中，短波通信主要以中远距离通信为主，因此本章中主要讨论短波天波通信的链路设计问题。

7.1　短波通信链路设计的步骤

短波天波通信的信道为电离层，而电离层对电磁波的反射特性以及电磁波在电离层中的传播损耗受电离层中的电子密度、电磁波频率、电磁波入射角等多种因素的影响，这些影响因素都较大程度上影响了短波通信的性能。例如，如果工作频率过高，电磁波将穿透电离层而不能到达预定的接收地点；如果工作频率太低，电磁波的大部分能量将被电离层吸收，致使到达接收点的电磁波场强太弱或者电磁波根本到达不了接收点。除此之外，不同入射角的电磁波在电离层中传播，其传播路径也是不同的，这些影响导致短波天波通信存在明显的多径效应，最直接的影响就是当通信双方位置固定时，双方之间天波通信的传播模式有多种可能，如图7-1所示。

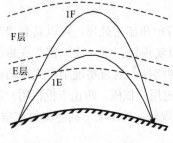

图 7-1　多种传播模式

由图7-1可见，不同传播模式情况下，电磁波的辐射仰角是不同的(即电磁波进入电离层的入射角是不同的)，在电离层中发生反射的高度也是不同的，相应的两条传播路径中电磁波的频率也应该是不同的，并且两条传播路径对应的传播损耗也是不同的。所以，在具体开通一条短波通信链路前，需要根据短波的传播特性和传播损耗，重点解决以下几个问题。

(1) 明确电磁波的传播路径。

(2) 预测通信链路的工作频率范围。

(3) 估算发射机的最小发射功率。

需要指出的是，建立一条具体的短波通信链路，可以有多种不同的方案。因此，需要从各方面(如经济费用、难易程度、占地面积等)充分比较，最后确定一种最佳工作方案。通常情况下从经济费用的角度考虑，一般要求发射功率要尽可能小，即传播过程中的损耗要尽量小。

图7-2为短波天波通信的传播损耗模型，下面结合该模型来具体分析短波通信链路设计的具体内容和步骤。

图 7-2　短波天波通信传播损耗模型

如图 7-2 所示，L_p 为基本传播损耗，简称传播损耗，根据 2.4 节可知，它由自由空间传播损耗、电离层吸收损耗、多跳地面反射损耗、额外系统损耗等多种损耗组成，表示电磁波在无线信道中传输的能量损耗。如果把收发天线的增益也计算到损耗中，则该部分损耗称为系统损耗，通常用 L_s 表示。那么，如果发射功率为 P_t，接收功率为 P_r，则

$$L_s = L_p - G_t - G_r (\text{dB}) \tag{7-1}$$

式中，G_r、G_t 分别为收发天线的增益。

图 7-2 中的 P_n' 表示短波信道中的各种外部噪声功率，它通常包括大气噪声、人为噪声和电台干扰，但是在短波通信链路设计时，只能估计大气噪声和人为噪声，对于电台干扰很难进行估计，因此在短波通信链路设计时，对于电台干扰一般不予考虑，通信双方通常只能通过采取抗电台干扰的措施以降低影响。

假设为了保证一定的误码率，接收端的最小输入信噪比为 $\text{SNR}_{\text{in min}}$，因此该条短波通信链路接收端的最小功率为

$$P_{r\min} = P_n' + \text{SNR}_{\text{in min}} (\text{dBW}) \tag{7-2}$$

若将通信链路的系统损耗考虑进去，则发射机的最小发射功率为

$$\begin{aligned} P_{t\min} &= P_{r\min} + L_s \\ &= P_n' + \text{SNR}_{\text{in min}} + L_p - G_t - G_r \end{aligned} \tag{7-3}$$

因为短波通信存在明显的多径效应，所以为了保证一定的可通率，需要为有效抗多径衰落保留一定的裕量，通常用 M_R 来表示。那么，考虑 M_R 后，式(7-3)可改写成：

$$P_{t\min}' = P_n' + \text{SNR}_{\text{in min}} + L_p - G_t - G_r + M_R \tag{7-4}$$

式中，$P_{t\min}'$ 为考虑抗多径衰落保留裕量后的最小发射功率。

如第 3 章所述，在现代短波通信链路中，为提高短波通信的可靠性，通常还需要进行差错控制编码，由于差错控制系统的使用，发射端在减小 $P_{t\min}'$ 的情况下仍可能保持原有性能，将进行差错控制前后减少的功率称为编码增益，通常用 G_{EC} 表示，即

$$G_{\text{EC}} = P_{t\min}' - P_{t\min}'' \tag{7-5}$$

式中，$P_{t\min}''$ 为进行差错控制之后发射机的最小发射功率。而 G_{EC} 的大小与采用的差错控制方式和编码方式有关。这样，就可以得到进行差错控制后，发射机的最小发射功率为

$$P_{t\min}'' = P_n' + \text{SNR}_{\text{in min}} + L_p - G_t - G_r + M_R - G_{\text{EC}} \tag{7-6}$$

式(7-6)称为短波天波通信电离层反射信道的系统方程，也是进行短波通信链路设计的

基本依据。公式中的各项因素，有的和通信链路的地理位置、工作频率、工作时间有关，有的取决于天线形式、调制方式、分集重数和合并方式，有的与差错控制方式有关。因此，P''_{tmin} 的计算，实际上就包括短波通信链路设计的整个内容，也就是说，短波通信链路设计的中心任务就是进行频率预测和计算 P''_{tmin}。

又因为在实际应用中，尤其是军用短波通信中，发射端的功率都是固定的，且发射功率一般满足通信要求，所以通常情况下进行链路设计时不需要对 P''_{tmin} 进行精确计算，只需要保证在同等条件下传播损耗 L_p 尽可能小。因此，在开通短波通信链路时通常按下列步骤进行设计。

(1) 进行传播损耗 L_p 分析，确定两地间天波传播的传播模式。
(2) 根据确定的天波传播模式，计算电磁波的最佳辐射仰角。
(3) 预测两地间天波通信的工作频率。

7.2　传播模式选取

由 2.3 节可知，天波传播有多种可能的传播模式，在不同通信距离的情况下，天波通信可能的传播模式是不一样的，而传播模式不同，对应的电磁波辐射仰角、电磁波频率也都是不同的。因此在进行短波通信链路设计时，首先要确定天波通信可能存在的传播模式，即需首先计算两地间的通信距离，也就是在地球表面上两地间的最短距离，通常称为大圆距离，同时为了确保通信双方能够获得足够强的信号功率，也需要精确地计算出通信双方的方位角。根据计算出的大圆距离，判断天波通信可能存在的传播模式，再结合对天波通信基本传播损耗的分析，就可以在理论上选择通信双方之间天波通信最佳的传播方式。

7.2.1　大圆距离与方位角

由于电离层完全包围着地球，假设电离层的高度与地球的经纬度没有关系，那么就可以将电离层看作以地球球心为原点的球面，短波通信时，在水平面上，天线主瓣对准方向就为沿收发地面在球体上的大圆方向，因此在短波通信中，必须尽可能精确地求出通信双方的大圆距离和方位角，特别是远距离点对点短波通信中，使用的天线方向性较强，通信方位只要偏离几度，就会引起接收点场强显著降低。接下来分析如何计算大圆距离和通信双方之间的方位角。

1. 大圆距离

假设通信双方的位置分别为 A 点、B 点，A、B 两地的经纬度分别为 (α_1, β_1)、(α_2, β_2)，并且北半球纬度为正，南半球纬度为负，东经为正，西经为负，如图 7-3 所示。

如图 7-3 所示，地球赤道半径为 R(约等于 6378km)，O 为地球的圆心，$\odot O$ 为圆心是地心且过 A、B 的大圆，其半径等于地球赤道半径。假设 $\angle AOB = 2\varphi$，AB 大圆弧长为 L，则 L 就为 A、B 两地间的大圆距离，满足 $L = 2R\varphi$。为了便于计算大圆距离 L 的长度，在图 7-3 的基础上进一步进行标注，如图 7-4 所示。

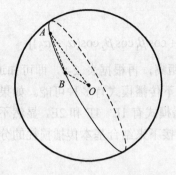 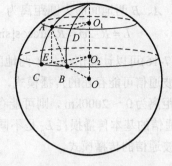

图 7-3　通信双方地球表面示意图　　　图 7-4　通信双方大圆距离计算示意图

$\odot O_1$ 与 $\odot O_2$ 分别为过 A、B 两点的纬度圈，过 A、C 两点的大圆为过 A 地的经度圈，过 B、D 两点的大圆为过 B 地的经度圈，经度圈与纬度圈所在的平面互相垂直。作 $AE \perp$ 面 O_2BC，垂足 E 位于 O_2C 上，则

$$AE^2 = O_1O_2^2 = (OO_1 - OO_2)^2 \tag{7-7}$$

因为 A 地的纬度为 β_1，所以 $\angle OAO_1 = \beta_1$，则 $OO_1 = R\sin\beta_1$，同理可得 $OO_2 = R\sin\beta_2$。式(7-7)可写为

$$\begin{aligned} AE^2 = O_1O_2^2 &= (R\sin\beta_1 - R\sin\beta_2)^2 \\ &= R^2(\sin\beta_1 - \sin\beta_2)^2 \end{aligned} \tag{7-8}$$

因为 C 点的经度为 α_1，B 点的经度为 α_2，则 $\angle CO_2B = \alpha_1 - \alpha_2$。所以在 ΔO_2BE 中，由余弦定理可得

$$\begin{aligned} BE^2 &= O_2E^2 + O_2B^2 - 2O_2E \cdot O_2B\cos(\alpha_1 - \alpha_2) \\ &= O_1A^2 + O_2B^2 - 2O_1A \cdot O_2B\cos(\alpha_1 - \alpha_2) \end{aligned} \tag{7-9}$$

根据 A、B 两地的经纬度可知 $O_1A = R\cos\beta_1$、$O_2B = R\cos\beta_2$，则式(7-9)可修改为

$$\begin{aligned} BE^2 &= (R\cos\beta_1)^2 + (R\cos\beta_2)^2 - 2R\cos\beta_1 \cdot R\cos\beta_2\cos(\alpha_1 - \alpha_2) \\ &= R^2[\cos^2\beta_1 + \cos^2\beta_2 - 2\cos\beta_1\cos\beta_2\cos(\alpha_1 - \alpha_2)] \end{aligned} \tag{7-10}$$

因为

$$AB^2 = AE^2 + BE^2 \tag{7-11}$$

将式(7-8)和式(7-10)代入式(7-11)可得

$$AB^2 = R^2[2 - 2\sin\beta_1\sin\beta_2 - 2\cos\beta_1\cos\beta_2\cos(\alpha_1 - \alpha_2)] \tag{7-12}$$

又因为

$$AB^2 = (2R\sin\varphi)^2 = 2R^2(1 - \cos2\varphi) \tag{7-13}$$

比较式(7-12)和式(7-13)，可得

$$\cos2\varphi = \sin\beta_1\sin\beta_2 + \cos\beta_1\cos\beta_2\cos(\alpha_1 - \alpha_2) \tag{7-14}$$

即

$$2\varphi = \arccos[\sin\beta_1\sin\beta_2 + \cos\beta_1\cos\beta_2\cos(\alpha_1 - \alpha_2)] \tag{7-15}$$

因此，A、B 两地间的大圆距离为

$$L = R \cdot 2\varphi = R \cdot \arccos[\sin\beta_1 \sin\beta_2 + \cos\beta_1 \cos\beta_2 \cos(\alpha_1 - \alpha_2)] \tag{7-16}$$

由式(7-16)可以计算出 A、B 两地间的大圆距离，再根据表 2-5，即可知道此时 A、B 两地间天波通信可能存在的传播模式，通常情况下传播模式有多种可能。如果 A、B 两地间的大圆距离为 $0 \sim 2000\text{km}$，则可能存在的传播模式有 1E、1F 和 2E，显然不同传播模式下，天波通信的基本传播损耗 L_p 是不同的，因此接下来结合基本传播损耗的分析来确定如何选取天波通信的传播模式。

2. 方位角

A、B 两地的方位角分别为

$$\sin(\angle AB) = \frac{\cos\beta_2 \sin|\alpha_1 - \alpha_1|}{\sin 2\varphi} \tag{7-17}$$

$$\sin(\angle BA) = \frac{\cos\beta_1 \sin|\alpha_1 - \alpha_2|}{\sin 2\varphi} \tag{7-18}$$

式中，$\angle AB$ 为 A 地至 B 地的方位角；$\angle BA$ 为 B 地至 A 地的方位角。

需要注意的是，使用式(7-17)和式(7-18)计算方位角时，方位角是以国际罗盘刻度从 $0° \sim 360°$ 进行表示，即以正北方向为 $0°$ 和 $360°$，$90°$ 为正东方向，$180°$ 为正南方向，$270°$ 为正西方向，顺时针方向旋转标记。

例题 7.1　北京、广州之间需要建立一条短波通信链路，电台所处位置的经纬度分别为 $(116.4°\text{E},39.9°\text{N})$ 和 $(113.3°\text{E},23.2°\text{N})$，计算两台间的大圆距离和方位角。

解：因为东经为正、西经为负，北纬为正、南纬为负，所以两台的经纬度为 $(116.4°,39.9°)$ 和 $(113.3°,23.2°)$，因此两地间的地心夹角 α 为

$$\alpha = \arccos[\sin 39.9° \sin 23.2° + \cos 39.9° \cos 23.2° \cos(116.4° - 113.3°)]$$
$$\approx 16.9° \approx 0.295\text{rad}$$

由此可得两台间的大圆距离为 $L \approx 6378 \times 0.295 \approx 1880\text{km}$。

北京→广州的方位角为 ϕ_1，则 $\sin\phi_1 = \dfrac{\cos 23.2° \sin(116.4° - 113.3°)}{\sin 16.9°}$，可得 $\phi_1 \approx 189.8°$。

广州→北京的方位角为 ϕ_2，则 $\sin\phi_2 = \dfrac{\cos 39.9° \sin(116.4° - 113.3°)}{\sin 16.9°}$，可得 $\phi_2 \approx 8.2°$。

7.2.2　基本传播损耗分析

由式(2-33)可知，天波通信的基本传播损耗 L_p 由自由空间传播损耗 L_{p0}、电离层吸收损耗 L_a、多跳地面反射损耗 L_g 和额外系统损耗 Y_p 四部分组成。

自由空间传播损耗 L_{p0} 的大小与频率的平方和传播距离的平方成正比，它是基本传播损耗中的主要部分，也是链路设计时需要重点考虑的损耗；电离层吸收损耗 L_a 主要是由电磁波进入电离层后，在电磁场的作用下电离层中的自由电子与中性粒子间发生碰撞产生的损耗，由式(2-38)可知，其值受电磁波入射角、电磁波频率等因素的影响，它也是在短波

通信链路设计时需要重点考虑的损耗。

多跳地面反射损耗 L_g 通常只考虑陆地反射和海面反射，通常情况下，经陆地 1 次反射的损耗为 6dB，经海平面 1 次反射的损耗为 0.25dB，它相比于 L_{p0} 和 L_a 较小，但是由于多跳，电磁波的传播路径距离明显增加，即自由空间传播损耗 L_{p0} 将增加，并且电磁波将多次穿透电离层，也就是说电离层吸收损耗 L_a 也将增加，因此通常情况下，在满足天线半功率角的情况下，要求经地面反射的次数越少越好；由表 2-7 可知，额外系统损耗 Y_p 通常也为固定值，其值在每天中的不同时间是不同的。

综上所述，在分析天波通信基本传播损耗时，主要考虑自由空间传播损耗 L_{p0} 和电离层吸收损耗 L_a 的影响，它们的计算公式分别如式(2-35)和式(2-38)所示。可见它们都有较为复杂的计算公式，想要具体分析电磁波频率、电磁波入射角等参数变化对于基本传播损耗 L_p 的影响是较为复杂的，通常情况下需要根据具体的参数，再结合通信双方的时间、地点进行测算。为了便于快速分析通信参数对基本传播损耗 L_p 的影响，这里给出一个基本结论：在固定通信距离、同等跳数情况下，进行短波通信链路设计时要尽可能地使电离层吸收损耗越小越好。下面根据天波传播特性来定性分析电磁波入射角、电磁波频率对电离层吸收损耗的影响。

1. 电磁波入射角的影响

由 2.4 节可知，电离层吸收损耗 L_a 是因为电磁波进入电离层后，电离层中的自由电子在电磁场的作用下做简谐运动，与其中的中性粒子发生碰撞而产生的损耗，也就是说，L_a 的大小由自由电子与中性粒子间的碰撞频率来决定。由表 2-4 可知，在电离层中 D 层的碰撞频率为 $10^6 \sim 10^8$ 次/秒，远远大于 E、F_1、F_2 三层中的碰撞频率，因此 L_a 主要由 D 层中的吸收损耗来决定，而通常以电磁波在 D 层中的传播路径距离来衡量 D 层中的吸收损耗，传播路径距离越长，吸收损耗越大，传播路径距离越短，吸收损耗越小。

在短波通信中，通常是用电离层的 E 层和 F 层反射来进行天波通信，因此为了便于分析，假设电磁波都穿透了 D 层，并且为更加直观地分析电磁波入射角的不同对于电离层吸收损耗的影响，假设电磁波的频率相同，只有传播到 D 层中电磁波的入射角不同，如图 7-5 所示。

由图 7-5 可知，电磁波的入射角 $\theta_1 < \theta_2$，根据电离层对电磁波的反射特性可知，电磁波入射角越小时，电磁波越难被反射，那么电磁波在 D 层中的传播路径越趋近于直线，也就是说，传播路径距离越短，电离层吸收损耗 L_a 越小；同理，电磁波入射角越大，电离层吸收损耗 L_a 越大。在图中显然也可以看出，实线表示的电磁波传播路径要短于虚线表示的电磁波传播路径，即入射角

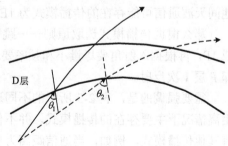

图 7-5 相同频率、不同入射角的电磁波在 D 层中的传播

越小，电离层吸收损耗越小，因此在选择天波通信电磁波传播模式时，在跳数少的情况下，应使电磁波入射角尽量小。

2. 电磁波频率的影响

同理，假设电磁波传播到 D 层的入射角相同，只有频率不同，如图 7-6 所示。

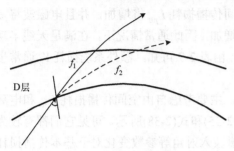

图 7-6　相同入射角、不同频率的
电磁波在 D 层中的传播

根据电离层对电磁波的反射特性可知，电磁波频率越高，电磁波越难被反射，那么电磁波在 D 层中的传播路径越趋近于直线，也就是说，传播路径距离越短，电离层吸收损耗 L_a 越小；同理电磁波频率越低，电离层吸收损耗 L_a 越大。从图 7-6 中可以看出，实线表示的电磁波传播路径要短于虚线表示的电磁波传播路径，即 $f_1 > f_2$，所以电磁波频率越高，电离层吸收损耗越小，因此在选择天波通信电磁波传播模式时，在跳数少的情况下，应使电磁波频率尽可能高。

由上述的分析可知电磁波入射角和电磁波频率对于电离层吸收损耗的影响，也间接地反映了这 2 个影响因素对于天波通信基本传播损耗 L_{p0} 的影响，即在同等通信距离(大圆距离)、相同跳数的情况下，电磁波入射角越小，基本传播损耗越小；电磁波频率越高，基本传播损耗越小。

因此，理论上进行电磁波传播模式选取时需遵循的 3 个基本原则：经地面反射的跳数要尽可能少，电磁波入射 D 层的入射角要尽量小，电磁波频率要尽量高。这 3 个基本原则也是指导短波通信链路设计的基本原则。

根据电离层吸收损耗计算式(式(2-38))，也可以迅速地分析得到：入射角越小，电离层吸收损耗越小；频率越高，电离层吸收损耗越小。

例题 7.2　北京、广州之间需要建立一条短波通信链路，电台所处位置的经纬度分别为 $(116.4° E, 39.9° N)$ 和 $(113.3° E, 23.2° N)$，若不考虑天线的形式与性能，在进行短波天波通信时，应该使电磁波在传播时呈现哪一种传播模式？

解：由例题 7.1 可知，通信双方之间的大圆距离为 1880km，因此根据表 2-5 可知，两地间天波通信可能存在的传播模式为 1E、1F 和 2E。

那么根据传播模式选取原则——跳数要尽可能少，则应该使电磁波的传播模式为 1E 或 1F，再根据入射角要尽量小和频率要尽量高的原则，则应该使电磁波的传播模式为 1F，即 F 层 1 次反射。

需要强调的是，表 2-5 所示的不同通信距离情况下可能存在的传播模式，是不同通信距离情况下主要存在的传播模式，并不代表通信距离确定之后，除了表 2-5 中所列的就没有其他传播模式，例如，当通信距离为 2000km 时，电磁波的频率能够穿透 E 层，而天线的半功率角范围又比较大，辐射出的电磁波经 F 层 1 次反射的通信距离达不到 2000km 时，天波通信传播模式也可以是 2F，即经 F 层 2 次反射。所以在通常情况下，确定两地间天波通信具体的传播模式时，还得考虑选用天线的形式和性能。例如，当通信距离在 2000km 以内时，一般采用经济实惠、架设较为方便的双极天线(即水平对称振子天线)，表 7-1 给出了双极天线在不同架设高度波长比(H/λ)时的辐射仰角性能和通信距离等性能参数。

表 7-1　双极天线在不同架设高度波长比(H/λ)时的性能参数

架设高度波长比 H/λ	仰角/(°)			通信距离/km		频带 /MHz
	+3dB	max	−3dB	1E	1F	
0.25	—	90	18	100~650	100~1600	2.3~16
0.3		65	15	100~750	100~1800	2.3~18
0.35		45	13	100~850	100~2000	2.3~20
0.4	—	37	11	100~900	350~2100	2.5~20
0.5	58	30	8	250~1100	400~2600	2.5~22
0.75	35	18	7.5	350~1200	800~2600	2.5~22

7.3　最佳辐射仰角计算

在确定两地间天波通信电磁波传播模式后，面临着一个棘手问题就是，如何使电磁波按照选取的传播模式进行传播。因为电磁波是通过天线辐射出去的，所以为了在接收端获得最大的接收功率，首先必须按照 7.2.1 节中计算出的方位角，使通信双方的天线在水平面上相互对准，然后垂直面上使天线的最大辐射信号方向按照选取的传播模式进行传播即可，而天线最强辐射信号方向与地球切面的夹角即为电磁波的辐射仰角。显然，在两地大圆距离相同的情况下，电磁波经电离层 1 次反射和多次反射时，电磁波的辐射仰角是不同的，下面分别对这两种情况进行分析。

7.3.1　经电离层 1 次反射

在进行短波通信链路设计时，需要知道电离层反射点的电离层参数，如电离层虚高、电子密度等。对于经电离层 1 次反射的情况，如果通信两地的大圆距离在 2000km 以内，则电磁波可能在 E 层发生反射，也可能在 F 层发生反射，具体是在 E 层反射还是在 F 层反射，还与天线的半功率角范围有关；如果通信两地的大圆距离为 2000~4000km，则一定是在 F 层发生发射。因此在进行辐射仰角计算时，首先需要确定反射点的电离层高度(虚高)。

1. 反射点电离层高度

根据前面的描述，电磁波的反射点可能在 E 层，也可能在 F 层，假设通信双方 A、B 两地间的电磁波传播模式为 1F，则 Δ 即为需要计算的电磁波辐射仰角，如图 7-7 所示。

由图 7-7 可知，电离层 F 层是有一定厚度的，也就是说，在 F 层 1 次反射的模式下，电磁波在 F 层中有无数种反射高度，而反射高度不同，电磁波的辐射仰角也不同，就是说，在 1F 模式下电磁波辐射仰角是一个范围，显然这一方面不利于天线高效的辐射电磁波，另一方面在后面预测工作频率时也需要准确的辐射仰角，因此为了便于高效辐射电磁波和准确预测工作频率，这里需要准确地计算出天线最强信号方向的辐射仰角，也就是明确电磁波在电离层中的反射位置，也就是确定电磁波在电离层中的反射高度。

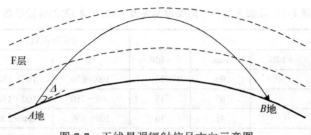

图 7-7　天线最强辐射信号方向示意图

为了便于理解，就以图 7-7 为例进行分析。根据 7.2.2 节所述，为了使天波通信基本传播损耗 L_{p0} 尽可能小，应该使电磁波的入射角尽量小。显然，反射高度越高，电磁波的入射角越小，因此为了使基本传播损耗尽可能小，在理论上应该使电磁波在 F 层的最高处(电子密度最大的位置)发生反射，如果 F 层的高度(也就是 F_2 层的高度，用 $h'F_2$ 表示)是确定的，则此时的辐射仰角就是确定的，如图 7-8 所示。

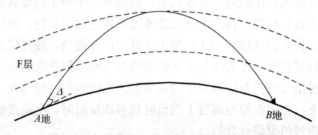

图 7-8　电磁波在 F 层最高处发生反射示意图

同理，如果在 E 层中发生发射，也应该在 E 层的最高处发生反射，并且只要 E 层的高度(一般用 $h'E$ 来表示)是确定的，那么电磁波的最佳辐射仰角也是确定的。通常情况下，电离层中 E 层的高度 $h'E$ 是相当稳定的，一般认为是 110km，而 F 层的高度 $h'F_2$ 随月份和每日的时间在 225～450km 变动，因此为了便于计算最佳辐射仰角，$h'F_2$ 通常取 320km，当然如果有明确的通信时间，也可以根据电离层反射点所处的地理位置，结合表 2-6 明确 $h'F_2$ 的高低(也就是 F 层的高低)。

2. 辐射仰角计算公式

根据天波传播第一等效定理，以光速的直线传播、理想反射代替电磁波在电离层中的真实传播路径，则电磁波经电离层 1 次反射的路径示意图如图 7-9 所示。

图 7-9 中，地球赤道半径为 R($R \approx 6378\text{km}$)，A、B 两地间的大圆距离为 L，电磁波经电离层 1 次反射的通信距离为 d(即 1 跳通信距离)，A、B 两地间的地心夹角为 α，电磁波在电离层中反射点的高度为 h，电磁波的辐射仰角为 Δ，a、b 分别为两条虚线辅助线的长度。

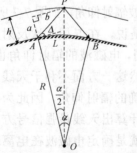

图 7-9　电磁波经电离层 1 次反射示意图

因为是理想反射，则反射点 P 对应地面的位置应在 A、B 两地大圆路径的中心位置，即 $\angle AOP = \dfrac{\alpha}{2}$，又因为电磁波只经电离层进行 1 次反射，所以 1 跳通信距离 d 等于大圆距离 L，显然

$$\tan \Delta = \frac{a}{b} \tag{7-19}$$

式中，$a = (R+h)\cos\left(\dfrac{\alpha}{2}\right) - R$，$b = (R+h)\sin\left(\dfrac{\alpha}{2}\right)$，则式(7-19)可修改为

$$
\begin{aligned}
\tan \Delta &= \frac{(R+h)\cos\left(\dfrac{\alpha}{2}\right) - R}{(R+h)\sin\left(\dfrac{\alpha}{2}\right)} \\[2mm]
&= \frac{\cos\left(\dfrac{\alpha}{2}\right) - \dfrac{R}{R+h}}{\sin\left(\dfrac{\alpha}{2}\right)}
\end{aligned}
\tag{7-20}
$$

又因为 $\alpha = \dfrac{d}{R}$ (rad)，则电磁波辐射仰角为

$$\Delta = \arctan\left[\frac{\cos(d/2R) - R/(R+h)}{\sin(d/2R)}\right] \tag{7-21}$$

由式(7-21)可知，电离层中的反射高度越高，电磁波辐射仰角越大；一跳通信距离越远，电磁波辐射仰角越小。为了便于理解，图 7-10 绘制出了不同电离层反射高度情况下，电磁波辐射仰角与一跳通信距离之间的关系。需要注意的是，式(7-21)的三角函数中的角度单位为弧度(rad)，进行计算时需要先将其换算成度(°)。

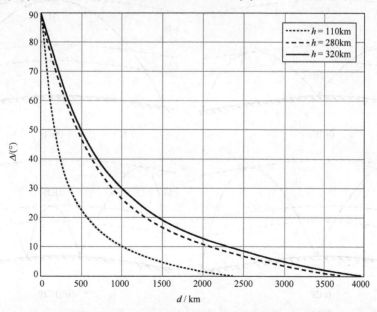

图 7-10　电离层 1 次反射时不同电离层反射高度情况下 Δ 与 d 的关系图

例题 7.3　北京、广州之间需要建立一条短波通信链路，并要求于 2021 年 3 月 16 日上午 11 时实现短波通联，电台所处位置的经纬度分别为(116.4°E,39.9°N)和(113.3°E,23.2°N)，若不考虑天线的形式与性能，在进行短波天波通信时，计算两地间电磁波辐射的最佳辐射仰角。

解： 由例题 7.1 和例题 7.2 可知，通信双方之间的大圆距离 $L \approx 1880$km，两地间天波通信的电磁波传播模式应该选择 F 层 1 次反射，所以两地间的 1 跳距离 $d = L$ (约等于 1880km)，那么根据辐射仰角计算公式，电离层的反射高度 h 为未知参量，它的高低受纬度、季节、时间等因素的影响。因此，首先得根据通信双方的经纬度确定反射点所在位置的纬度。

因为通信双方之间的天波通信只经过了 F 层的 1 次反射，所以可以粗略估算出反射点的纬度约为 31.55°N，又因为是 3 月份，通信时间在白天，所以由表 2-6 可以得到 F 层的高度 $h \approx 270$km，将参数代入计算公式中可得

$$\Delta = \arctan\left[\frac{\cos(1880 \div (2 \times 6378) \times 180 \div \pi) - 6378 \div (6378 + 270)}{\sin(1880 \div (2 \times 6378) \times 180 \div \pi)}\right]$$
$$\approx 11.46°$$

或者也可以通过图 7-10 进行查阅，得到辐射仰角的估计值。

7.3.2　经电离层多次反射

电磁波经电离层多次反射时情况通常较为复杂，例如，当大圆距离在 2000～4000km 时，电磁波传播主要可能的传播模式有 2E、1F、2F、1E2F 四种，如图 7-11 所示。

图 7-11 中(a)中的电磁波频率较低，未能穿透 E 层，所以电磁波经需经 E 层 2 次反射才能到达接收方；图 7-11(b)中的电磁波频率较高，能够穿透 E 层，所以电磁波经 F 层 1

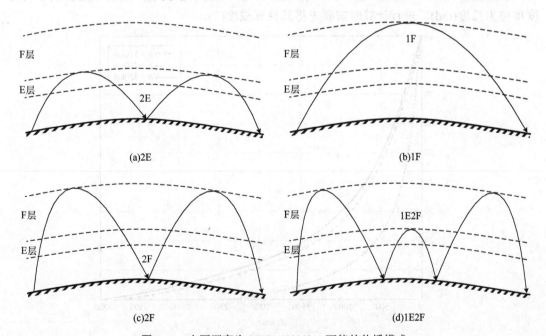

图 7-11　大圆距离为 2000～4000km 可能的传播模式

次反射就可以到达接收方；图 7-11(c)中电磁波频率较图 7-11(b)中偏低，但是能够穿透 E 层，再加上因为天线最佳辐射仰角的限制，其需经 F 层 2 次反射才能到达接收方。相比而言，图 7-11(d)中的情况相对较为特殊，第 1 次跳跃和第 3 次跳跃中，穿透了 E 层，电磁波在 F 层中进行反射，而在中间 1 次跳跃中，E 层对该频率有效，能够将其反射回地面，如果在电磁波传播过程中，线路中间部分电离层电子密度比较大(如恰好在下午 2 时左右)，比线路的第 1 次反射点位置和第 3 次反射点位置都要高，则此时线路中间部分 E 层中的电子密度也相对较大，那么就会出现这种情况。

上述四种情况实际上都属于常规情况，在实际通信中还有可能出现如图 7-12 所示的传播模式。

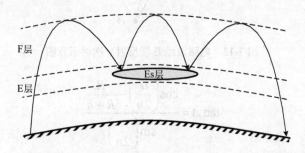

图 7-12　大圆距离为 2000～4000km 时非常规情况下可能的传播模式

如果在线路中间部分区域出现了突发 Es 层，经 F 层反射回地面的电磁波被 Es 层再次反射回 F 层，就会出现如图 7-12 所示的现象，这种传播模式在实际的电磁波传播过程中是可能存在的，特别是在短波通信线路较长，且线路中间部分地区突发 Es 层出现的概率较高时，在通信链路设计时应该对这种可能进行充分的研究，特别是要结合可以选用的频率对线路中间各部分电离层的结构特性进行细致的分析，并合理计算出发射天线辐射仰角的要求，提高短波通信的可通率。

在理论上进行分析时，对于这些非常规情况不做细致考虑，并且针对在东西方向上超远距离通信时因时差导致的非同层传播现象(即图 7-11(d)所示的传播模式)通常也不予考虑，只需对短波通信线路反射点的电离层参数，以及通信双方所在地域的电磁环境加以研究，这对于确定短波通信链路中天线的辐射仰角以及设备的频率参数已经足够，因此下面只从理论上对可能出现的多次反射、同层传播模式(如 2E、2F、3E、3F 等)进行分析，首先分析经 E 层多次反射的情况。

1. 经 E 层多次反射

假设通信双方 A、B 两地间的大圆距离为 L km，电磁波经 E 层反射了 n 次，如图 7-13 所示。

由图 7-13 可知，此时的电磁波最强信号方向辐射仰角为 Δ，电离层 E 层的反射高度为 h km，A、B 两地间的地心夹角为 α rad，为了便于分析，假设 n 次反射均为理想反射，那么一跳通信距离对应的地心夹角为 α/n rad，电磁波 E 层 1 次反射的通信距离 $d = L/n$ km，又因为 $a = (R+h)\cos\left(\dfrac{\alpha}{2n}\right) - R$，$b = (R+h)\sin\left(\dfrac{\alpha}{2n}\right)$，所以

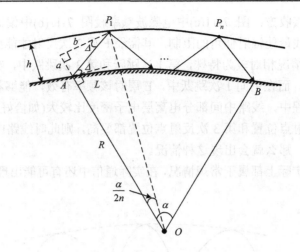

图 7-13　电磁波经 E 层反射 n 次时示意图

$$\tan \Delta = \frac{\cos\left(\dfrac{\alpha}{2n}\right) - \dfrac{R}{R+h}}{\sin\left(\dfrac{\alpha}{2n}\right)} \tag{7-22}$$

将 $\alpha = \dfrac{L}{R}$ rad 代入式(7-22)中可得

$$\Delta = \arctan\left[\frac{\cos(L/2nR) - R/(R+h)}{\sin(L/2nR)}\right] \tag{7-23}$$

例题 7.4　北京、广州之间需要建立一条短波通信链路，并要求于 2021 年 3 月 16 日上午 11 时实现短波通联，电台所处位置的经纬度分别为(116.4°E,39.9°N)和(113.3°E,23.2°N)，若短波通信时受限于可使用的频率较低，只能够在 E 层发生反射，计算两地天波通信电磁波辐射的最佳仰角。

解：由例题 7.1 可知，通信双方之间的大圆距离 $L \approx 1880\text{km}$；因为只能够在 E 层发生反射，所以选取的电磁波传播模式为 E 层 2 次反射，即 $n = 2$，那么两地间天波通信的 1 跳通信距离 $d = 1880/2 = 940\text{km}$。

因为在 E 层发生反射，所以可以认为 $h \approx 110\text{km}$，根据仰角计算公式可得

$$\Delta = \arctan\left[\frac{\cos(1880 \div (2 \times 2 \times 6378) \times 180 \div \pi) - 6378 \div (6378 + 110)}{\sin(1880 \div (2 \times 2 \times 6378) \times 180 \div \pi)}\right]$$

$$\approx 10.95°$$

2. 经 F 层多次反射

同理，假设通信双方 A、B 两地间的大圆距离为 L km，电磁波经 F 层反射了 n 次，此时的电磁波最佳辐射仰角计算公式和式(7-23)完全一致，不同的是此时公式中的 h 为电离层 F 层的高度 $h'F_2$，它通常随月份和每日的时间在 225~450km 变动，有时为了便于计算，可以

直接取 $h'F_2 \approx 320km$ ，如果知道明确的通信时间和反射点位置，也可以根据表 2-6 来计算。

为了便于理解，图 7-14 绘制了经 E 层和 F 层不同反射次数情况下，最佳辐射仰角与通信距离(大圆距离)之间的关系，其中经 E 层反射的次数为 1～3 次，经 F 层反射的次数为 1～10 次，并且取 F 层的平均高度为 $h'F_2 \approx 320km$ ，E 层的平均高度为 $h'E \approx 110km$ 。

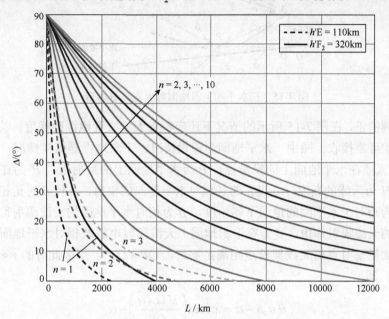

图 7-14 最佳辐射仰角与通信距离、反射次数间的关系

由图 7-14 可知，当辐射仰角 $\Delta = 0°$ 时，经 F 层 1 次反射最远可达 4000km，当辐射仰角 $\Delta = 2°$ 时，经 E 层 1 次反射的通信距离可达 2000km、经 F 层 1 次反射的通信距离为 3500km，但是需要强调的是目前实际使用的远距离短波通信定向天线，其最佳辐射仰角很难做到 2°，一般可做到 6°～7°(通常可以认为 7° 为可以做到的最低最佳辐射仰角)，因此在考虑电离层反射次数时，除非有特殊情况或者具备场地有利条件外，一般不应该使最佳辐射仰角低于这个角度。

例题 7.5 A、B 两地间需要建立一条短波通信链路，两地的经纬度分别为(74°W,41.6°N)和(39.2°E,21.5°N)，通信天线可以做到的最低最佳辐射仰角为 7°，计算 A、B 两地进行天波通信时的最佳辐射仰角。

解：根据大圆距离计算公式可得

$$L = 6378\{\arccos[\sin(41.6°)\sin(21.5°) + \cos(41.6°)\cos(21.5°)\cos(-74° - 39.2°)] \div 180° \times \pi\}$$
$$\approx 10215(km)$$

假设电离层 F 层的高度为 320km，那么根据图 7-14 可知，当电磁波经 F 层 3 次反射时，电磁波的最佳辐射仰角为 2°，低于最低最佳辐射仰角(7°)，所以电磁波应该经 F 层 4 次反射，可得此时的最佳辐射仰角为 8°，电磁波经 F 层 1 次反射的通信距离约为 2554km。

如果要求两地间天波通信时的传播模式必须为 3F，应该如何实现呢？也就是如何获得 2° 的最佳辐射仰角，且电磁波能够以较小的损耗进行传播。只有天线的地面高度很高且发射天线安置在朝发射方向下斜的地面上，低辐射仰角的需求还是可以做到的，此时由于地面下斜了一个角度，从而降低了仰角，如图 7-15 所示。

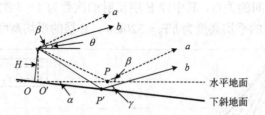

图 7-15　在水平和下斜地面时天线辐射仰角

需要强调的是，在图 7-15 所示的情况下还应检查天线安置地面的梯度，以充分保证远处接收电台的可靠接收。图中，水平地面为假设情况，下斜地面是真实情况，天线架设点为 O，O' 为天线在水平地面上的投影点，P 为水平地面上的反射点，P' 为在下斜地面上的反射点，H 为天线的高度，a 代表的是相对水平地面的辐射，b 代表的是相对下斜地面的辐射，α 为相对于水平面的地面下斜角度，β 为相对水平地面的天线辐射仰角，γ 为相对下斜地面的天线辐射仰角，θ 为在下斜地面上天线辐射电磁波相对水平地面的仰角，则 $\theta = \gamma - \alpha$。如果反射点离天线架设点距离足够远，$OP \approx O'P$，那么此时的 $\gamma \approx \beta$，所以此时 $\theta \approx \beta - \alpha$，即

$$\theta \approx \beta - \alpha = \arctan\left(\frac{H \cos\alpha}{OP}\right) - \alpha \tag{7-24}$$

由式(7-24)求出的在下斜地面上天线辐射电磁波相对水平地面的仰角 θ 就是电磁波的最佳辐射仰角 Δ，显然此时的 Δ 相比在水平地面上的辐射仰角减小了，即在相同天线架设情况下在下斜平面上天线的辐射仰角 Δ 减小了，而相应的经电离层 1 次反射的通信距离更远了。

在利用图 7-15 计算辐射仰角时，应保证在辐射方向直到地面反射点 P' 尽可能平坦，而地面反射点 P' 与天线架设点的距离 $d_{P'}$ 受电磁波的波长和仰角 θ 的影响，具体关系为

$$d_{P'} = \frac{\lambda}{4\sin\theta\tan\theta} \tag{7-25}$$

图 7-16 为频率为 1.5MHz、5MHz、10MHz、15MHz、20MHz、25MHz、30MHz 时的电磁波地面反射点与天线架设点的距离。

需要注意的是，在距离天线架设点 d_P 距离以内，应尽量保证地面的平坦性，并且该计算公式主要适用于采用定向天线的远距离短波通信固定台站，所以通常情况下远距离的短波通信固定台站位于郊区，而在城市中很难具备这样的天线架设条件，因此位于市区的广播台站、无线电管理委员会等机构，只能使用简单的垂直拉杆天线或偶极子天线，这些天线垂直面方向图的 3dB 带宽较宽，可以选择适当的工作频率，从而获得较好的工作条件。

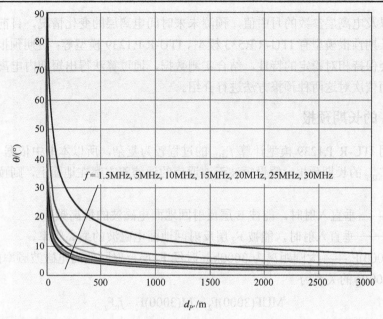

图 7-16　不同频率时天线架设点到地面反射点的距离 $d_{p'}$ 与电磁波和水平地面夹角 θ 的关系

7.4　工作频率预测

　　短波天波通信主要依靠电离层的反射来实现通信，而电离层对于短波传播不仅有反射作用，还会对电磁波的能量有吸收作用，即会产生电离层吸收损耗，根据 7.2.2 节中的分析，电磁波的频率越高，电离层吸收损耗越小，所以在理论上最高可用频率(f_{MUF})为两地间短波天波通信时的最佳工作频率，但是电离层中的自由电子密度在每一年、每一个季节以及每天中的不同时间都是不一样的，因此当选用 f_{MUF} 进行工作时，如果电离层中的最大自由电子密度减小，那么此时的电磁波将穿透电离层，不能返回地面，因此在实际的短波通信中要根据电磁波的传播模式、电磁波辐射的最佳仰角选用适当的频率，既不能太高，也不能太低，根据 2.3 节中的描述，选取的最佳工作频率(f_{OWF})既要能够保证大概率将电磁波反射回地面，又要尽量减小天波传播过程中的电离层吸收损耗，因此在工程上通常取 f_{MUF} 的 80%～90%，有的时候为了计算方便，直接取 f_{MUF} 的 85%，因此，工作频率的预测最为核心的就是 f_{MUF} 的预测，但需要注意的是，这里的 f_{MUF} 既可以是 E 层的最高可用频率(一般用 MUF(D)E 来表示，其中 D 表示通信双方的大圆距离)，也可以是 F_2 层的最高可用频率(一般用 MUF(D)F_2 来表示，其中 D 表示通信双方的大圆距离)。

　　此外，电离层有日变化、季节变化、太阳黑子周期变化，这些变化都会影响 f_{MUF} 的确定，多年来世界各地的电离层探测站和电离层研究部门系统地收集并整理了电离层的基础数据(包括电离层各层的临界频率、虚高、实高、不同大圆距离的最高可用频率等)，为 f_{MUF} 的预测(有时候也称为最高可用频率的预报)提供了数据支撑，本节将讨论如何使用电离层探测基础数据来估算短波通信链路的 f_{MUF}，而 f_{MUF} 的预报有长期预报和短期预报之分。

　　长期预报是通过建立电离层参考模型(International Reference Ionosphere，IRI)，根据太

阳活动指数以及电离层参数的月中值，预测未来时间电离层的变化情况，目前比较通用的电离层参数长期预报模型有 ITU-R P.533 模型、ITU-R P.1239 模型等；短期预报则是根据电离层短期内会保持相对稳定的特性，结合实测数据，通过算法得出短期内电离层参数的变化情况。下面依次对这两种预报方法进行介绍。

7.4.1 f_{MUF} 的长期预报

因为利用 ITU-R P.1239 模型计算 f_{MUF} 的过程较为复杂，所以本书中依据 ITU-R P.533 模型来进行 f_{MUF} 的长期预报。假设短波天波通信的通信双方都在地面上，则预报的基本传输参数如下。

(1) f_0E——垂直入射时，能被 E 层反射回地面电磁波的最高频率。

(2) f_0F_2——垂直入射时，能被 F_2 层反射回地面电磁波的最高频率。

(3) $M(3000)F_2$——大圆距离为 3000km 时经 F_2 层反射回地面电磁波频率的 M 因数，它与 $MUF(3000)F_2$ 的关系为

$$MUF(3000)F_2 = M(3000)F_2 \cdot f_0F_2 \tag{7-26}$$

式中，$MUF(3000)F_2$ 指的是大圆距离为 3000km 时，能够经 F_2 层 1 次反射回地面电磁波的最高频率。

下面利用上述列举的 3 个基本传输参数来分别分析 E 层和 F_2 层 f_{MUF} 的长期预报。

1. E 层 f_{MUF}

根据 ITU-R P.533 模型，当大圆距离为 D km 时，电磁波经 E 层 n 次反射回地面电磁波的最高可用频率的计算公式为

$$nMUF(D)E = f_0E \cdot \sec i_{110} \tag{7-27}$$

式中，i_{110} 为电磁波经 E 层 1 次反射通信距离为 $d = D/n$ km 时，电磁波在离地面 110km 处(电离层 E 层的高度)的入射角，如图 7-17 所示。

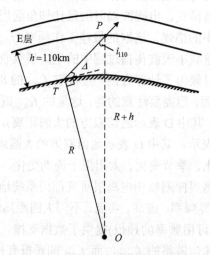

图 7-17 电磁波经入射 E 层示意图

图 7-17 中，O 为地心，T 为发射方，P 为电磁波在 E 层中的入射点，Δ 为电磁波的辐射仰角，R 为地球赤道半径，约等于 6378km，h 为电离层 E 层的高度，约等于 110km，则根据正弦定理，可知 $\sin(i_{110})/R = \sin(\Delta+90°)/(R+h)$，可以得到

$$i_{110} = \arcsin\left(\frac{R}{R+110}\cos\Delta\right) \tag{7-28}$$

由于 E 层的高度相当稳定，所以 $f_0\text{E}$ 的计算通常可采用逼近其实际值的半经验公式：

$$f_0\text{E} = K(1+mR_{12})\cos^n(0.881\chi) \tag{7-29}$$

式中，K 为常数，等于 3.4；R_{12} 为每月太阳黑子数量的 12 个月连续平均数，通常用于衡量太阳活动强度的指数，具体数值一般为 0～150；$n = 0.49$；$m = 0.00167$；0.881 约等于 90°/102.2°，而 102.2° 是太阳日落时离地面 110km 高度处(E 层高度)的太阳天顶角；χ 为电磁波在 E 层反射点的太阳天顶角。

为了进一步求出 $f_0\text{E}$ 的大小，下面再来分析太阳天顶角。因为电离层主要是由太阳的高能辐射的电离作用产生的，所以电离层的参数与太阳的相对位置密切相关，而太阳的相对位置一般用反射区的太阳天顶角来描述。一个地点在某一时刻的太阳天顶角是指这个地点的地球法线与此时太阳至地心连线之间的夹角，如图 7-18 所示。

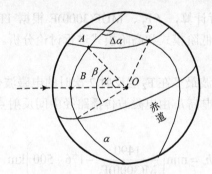

图 7-18　太阳天顶角示意图

图 7-18 中，O 为地心，α、β 分别为 A 点的经度、纬度，B 点为太阳在地面上的直射点，当地球上的 A 点处于正午时，A 点的太阳天顶角为 $\angle BOA$，经过一段时间，A 点随地球自转过 $\Delta\alpha$ 的角度而到达 P 点时，A 点的太阳天顶角变为 $\angle BOP$，显然在每天的不同时间，以及在不同季节的相同时间，同一地点的太阳天顶角是不同的。在每天的日落和日出时，地面某点的太阳天顶角为 90°，而对于电离层中的某点，因为存在一定高度，所以其日出日落时的太阳天顶角要大于 90°，例如，在 E 层的高度处(离地面 110km)，其太阳天顶角约等于 102.2°，即在白天的时候 E 层高度处的太阳天顶角为 0°～102.2°，夜晚的时候为 102.2°～180°。

根据式(7-29)可知，日出日落时，$f_0\text{E}=0$，夜晚 $f_0\text{E}<0$，显然这是不符合逻辑的，所以式(7-29)一般用于计算白天时的 E 层临界频率，而在夜晚时随着太阳光的消失，E 层中的自由电子密度会急剧减小，导致临界频率急剧降低，通常 $f_0\text{E}<0.5\text{MHz}$，因此在夜晚的时候基本上不用考虑 E 层的传播模式。

由太阳天顶角的描述可知，E 层中的同一地点在不同时刻的太阳天顶角是不同的，也就是说，即使当 R_{12} 不变时，该点的 f_0E 也是不同的，也就是通过 E 层反射时的最高可用频率也是不同的，同理当电磁波经 E 层多次反射时，不同反射点的 f_0E 肯定也是不同的，而通常选取其中值偏小的作为 f_0E 的值。

2. F_2 层 f_{MUF}

根据收发双方的大圆距离，可将 F_2 层中 f_{MUF} 的预报分为最低阶模式、高阶模式 2 种情况，而每一种情况需根据大圆距离 D 与一跳最远距离 d_{max} 的大小关系来对 f_{MUF} 分别进行讨论。其中

$$d_{max} = 4780 + \left(12610 + \frac{2140}{x^2} - \frac{49720}{x^4} + \frac{688900}{x^6}\right)\left(\frac{1}{B} - 0.303\right) \tag{7-30}$$

式中

$$x = \max[f_0F_2/f_0E \, , \, 2] \tag{7-31}$$

$$B = M(3000)F_2 - 0.1244 + \{[M(3000)F_2]^2 - 4\} \cdot \left[0.0215 + 0.005\sin\left(\frac{7.854}{x} - 1.9635\right)\right] \tag{7-32}$$

式中，f_0E 根据式(7-29)进行计算，f_0F_2、MUF(3000)F_2 根据 ITU-R P.1239 模型给出的 2 种算法进行计算。下面对最低阶模式和高阶模式进行讨论分析。

1) 最低阶模式

最低阶模式是指当电磁波最多在 F_2 层反射 2 次时的电磁波传播模式，即最低阶模式的阶数 $n_0 \le 2$，此时电离层的虚高 h_r 由电磁波传播路径中间反射点的镜面反射高度来决定，其大小由式(7-33)进行计算：

$$h_r = \min\left(\frac{1490}{M(3000)F_2} - 176 \, , \, 500\right) km \tag{7-33}$$

此时 F_2 层的最高可用频率由式(7-34)进行计算：

$$n_0MUF(d_{n_0})F_2 = \left[1 + \left(\frac{C_d}{C_{3000}}\right)(B-1)\right] \cdot f_0F_2 + \frac{f_H}{2}\left(1 - \frac{d_{n_0}}{d_{max}}\right) \tag{7-34}$$

式中，f_H 为离地面 300km 高度处的磁旋频率，具体大小由电磁波传播过程中在 F_2 层的反射点来决定；$d_{n_0} = D/n_0$，为此模式下电磁波经 F_2 层 1 次反射时的距离，和 d_{max} 的单位都是 km；C_{3000} 是 $D = 3000$km 时的 C_d 值，C_d 的计算公式为

$$C_d = 0.74 - 0.591Z - 0.424Z^2 - 0.090Z^3 + 0.088Z^4 + 0.181Z^5 + 0.096Z^6 \tag{7-35}$$

式中，$Z = 1 - 2\frac{d_{n_0}}{d_{max}}$。

在最低阶模式下有 2 种具体情况，一种是收发两地间的大圆距离 $D \le d_{max}$，另一种是两地间的大圆距离 $D > d_{max}$，2 种情况下 $n_0MUF(d_{n_0})F_2$ 的计算方式不一样。

(1) 当 $D \le d_{max}$ 时，取大圆距离的中间点为 F_2 层反射点，即此时电磁波在 F_2 层中只反

射 1 次，则相应的 f_{MUF} 就是通过式(7-34)进行计算的。需要注意的是，在这种情况下通常要求 $d_{max} \leq 4000km$。

(2) 当 $D > d_{max}$ 时，电磁波在 F_2 层中只发生 2 次反射，则根据式(7-34)可以计算出 2 个 f_{MUF}，依次为 $MUF(d_{n_0})F_2^1$、$MUF(d_{n_0})F_2^2$，在实际通信中，f_{MUF} 取两者之间的较小值。

2) 高阶模式

当电磁波需要在电离层 F_2 层中反射 n 次时（$n = n_0 + 1, \cdots$），电磁波传播模式为高阶模式，该模式的 f_{MUF} 计算方式如下。

(1) 当 $D \leq d_{max}$ 时，电磁波 1 跳通信距离 $d = D/n$，相应的 f_{MUF} 通过式(7-34)进行计算，则此时 f_{MUF} 也应取其中值最小的。

(2) 当 $D > d_{max}$ 时，电磁波在电离层 F_2 层中反射 n 次，此时的 f_{MUF} 通过式(7-36)进行计算：

$$nMUF(d_n)F_2 = MUF(d_{max}) \times \frac{M_n}{M_{n_0}} \tag{7-36}$$

式中，$\dfrac{M_n}{M_{n_0}} = \dfrac{nMUF(d_n)F_2}{n_0MUF(d_n)F_2}$，为距离比例因子。为计算 M_n 和 M_{n_0}，一次反射最大跳距 d_{max} 在相应的反射点会被重新计算，此时 d_{max} 可以超过 4000km。

根据式(7-36)可以计算出 n 个 $nMUF(d_n)F_2$，实际的 f_{MUF} 也应取其中值最小的。

3. E 层最大截止频率

那到底如何判别是在 E 层发生反射还是在 F_2 层发生反射呢？此时需要引入 E 层最大截止频率的计算，当工作频率小于 E 层最大截止频率时，可以认为此时电磁波被 E 层截止而不存在 F_2 层传播模式。对于大圆距离小于 4000km 的路径需要考虑 E 层最大截止频率。首先根据大圆距离确定反射点的 f_0E，取其中的最大值用于最大截止频率 f_s 的计算，即

$$f_s = 1.05 \times f_0E \times \sec i \tag{7-37}$$

式中，i 为电磁波在离地面 110km 处（电离层 E 层的高度）的入射角，利用式(7-28)进行计算。

7.4.2　f_{MUF} 的短期预报

短波通信 f_{MUF} 短期预报的关键是基于电离层实测数据通过某些算法对电离层的变化情况进行预估，然后结合经验模型完成对短波通信 f_{MUF} 的预测。它的核心包括 2 个问题：首先是电离层参数变化情况估计；其次是基于天波传播经验模型预测 f_{MUF}。第 1 个问题中的电离层参数有很多，如太阳黑子数、E 层的临界频率 f_0E、F_2 的临界频率 f_0F_2 等，这些参数既可以通过电离层探测车进行实际探测获得，也可以在国家空间环境预报中心发布的数据中获取，还可以从国家空间科学数据中心的官方网站上获取；第 2 个问题中的天波传播经验模型也有很多，如国际上通用的 ITU-R P.533 模型、ITU-R P.1239 模型、ICEPAC 模型、VOACAP 模型等，但是这些模型普遍较为复杂，需要根据实际探测数据经过复杂计算才能完成 f_{MUF} 的预测，这给短波通信工作者的选频用频带来一定难度。

为此，下面基于天波传播等效定理，将天波传播的过程拟合成直线传播、理想反射的情况，在第 2 章短波传播的基础之上推导出短波通信 f_{MUF} 与 f_0E、f_0F_2、电离层反射高度，以及电磁波辐射仰角之间的关系，并且根据电离层短期内会保持相对稳定的特性，实现对短波通信 f_{MUF} 的短期预报。

1. 天波传播等效定理

电离层中的自由电子密度随着高度的变化是时刻变化的，在 F 层以下随着高度的升高，总体上呈递增趋势，也就是电离层的相对折射率是呈递减趋势的，相对折射率的具体大小与电子密度 N 以及电磁波频率 f 紧密相关。根据电磁波的折射传播规律，当电磁波为单音信号时，其天波传播路径如图 7-19 所示。

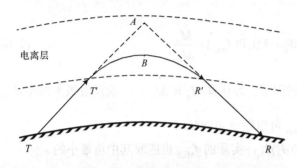

图 7-19　天波传播真实路径与等效路径示意图

在电离层下界以下，其中的自由电子密度近似等于 0，因此可以认为其相对折射率近似等于真空中的折射率，所以电磁波是沿直线进行传播的，即从发射点 T 到 T' 点是沿直线传播的；在电离层中因为自由电子密度的增大，相对折射率开始低于真空中的折射率，所以电磁波是沿曲线进行传播的，在电离层中的 B 点发生反射，到达电离层下界上的 R' 点，然后沿直线传播至接收点 R，这是天波传播的真实路径。

但是进入电离层后，随着相对折射率的降低，电磁波的群速度(能量传播速度)开始降低，即在 TT' 和 $R'R$ 段，电磁波以真空中的光速传播，在 $T'R'$ 段电磁波以低于真空中的光速传播。

经过理论推导和实践验证，当不考虑电离层中的折射率变化时，认为在电离层中电磁波依然以真空中的光速沿直线传播，然后在实际反射点 B 正上方的 A 点发生理想反射，传播到 R' 点时，电离层中的 $T'BR'$ 和 $T'AR'$ 两段路径电磁波传播所需时间是近似相等的，而这两条传播路径对应的收发双方位置、电磁波辐射仰角都是相等的，因此可以以光速的直线传播、理想反射代替电磁波在电离层中的真实传播，这个虚拟反射点是虚拟的、不存在的，所以其高度通常称为虚高，而实际反射点 B 的高度称为实高，这就是天波传播等效定理。也就是根据天波传播等效定理，可以采用直线传播、理想反射对天波传播模型进行等效，极大地简化了天波传播经验模型。

2. 基本原理

该方法的基本思想就是利用当前时刻 E 层临界频率 f_0E 和 F₂ 层临界频率 f_0F_2 的探测值，在天波传播等效模型的基础之上推导 f_{MUF} 的计算公式，从而完成对当前时刻和下一时刻 MUF 的短期预报。因此，下面首先推导出 f_{MUF} 的计算公式，然后依据 f_0E、f_0F_2 的实际探测值完成对 f_{MUF} 的预报。由前面的分析可知，首先要根据收发双方间的大圆距离确定天波通信的传播模式，然后根据确定的传播模式计算电磁波的最佳辐射仰角，最后推导出 f_{MUF} 的计算公式。因为 E 层反射和 F₂ 层反射时的计算方法一样，只是临界频率取值不同，

下面以 F_2 层反射为例来分析基于天波传播等效定理的 f_{MUF} 计算方法。

1) 经 F_2 层 1 次反射

根据前面的分析,当电磁波在 F_2 层最高处(电子密度最大处)发生反射时,工作频率为短波通信的 f_{MUF},如图 7-20 所示,其中 h 为 F_2 层的反射高度,L 为 A、B 两地的大圆距离,α 为两地间的地心夹角,P 点为反射点。

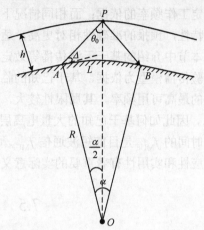

则根据全反射条件公式可知,f_{MUF} 的表达式为

$$f_{\mathrm{MUF}} = \frac{\sqrt{80.8 N_{\max}}}{\cos\theta_0} = \frac{f_c}{\cos\theta_0} \qquad (7\text{-}38)$$

式中,$N_{\max}$ 表示电离层的最大电子密度;θ_0 为电磁波入射角;f_c 为 F 层的临界频率($f_0 F_2$)。

因为 θ_0 和 Δ 的对边都是已知的,所以根据正弦定理可得

图 7-20　电磁波在 F_2 层最高处 1 次反射示意图

$$\frac{\sin\theta_0}{R} = \frac{\sin(\Delta + 90°)}{R + h} \qquad (7\text{-}39)$$

进一步可得

$$\cos\theta_0 = \sqrt{1 - \left(\frac{\cos\Delta}{1 + h/R}\right)^2} \qquad (7\text{-}40)$$

将式(7-40)代入式(7-38)中,可得最高可用频率预测公式为

$$f_{\mathrm{MUF}} = \frac{f_c}{\sqrt{1 - \left(\dfrac{\cos\Delta}{1 + h/R}\right)^2}} \qquad (7\text{-}41)$$

式中,f_c 为反射点的临界频率,这样只需要知道当前时刻的 f_c,就可以对下一时刻的 f_{MUF} 进行预测。

2) 经 F_2 层多次反射

当电磁波经 F_2 层反射了 n 次时,就存在 n 个反射点,即存在 n 个临界频率,依次为 $f_c^1, f_c^2, \cdots, f_c^n$,相应地也存在 n 个 f_{MUF},依次为 $f_{\mathrm{MUF}}^1, f_{\mathrm{MUF}}^2, \cdots, f_{\mathrm{MUF}}^n$,$f_{\mathrm{MUF}}$ 的预测可根据式(7-41)进行,需要强调的是每次反射时的 f_{MUF} 要与反射点的 f_c 相对应,即

$$f_{\mathrm{MUF}}^i = \frac{f_c^i}{\sqrt{1 - \left(\dfrac{\cos\Delta}{1 + h/R}\right)^2}}, \quad i = 1, \cdots, n \qquad (7\text{-}42)$$

在具体确定 f_{MUF} 时,为了确保两地间短波通信的可通率,多跳情况下两地通信时的 f_{MUF} 为

$$f_{\mathrm{MUF}} = \min(f_{\mathrm{MUF}}^1, \cdots, f_{\mathrm{MUF}}^n) \qquad (7\text{-}43)$$

f_{MUF} 的长期预报主要是基于太阳活动指数以及电离层月中值参数,预测未来时间电离

层的变化情况，因为月中值的平均特性，长期预报法在具体时刻的预报有时存在较大偏差，往往仅适合用于频率的初选，短波通信链路开通的设计者或者有相应需求的短波通信频率管理者可以根据这种预报，确定需要频率的范围，作为规划通信链路、选择通信设备，以及确定工作频率的依据；而相同情况下，短期预报充分利用了电离层短时间内保持相对稳定的特性，预报的准确性相对更高，适用性也相对更强。

本节中介绍的基于天波传播等效定理的 f_{MUF} 预测，虽然其预测精度较为精准，但是它以经验传播模型为依据，基于已知的临界频率去预估下一时刻的临界频率，进而得出需要时刻的最高可用频率，其局限性较大，在实际使用时很难预估接下来较长的一段时间内的 f_{MUF}，因此如何基于已知的大量电离层实际探测数据，依托优化预测算法去估计今后很长一段时间的 f_{MUF} 是目前短波通信 f_{MUF} 预测的重点发展方向，这对于提高短波通信短期预报的适应性和实用性有着重要的实际意义。

7.5　典型案例分析

为了便于进一步理解基于天波传播等效定理的 f_{MUF} 短期预报算法，下面结合一个具体案例对该算法进行分析。

某部队"XXXX"跨域海上对抗演习中，演习前沿指挥部驻扎在 A 地(112°58′E,9°37′N)，演习的指挥中心位于 B 地(106°31′E,29°22′N)，根据演习指挥部任务安排，世界时间 2022 年 5 月 1 日全天需实施水上机动对抗训练，前沿指挥部与指挥中心间需构建 1 条短波定频专向通信链路，实施全天候短波联通，使用的天线为菱形天线，为确保短波通信的可靠性，指挥部要求每隔 1h 需更换一次工作频率。

7.5.1　案例解析

根据 7.4 节中分析的基于天波传播等效定理的 f_{MUF} 短期预报算法原理，短波通信 f_{MUF} 短期预报的步骤包括传播模式选取、辐射仰角计算、f_{MUF} 预测等 3 个步骤，下面依次进行分析。

1. 传播模式选取

将 A、B 两地的经纬度代入式(7-16)中，得到两地间的大圆距离为
$$L = R \cdot 2\varphi = R \cdot \arccos[\sin(9.62°)\sin(29.37°)$$
$$+ \cos(9.62°)\cos(29.37°)\cos(112.97° - 106.52°)] \approx 2300km$$

根据第 2 章中介绍的天波传播模式知识可知，A、B 两地之间的天波传播模式可能为 2E、1F、2F、1E2F 等多种模式。根据模式选取原则，在不考虑天线辐射性能的情况下，两地间的短波联通应该选择 1F 模式。

2. 辐射仰角计算

因为电磁波经电离层发生 1 次反射，可以估算出电离层中的反射点位于海南儋州附近，纬度在 19°50′N 左右，根据第 2 章中的表 2-6 可知，反射点的高度白天为 300km 左右，夜晚为 270km 左右，高度并不作为主要影响因素，因此，白天、夜晚的电离层反射高度都认为

是 300km。那么，根据式(7-21)可以计算出 A、B 两地间短波通信的电磁波最佳辐射仰角为

$$\Delta = \arctan\left\{ \frac{\cos[(2300/(2\times6378))\times180\div\pi] - 6378/(6378+300)}{\sin[(2300/(2\times6378))\times180\div\pi]} \right\} \approx 9.1°$$

3. f_{MUF} 预测

因为电磁波只经电离层发生了 1 次反射，所以根据式(7-41)，只需要知道反射点海南儋州的临界频率即可计算出 A、B 两地间短波通信的 f_{MUF}。

7.5.2　数据来源

在海南儋州富克镇国家空间科学数据中心建立了 1 个电离层探测站，该探测站每隔 15min 会进行 1 次电离层探测，并将探测得到的数据(包括 F 层的临界频率)公布在子午工程的官方网站上，如图 7-21 所示。

图 7-21　国家空间科学数据中心官方网站

2022 年 5 月 1 日 00:45 海南富克电离层探测站探测得到的电离层图形如图 7-22 所示。

图 7-22 中左上方第 1 个参数指的就是 F_2 层的临界频率，为 7.175MHz，这样就可以根据式(7-41)得到 01:00 时预测的 $f_{MUF} \approx 21.57$MHz，采用类似方法就可以得到 2022 年 5 月 1 日全天的短波通信 f_{MUF}。

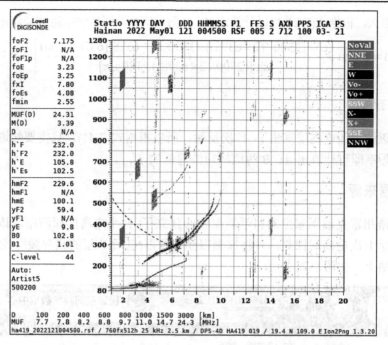

图 7-22　2022 年 5 月 1 日 00:45 海南富克探测站电离层图形

习　　题

7.1　简述短波通信链路设计时的原则和步骤。对于一条已有的短波线路，要求提高其通信性能，应从哪几方面考虑？

7.2　什么时候短波经电离层 1 次反射距离最远(区分 E 层反射和 F 层反射 2 种情况)？并通过计算从理论上分析短波经电离层 E 层 1 次和 F 层 1 次反射的最远通信距离分别为多少？并从实际运用的角度分析，为什么在实际运用中 1 次反射最远距离总是要小一些 (地球赤道半径 $R \approx 6378\text{km}$、电离层 E 层的高度 $h_E \approx 110\text{km}$，F 层高度 $h_F \approx 360\text{km}$)？

7.3　某跨域演练中，演练指挥所驻扎在 A 地，它的上级指挥中心位于 B 地，两地之间的大圆距离 $D \approx 880\text{km}$，根据演练安排，两地之间需在 2021 年 9 月 2 日下午 1:00，依托 44m 双极天线实现短波定频专向联通(收发同频)，当时电离层 F_2 层的反射高度为 $h \approx 270$，两地在地图上的连线中间位置约在 C 地，当时 C 地附近的电离层 F_2 层临界频率 $f_c \approx 9.08\text{MHz}$，地球赤道半径 $R \approx 6378\text{km}$，请从理论上分析应该如何设计两地间短波通信的链路(包括电磁波传播模式、电磁波最佳辐射仰角、最佳工作频率 3 个方面)。

第8章 新技术在短波通信中的应用

得益于世界各国的重视与研究，短波通信至今一直处于不断完善和发展的过程中，产生了一系列短波通信的理论与技术知识，使我们能够较为容易地利用短波通信满足相关需求。然而人类对技术的追求是无止境的，不仅要用而且还要用好，前几章的理论与技术知识解决了部分问题，但短波通信的发展仍然面临许多问题与挑战。一是频谱资源严重匮乏导致互扰严重。短波通信的实际使用范围为 1.5～30MHz，即可用频带宽度为 28.5MHz。若按照 3kHz 的信道宽度来计算，可用信道数最多为 9500 个，如果再考虑禁用频率和保护频率，实际的可用信道数将更少。短波天波的传播特性，决定了短波通信的全球性，难以像其他频段的通信那样进行空分复用，随着全球短波用户数量的不断增加和短波装备功率的持续提高，用户之间的同频互扰现象愈发严重。为了提高短波通信质量，则会进一步提高发送功率，从而造成恶性循环，可用频谱资源越来越稀缺。二是短波信道传播特性异常复杂，选频难度仍然很大。短波天波传播的电离层信道特性变化受许多因素影响，随机性和动态性强，选择合适的通信频率具有较大的难度。为了保持短波通信长时间的通信质量，需要实时动态地优化工作频率。尽管第三代短波通信系统设计了自动链路建立技术来提高选频成功率，但如何让短波通信设备长时间自主地动态调整工作频率保证通信质量，仍需要深入研究。三是短波频段恶意干扰威胁严重。由于短波传播距离远，敌方干扰可以远距离对短波通信进行干扰，同时目前短波通信抗干扰方法如短波跳频均采用预设参数的方式，其通信模式在工作时固定不变，无法根据实际的频谱环境进行自适应调整。随着认知电子战技术的发展，短波通信将面临严峻的干扰威胁。

随着软件定义无线电、人工智能技术的飞速发展，一些新技术如认知无线电、智能学习算法等为解决短波通信面临的问题与挑战提供了思路，为下一步短波通信的研究和发展提供了方向。

8.1 认知无线电技术在短波通信中的应用

8.1.1 认知无线电技术基本原理

近年来，随着新的无线服务和产品的出现，人们对频谱资源的需求大幅增加。传统的频谱资源管理方法，是不同国家的频谱管理部门通过固定/静态的频谱分配方案为不同的无线服务分配资源。这样做的好处就是便于频谱资源管理，被分配过的频段只允许授权用户使用，而未被授权的用户恶意使用此类频谱资源则属于违法行为。同时，为了避免授权用户之间的干扰，采用正交分配频谱的方式，这意味着大量的用户需要分配大部分频段。然而，根据美国联邦通信委员会(Federal Communications Commission，FCC)频谱政策工作组获得的实际频谱使用测量数据，任意时间中大部分授权的频谱都处于闲置状态。例如，3GHz

以下频段的利用率为 15%～85%，3GHz 以上频段的利用率甚至更低。这就造成了频谱资源既稀缺又普遍存在浪费的矛盾现象，而这种矛盾很大部分原因是由频谱管理方案造成的。传统的频谱分配方案是分配好资源后基本固定不变，并没有实时优化资源分配而造成频谱利用率低。这个问题在工程、经济和频谱管理领域引起了一场激动人心的学术研究活动，以寻求更好的频谱管理政策和技术。

认知无线电的概念最初由瑞典皇家科学院的 Joseph Mitola 在 1999 年提出，这个为下一代无线网络提出的解决方案是一种基于次用户频谱接入的频谱管理框架。在这种框架中，未授权的通信系统(次用户)以机会/共享的原则与授权用户系统(主用户)共存和接入频谱，其中主用户未使用或未充分利用的频谱被称为频谱空洞。而认知无线电的主要思想是使无线电设备具备频谱环境认知能力，即能够自主发现并合理使用"频谱空洞"。认知无线电是一种软件定义无线电，即不需要任何硬件修改，通过软件控制的方式就能调整通信参数、工作在多个频段上，且结合了自主频谱环境感知以及决策调制编码和功率等参数而不需要人为干涉的能力。认知无线电中的主用户不知道次用户的行为，也不需要任何特定的功能来与之共存。当检测到主用户的传输时，次用户应该立即改变其发射功率、传输速率、码本等通信参数，以使其传输不会降低主用户的服务质量(Quality of Service，QoS)。这样一来，空闲的"频谱空洞"能被充分利用，从而提高频谱利用率。

一般来说，认知无线电通信系统是一种智能通信系统。认知无线电设备通过感知自身的射频环境，分析频谱资源可用性，优化自身的频谱使用。图 8-1 给出了认知无线电环，并描述了认知无线电的功能。认知无线电首先通过频谱感知观察射频环境、学习变化规律，而后根据观测的结果决策设备的通信参数，如发射功率、载波频率和调制。根据决策的结果，认知无线电重新配置参数，并进行数据传输。

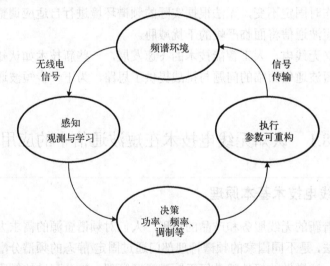

图 8-1　认知无线电环

短波通信存在稳定性和可靠性能差、噪声干扰严重以及频谱资源稀缺等问题，其中短波信道的时变性导致信道选择困难以及敌方干扰严重是制约短波通信性能的主要因素。将认知无线电技术引入短波通信的信道选择中，通过对频谱占用、干扰频率和信道质量的实时感知，预测可用信道的变化，智能地选择链路和业务信道，可有效地降低信道时变性和敌方恶意干扰带来的不良影响，在一定程度上能够弥补短波通信的缺点。

1. 有利于解决短波通信中频谱资源匮乏的问题

频谱资源短缺的问题，不仅在民用无线通信领域中突出，军用无线通信亦是如此。在现代信息化战争体系下，大量用频设备在有限地域密集开设，导致短波频段频谱资源异常紧张，而短波天波的频率窗口现象，加剧了频率资源匮乏的问题。认知无线电能够动态利用频谱资源，能够大幅提升频率使用率，从而允许短波通信系统同时接入更多的用户，提升短波通信的系统容量。

2. 有利于解决短波通信中频谱管控低效的问题

频谱资源管理无论在民用领域还是军用领域都是一个非常重要的课题，而短波作为保底通信手段，军用中的战场短波频谱管理的意义则更为重大，各国军方都非常重视该问题的研究。然而，目前基本都采用参数预设式的固定频谱管控模式，面向未来信息化战争的挑战，这种频谱管控模式存在低效的问题。首先，这种模式频谱效率低，从而导致通信系统容量低。其次，该模式在实际使用的过程中，若要更改参数，则需要花费大量的时间重新进行规划和配置，然而在信息化战争中，战场环境瞬息万变，此类频谱管控方法容易贻误战机。认知无线电能够对所处区域的电磁频谱环境进行感知，对可用频谱资源进行自动检测，可自适应于具体的频谱环境，并快速生成有效的频谱分配方案。不仅提高了组网速度，而且提高了整个通信系统的电磁兼容能力。

3. 有利于提高短波通信抗干扰能力

抗干扰能力是信息化战争体系下衡量通信设备的一项重要指标，是保障多域联合作战斗力生成的关键。传统通信抗干扰技术如跳频扩频、直接序列扩频等为短波通信提供了一定的抗干扰能力，但此类方法采用预先设定的被动抗干扰体制。例如，跳频通信将跳频规律预置在了通信设备中，使用时直接调用并按照预设的模式进行跳频通信。随着敌方干扰智能性的提升，此类体制的模式和规律容易被敌方学习获得，从而被完全压制。而认知无线电的频谱接入模式是根据环境状态自适应变化的，其规律性较弱，敌方也难以通过学习的方法实施精准干扰。不仅如此，基于机器学习的认知无线电还可以通过感知和学习获得敌方干扰的干扰规律，通过预测干扰的攻击行为，自主选择合适的通信抗干扰策略(如调制编码方式、通信频率、发送功率等)，以实现主动抗干扰。

4. 有利于提高短波电子对抗能力

对敌方实施电子对抗的传统流程是：首先，通过战场电磁环境监测，侦察敌方信号；然后，根据侦察获得的有关敌方信号的情报递交给电子对抗部队，由担任电子对抗任务的部队对敌实施干扰。这种方式不仅需要大量的人力和物力，而且需要担任电磁环境侦察和电子对抗部队密切配合。因此，整个从侦察到实施干扰的周期较长，对于瞬息万变的战场容易贻误战机。而基于认知无线电的电子对抗方法，通过感知战场的电磁频谱特性，能够自主、快速地完成敌方信号的感知、侦察与分析，并且通过机器学习方法学习其规律，而后实施精准有效干扰。短波通信系统通过认知无线电技术，采用基于软件无线电的短波检测接收和频谱分析技术，实时探测分析电磁干扰频谱分布，动态检测有效频率范围内的频谱状态和通信窗口，动态监测业务信道的忙闲状态和干扰背景，可以实现电离层参数实时探测和短波电磁环境实时感知，为频谱动态有效接入提供电磁环境参数和信道状态数据支持，从而为用户提供在短波领域的电子对抗能力。

5. 有利于增强短波通信的系统互联互通能力

目前各国的各军兵种装备了数量众多、型号各异的电台。这些电台工作频率、发射功率、调制方式等各不相同，无法实现互联互通，称为制约多域联合作战的一个重要因素。认知无线电和软件无线电技术的结合，使得通信设备能够覆盖很宽的频段，并且采用软件来实现信号的基带处理、中频调制以及射频信号波形的生成。通过加载不同的软件就可以让一部软件无线电设备既能与短波电台通信，也能与超短波电台通信，甚至能与卫星通信。此外，还可以通过智能学习算法，令认知无线电学习网络的通信协议和服务，从而从根本上提高用频设备之间的互联互通能力。

下面以基于软件无线电的短波通信抗干扰为例，介绍软件无线电在短波中的应用。

8.1.2　基于认知无线电的智能通信抗干扰

由于电磁频谱天然的开放性，敌方的干扰攻击可以迅速切断己方的信息传输链路，使得各作战单元失去协同作战能力。与此同时，随着软件定义无线电、人工智能和通信对抗技术的融合发展，具备"频谱感知-学习推理-自主决策"能力的智能干扰设备将是我军信息化战争中要面临的强大对手。例如，近年来，美国国防部先进研究项目局(Defense Advanced Research Projects Agency，DARPA)先后提出自适应电子战行为学习、"城市军刀"(射频频谱控制)、认知干扰机、"破坏者 SRX"系统等项目，其思路均是将智能干扰作为无线攻击的主要方式。传统通信抗干扰如跳频扩频、直接序列扩频等技术在短波通信中使用已久，为军用无线通信提供了一定的抗干扰能力。然而，这些方法主要以预设好的扩频伪随机序列进行跳频或直接序列扩频，其固定的通信模式(如固定的跳频规律)难以适应动态的频谱环境且容易被敌方侦察掌握，导致通信系统的频谱效率和抗干扰性能较低。

在此基础之上，动态频谱抗干扰(Dynamic Spectrum Anti-jamming)的概念应运而生。动态频谱抗干扰将认知无线电的动态频谱接入和动态频谱共享的思想应用到抗干扰通信中，通过寻找干扰环境下的频谱空洞，进一步提高通信方的抗干扰通信能力，且其自主频谱接入模式规律性更不明显，被认为是能够取代现有"固定频谱"模式的抗干扰通信新体制。同时，随着软件定义无线电和人工智能等技术的快速发展，机器学习赋能的动态频谱抗干扰成为学术界和工业界研究的热点。其中，基于深度强化学习的智能抗干扰方法无须对干扰进行直接估计，通过在线的"感知-学习-决策"方式，可实现干扰感知、预测和动态频谱接入一体化设计，已应用于大量智能抗干扰研究中。

深度强化学习是机器学习中的一种新型学习技术，它结合了深度学习和强化学习两者的优点。

(1) 深度学习。其概念源于人工神经网络，利用神经网络的多层特性来提取输入数据特征。深度神经网络通常由多层非线性运算单元组合而成，将前一层的输出作为后一层的输入，逐层进行学习和特征提取。深度学习通过这种方式自动地从训练数据中学习和抽象特征，从而发现数据的统计特性。对于短波频谱环境，深度学习可以从复杂的频谱数据中提取出干扰方的用频规律，从而实现识别与预测的能力。

(2) 强化学习。而针对动态未知环境下的决策问题，强化学习是一种有效的在线学习方法。通过与环境的决策交互，强化学习以试错的方式积累经验并学习最优决策策略。对于干扰存在的未知频谱环境，通信方可以利用强化学习方法找到最优的频谱资源利用策略。

深度学习具有较强的特征提取及拟合能力，但是缺乏一定的决策能力；而强化学习具有决策能力，对特征提取与函数拟合并不擅长。因此，深度强化学习将两者结合起来，优势互补，融合实现了深度学习对复杂频谱环境的特征提取和抽象，以及强化学习在动态未知环境中的最优抗干扰决策，能够为短波通信中的智能抗干扰决策问题提供有效的解决思路。基于深度强化学习的智能通信抗干扰的实施过程与认知无线电环的过程相切合，同样大致可分为"感知-决策-执行"三大步骤，具体学习过程为：①通过与频谱环境交互获得高维度的频谱观测状态，利用深度学习方法进行敌方干扰频谱状态特征的表示、提取和抽象；②基于预期回报来评价不同抗干扰决策对应的价值函数，并通过某种策略将当前状态映射为相应的动作；③频谱环境对此动作做出反应(如干扰改变干扰频率)，同时通信方得到下一个观测状态；④以最大化长期累积抗干扰效果(如通信速率)为目标，通过不断循环以上过程，可以持续优化抗干扰策略。

下面给出基于深度强化学习的智能通信抗干扰仿真案例。考虑在 20MHz 的频段内，存在以下四种干扰样式。①梳状干扰：三个带宽为 4MHz 的固定频率干扰；②扫频干扰：在 20MHz 频段内以 25ms 进行周期扫描干扰；③动态干扰：交替释放扫频干扰和梳状干扰；④认知干扰：针对通信方在上一次观测周期内使用次数最多的信道进行干扰。首先以频谱分辨率 100kHz、时间分辨率 1ms 获得频谱瀑布图，然后使用基于深度强化学习的智能通信抗干扰方法，输出下一时刻的通信信道的中心频率。如图 8-2 所示，针对扫频和梳状两种固定干扰模式，经过深度强化学习算法学习后，通信信号几乎可以完美地避开干扰。如图 8-3 所示，对于动态和认知的干扰模式，经过深度强化学习算法学习后，也几乎能够避免干扰。尤其面对认知干扰时，虽然通信方对认知干扰模式的决策规律完全未知，但是用户信号不仅能巧妙地避开干扰信号，而且还能够引导干扰信号决策，从而更大概率地避开干扰。

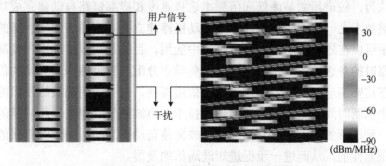

图 8-2　固定干扰模式下算法示意图

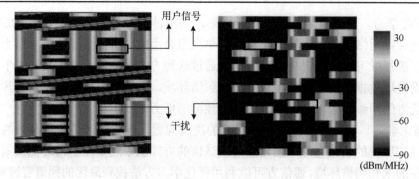

图 8-3　动态和认知模式下算法示意图

目前，在认知无线电的范式下采用诸如深度强化学习等机器学习算法的智能通信抗干扰方法仍然处于初步探索阶段，要将其用于实际的短波通信抗干扰，还需要解决以下问题。

(1) 收发端之间通信参数捷变的协调。由于短波信道的时变性和敌方干扰的动态性，通信收发双方需要通过改变通信参数以适应恶劣频谱环境，而通信参数的改变需要收发双方协调完成。如何在短波通信可靠性差的条件下实现收发双方稳健的参数捷变，对于短波智能通信抗干扰具有重要意义。

(2) 恶劣频谱环境中干扰信号识别。由于短波天波传播距离远，很容易产生同频干扰，因而存在较高的底噪功率和无意干扰，如此"嘈杂"的频谱环境难以有效学出敌方干扰的规律。因此，需要从感知到的频谱中提取出干扰信号，而后进行针对性学习，以提高算法的学习效率。

(3) 复杂干扰攻击下算法难收敛。算法在学习频谱环境变化规律的过程中，要求环境状态转移模型不发生变化，即干扰不改变干扰模式。然而，在面对复杂干扰模式时，深度强化学习算法可能一直处于学习状态而无法收敛。因此，需要提出更加高效的智能抗干扰方法以对抗复杂多变的干扰模式。

8.2　频谱预测技术在短波通信中的应用

目前，频谱预测技术得到了国内外众多研究者的关注。例如，在认知无线电中，频谱预测能有效减少频谱感知的时间延迟和能量消耗。而另一个重要的应用方向，就是短波信道预测。短波通信中通信频率的选择至关重要，决定了链路建立是否成功和通信质量是否可靠。一般认为，频谱预测是降低通信频率选择难度和提高链路自动建立成功率的重要举措，作为关键技术之一，连同信道选择、自动链路建立是短波通信频率选择的有效的解决方案。该技术可以在短波发射机或者接收机中应用，目的是初步挑选出一批高质量的信道作为建立链路时的备选信道，这样做可以避免频率分配的盲目性和为后续的信道探测奠定基础。然后在这些挑选出的备选信道上进行信道探测，进一步明确最终使用的工作频率，也节约了不少探测时间。通过链路自动建立技术，短波通信就建立了高质量的链路。已经有研究表明，频谱预测技术可以有效缩短短波链路自动建立的时间，而新兴的频谱预测技术有望提高预测性能，从而进一步促进短波通信的发展。

虽然频谱预测技术的研究对于短波通信来说非常重要，但是短波频谱状态高度变化导致预测难度非常大。短波天波的反射介质是电离层，从长时统计的角度说，电离层特性是稳定变化的，除了与昼夜时间有关之外，还与高度、密度、季节、地理位置和太阳黑子周期有关。从短期特性来看，电离层是时变的，在某些特定时刻还伴随随机、非周期和突发的剧烈变化。短波信号在传播时还常常伴有多径效应、衰落和多普勒频移，接收端接收到的信号更加复杂。此外，全球范围内短波频段被密集使用。再加上其他用户产生的一些干扰，短波通信系统因为频段拥塞而受到了影响。相比于短波分配给其他业务的子频带，广播业务子频带的拥塞和干扰情况尤其明显。因此研究短波频段的频谱预测，不仅要考虑信道本身的影响，还要避免遇到拥塞和干扰而影响通信。

对于短波通信中的任意一个用户，短期预测和长期预测都具有重大意义。现有大部分预测研究都以短期预测为主，通过滑动窗方法来构建样本数据集，挖掘滑动窗口内的历史数据来预测下一时隙的频谱状态。长期预测也称为深度预测，指的是所提的预测模型比传统模型能够预测更久时间段内的频谱状态，而且与基准算法相比，能更深层次地挖掘短波频谱数据间的内在规律。传统的数学统计模型在预测时变复杂的短波频谱时就暴露出自身的不足，该模型不能很好地捕捉到频谱态势演变规律。而对于这种短波信道模型复杂、难以准确建模与预测的情况，一个可选的方法是通过数据驱动，即神经网络模型。一个合理的神经网络通过样本训练，可以在一定程度上拟合逼近我们想要的模型，即输入和输出的映射关系。在频谱数据充足的情况下，可通过挖掘历史频谱数据来预测当前时刻的频谱值，而由神经网络发展而来的深度学习无疑是现阶段更好的解决办法。目前，有一部分基于深度学习的频谱预测技术研究，但针对短波频段的预测则较少。随着深度学习在各个领域崭露头角，相信在短波频谱预测领域也能够看到深度学习一展身手的时候。可以预见，频谱预测技术将会应用于新一代短波通信系统中的自动链路建立技术：短波时-频预测模型可以充分考虑到各种已知的外界影响因素，挖掘到短波频谱态势不同时间尺度上的演变规律，在链路建立时能建议和指导通信频率的选择。

将频谱预测技术应用于实际的短波通信，需要解决以下关键问题。

(1) 短波频谱数据小样本。基于数据驱动的频谱预测方法(如深度学习)是基于大量频谱数据对深度神经网络进行充分训练拟合，从而得到高效的预测模型。但实际中，可能无法获得满足数量和质量要求的频谱数据，此时训练出来的模型预测准确性将大打折扣。此外，小样本给数据驱动算法带来的一系列挑战，同样也是目前机器学习和无线通信领域的研究热点。

(2) 预测模型的普适性。短波信道特性受日期、时间、经纬度等较多的因素影响，而基于数据驱动的预测方法容易出现过拟合的现象，即模型仅在某些特定的条件下发挥效能，当环境条件发生改变时，预测模型也将失效。因而如何保证预测模型在大部分情况下适用，是实际应用中需要解决的关键问题。

8.3　广域分集接入网在短波通信中的应用

8.3.1　广域短波分集接入网

随着通信技术的发展，人们对高速率、低延迟及对环境自适应的通信要求不断提高，然而短波信道时变和复杂衰落特性使得短波通信具有不稳定、低速率的特点，严重制约了短波通信的发展。短波通信传统的传输模式是点对点传输，短波中收发双方除了利用电离层进行发射外，没有利用其他设备或设施。因为短波信道的不可靠性，点对点单信道的传输质量往往比较差，对所选用的信道要求较为严格。为了提高短波信号接收质量和缓解选频要求，分集技术被引入短波通信，目前一个发展趋势是构建短波分集接入网。该网络将不同地理位置的站台通过有线连接在一起，站台之间可以进行信息共享。国外著名的短波网络，如瑞典的 HF2000、美国的 HFGCS 和澳大利亚的 LONGFISH 等，也将分集技术应用于短波通信。

图 8-4 给出了典型的广域短波分集接入网架构，主要包含接入层和核心层。接入层由装配有多个收发信机的短波台站通过有线相连组成。接入层接收空中用户发来的信号并通过网关转发到核心层，这个过程称为短波上行传输。在上行传输中，台站接收机将天线接收到的信号进行解调和解码，然后将解码后数据包发送给核心网进行处理。接入层同时将核心层发出信号通过电离层发射转发给用户，这个过程称为短波下行传输，下行传输过程是上行传输过程的逆过程。

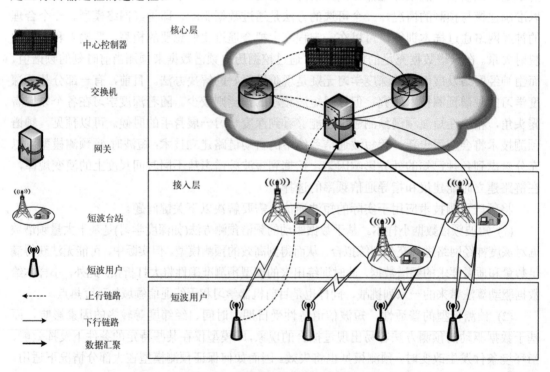

图 8-4　广域短波分集接入网架构

为了提高短波分集接入网的通信性能，分集技术如空间分集、频率分集等被应用于网络中。在上行链路中，因为所有站台接入节点随机分布且通过有线相连，广义空间分集被使用。用户在向短波通信网广播信号后，可能多个台站都能接收到信号，核心层将来自不同台站的多路信号进行整流，通常只要保证有一路信号接收成功即可。因为下行链路中用户要单点接收来自短波组网的信号，频率分集是保障用户可靠接收的关键技术。频率分集要求短波组网在多个不同信道上发送相同数据，然后用户侧进行多路信号合并来提高接收准确性，通常认为只要用户接收机在某一路成功接收信号，就表明下行传输成功。

尽管短波分集接入网通过中心网络控制和分集技术极大提高了短波接收信号质量和数据传输速率，并降低了对短波信道选择的严格要求。但是短波分集接入网仍面临着不少挑战：①不同于传统的点对点通信，短波组网中，用户通信需要完成上行传输和下行传输，这增加了网络中信号传输负载。同时，随着短波组网的发展，网络中的用频用户越来越多，用户间的用频协调问题日益严峻，如何协调用户之间的信道选择变得至关重要。②分集技术通过提高用户通信资源消耗来保障传输的可靠性。例如，频率分集允许用户接入多个信道进行传输，这使得短波可用信道资源越发紧缺，需要设计新的用户接入调度方法。此类问题，涉及多个短波用户之间的频率协调，由于短波网络地域分布广，传统的集中式控制方法难以实施。同时，集中式频谱管控方法的复杂度随着用户数的增加而呈指数倍增长，在用户数逐渐增多的网络，分布式算法则更有优势。由于没有专门的集中控制器，分布式通信网络中难以对用户实行统一管理，因此需要用户以分布式和自主的方式进行决策。需要新的理论与方法实现高效的分布式频谱管控。

博弈论是应用数学的一个分支，主要用于建模与分析多个自主决策智能体之间的相互影响关系，被广泛应用于经济学、生物学、计算机科学、哲学等学科领域，最近在无线通信领域也得到了大量的应用。不仅如此，在近几年，博弈论逐渐成为设计与优化未来无线通信网络的主要工具，原因在于：由于无线信道的开放性，通信网络中多个通信用户的决策存在相互影响，如"干扰""竞争""合作"等，用户的性能会受到其他用户行为的影响。因此，需要对用户间的相互影响进行分析。然而，传统优化方法和模型往往侧重于系统整体性能的优化，缺乏从数学机理上对多用户间影响的分析。相比之下，博弈论提供了一个有效的分析多用户间影响的数学框架。下面结合广域短波分集接入网下行信道选择优化，介绍博弈论在短波通信网中的应用案例。

8.3.2　分集接入网下行信道选择优化案例

在短波分集接入网中，信道分集技术被广泛用来提高传输可靠性。信道分集技术指发送端使用多个信道发送相同数据，接收端在多个信道上接收数据并整流。一旦接收端在某一信道上成功接收数据，则表示数据传输顺利完成。但是信道分集也意味着更多信道资源消耗，目前短波分集接入网中的分集方式大多采用的是均匀无重叠的方式，即将可用短波信道均匀分配给短波用户，用户间无信道重叠。该分配方式是低效的且网络可扩展性很差。

短波分集接入网中多信道接入问题的主要挑战是有限的短波信道资源。可用短波信道资源是紧缺的：①短波带宽窄(3~30MHz)且全球共用；②大部分短波信道遭受深度衰落、复杂多径和恶意干扰；③信道分集技术增加了对信道资源的需求。当网络中用户选择相同信道时，产生冲突且导致系统吞吐量迅速下降。最优的网络状态是所有信道被占用且无冲突发生。此外，如果网络中有些用户接入更多信道而获得更高吞吐量，这对于其他用户来说是不公平的。因为短波通信往往应用于军事和应急通信，故每个用户的通信需求都需要得到满足，不能盲目提高系统吞吐量而忽略了用户用频的公平性。

目前关于短波分集接入网中的信道选择优化的研究较少，其他无线通信网络中的信道资源分配问题主要讨论系统吞吐量和干扰消除。但是由于短波复杂的通信环境，短波通信中更多考虑的是通信的可靠性，因此，可以利用用户的通信概率来估计通信的可靠性。通信概率指用户以多大概率能够成功传输。目前均匀无重叠的信道分配方案太过低效，为了实现更高的系统通信概率，需要研究更加有效的信道选择方法。在短波分集接入网多用户下行传输中，核心网不仅需要决策每个发射机选择的信道，还要决定每个发射机选择的接收用户，当发射机可选信道和接入用户数较多时，该问题的决策空间十分庞大，解决该问题十分具有挑战性。

如图 8-5 所示的短波分集接入网，其台站之间可以通过网关进行信息交互，且每个台站装配有若干个发射机。考虑短波分集接入网下行链路，即站台给用户发送信号。信道分集可以用来加强下行链路传输的可靠性，因为用户可以从多个信道上接收到相同的数据。每个发射机只能在一个信道上发送数据，当多个发射机在相同信道上工作时，会导致冲突的产生。下行分集信道选择问题的全局目标是找到最优的发射机信道组合给用户发射信号，从而使得系统的通信概率达到最大。

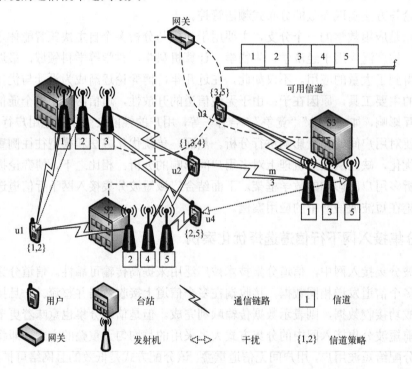

图 8-5 短波分集接入网下行传输

为了解决上述问题，可以将广域短波分集接入网中，信道选择问题分解为信道-发射机匹配子问题和发射机分配子问题。信道-发射机匹配子问题是为了找到使得期望通信概率更高的信道-发射机匹配，可以利用博弈论中的匹配博弈模型来建模求解，该模型被认为是解决无线网络中双边资源分配问题的一种有效的分布式优化模型；在信道-发射机匹配的前提下，发射机分配子问题是为了合理分配发射机给用户，实现通信概率最大化，可以采用势能博弈模型来建模求解，势能博弈也是一种有效的分布式优化模型，能够保证博弈的均衡解为全局或者局部最优解。将两种博弈模型结合，可以通过分布式的方法有效解决短波分集接入网中的信道选择问题。下面给出基于此思路设计算法的仿真案例。

　　假设短波台站和用户随机分布在 500km^2 的区域中。每个台站装配有多个发射机。考虑以下两种仿真场景：小规模场景和大规模场景。其中，小规模场景发射机数、信道数和用户数相对更少。假设所有的信道可用概率和用户的通信需求是已知的，且用户分集数是固定不变的。所有的仿真结果都是独立实验 300 次取平均的结果。首先定义平均通信概率为系统通信概率在所有用户下的平均值。图 8-6 是在 4 个发射机、3 个可用信道和 3 个用户的场景中，该方法和最优策略随迭代次数增加，系统通信概率的收敛曲线。可见，随着迭代次数增加，该方法的系统通信概率不断增加，最后收敛到一个稳定值。最后稳定的通信概率达到最优策略下的通信概率的90%以上。可见，该算法得到的下行信道分集策略是可靠的，满足用户通信需求。图 8-7 对比了在小规模场景中(4 个发射机、3 个信道)所提算法和穷举算法在不同用户数下的平均通信概率。由图可知，当用户数增加时，平均通信概率不断下降，这是因为更多的用频冲突发生了。所提算法的平均通信概率能够达到最优通信概率的90%以上。同时，当用户数大于 6 时，用户决策空间太大，穷举算法很难计算出最优平均通信概率，而所提算法能够较快收敛到稳定解。

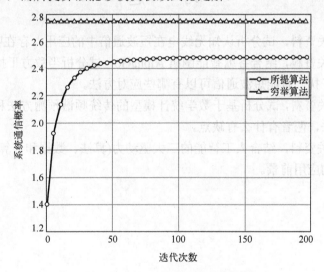

图 8-6　系统通信概率收敛曲线

　　目前，广域分集接入网在短波通信中的应用仍然存在较多的问题，要将其用于实际的短波通信，还需要解决以下问题。

　　(1) 短波广域分集时延大、同步难。由于短波天波传播时延大，加之广域分集接入网台站点分布距离远，上行或下行接收到的分集信号存在较大的多径时延和传播时延，显著增加了分集技术实现的难度。

　　(2) 短波上行通信多台站调度问题。广域分集接入网中，用户发送信号可能有多个台站进行分集接收，如何调度台站资源进行合理、高效的分集接收，需要结合台站与用户的地理位置信息、传输信道质量、分集接收信号处理算法等进行综合设计，从而实现台站、信道等资源开销与分集接入性能的折中。

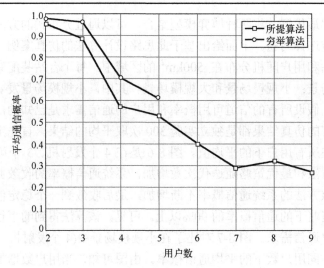

图 8-7　不同算法下平均通信概率随用户数变化曲线

习　　题

8.1　查阅相关资料，试分析认知无线电在短波通信中的应用，存在哪些优缺点。

8.2　查阅相关资料，结合谷歌智能围棋 AlphaGo，试分析当敌方干扰同样采用人工智能算法释放智能干扰，智能短波通信可以有哪些应对方法。

8.3　查阅相关资料，试分析基于数学统计模型的传统频谱预测方法和基于数据驱动的智能频谱预测方法，两者有什么有缺点。

8.4　查阅相关资料，结合人工智能的三大驱动力(算法、数据和计算力)，试分析人工智能在短波通信的应用前景。

参 考 文 献

布劳, 1987. 短波通信线路工程设计[M]. 魏津, 管叙涛, 吴岫峥, 译. 北京: 电子工业出版社.

陈兆海, 2012. 应急通信系统[M]. 北京: 电子工业出版社.

戴耀森, 1992. 短波数字通信自适应选频技术[M]. 杭州: 浙江科学技术出版社.

甘志春, 高泳洪, 李玉刚, 2014. 联合战术通信系统[M]. 北京: 解放军出版社.

胡中豫, 2003. 现代短波通信[M]. 北京: 国防工业出版社.

姬生云, 贾文科, 王健, 等, 2019. 基于多体制探测数据融合的 MUF 预报方法[J]. 电波科学学报, 34(3): 309-314.

李国军, 郑广发, 叶荣昌, 等, 2021. 基于稳健卡尔曼滤波的倾斜探测电离层 MUF 短期预报方法[J]. 通信学报, 42(1): 79-86.

马新立, 2017. 现代短波通信[M]. 北京: 国防大学出版社.

任国春, 2020a. 短波通信原理与技术[M]. 北京: 机械工业出版社.

任国春, 2020b. 现代短波通信[M]. 北京: 机械工业出版社.

沈琪琪, 朱德生, 1989. 短波通信[M]. 西安: 西安电子科技大学出版社.

宋梅, 2005. 电子战技术与应用——通信对抗篇[M]. 北京: 电子工业出版社.

宋铮, 2011. 天线与电波传播[M]. 2 版. 西安: 西安电子科技大学出版社.

童新海, 2020. 军事通信系统[M]. 北京: 电子工业出版社.

王金龙, 2019. 短波数字通信研究与实践[M]. 北京: 科学出版社.

王坦, 2012. 短波通信系统[M]. 北京: 电子工业出版社.

尤增录, 2010. 短波通信网[M]. 北京: 解放军出版社.

于全, 2020. 战术通信理论与技术[M]. 北京: 人民邮电出版社.

LI W, LANG R, XU Y, et al., 2018. Exploring channel diversity in HF communication systems: a matching-potential game approach[J]. China communications, 15(9): 60-72.

LI W, XU Y, CHENG Y, et al., 2019. Distributed multichannel access in high-frequency diversity networks: a multi-agent learning approach with correlated equilibrium[J]. IEEE access, 7: 85581-85593.

LIU X, XU Y, JIA L, et al., 2018. Anti-jamming communications using spectrum waterfall: a deep reinforcement learning approach[J]. IEEE communications letters, 22(5): 998-1001.

MARIN D, MIRO G, MIKHAILOV A V, 2000. A method for foF2 short-term prediction[J]. Physics and chemistry of the earth, part C: solar terrestrial & planetary science, 25(4): 327-332.